宁夏马铃薯全程气象监测预警服务

Ningxia Potato Whole Course Meteorological Monitoring and Early Warning Service

主　编:张学艺
副主编:马力文　李福生　李　阳　闫伟兄

气象出版社
China Meteorological Press

内 容 简 介

本书是关于马铃薯全程气象监测预警及服务指标研究、气候变化适应、成果转化应用以及智慧农业气象服务系统建设方面的一部专著，系统介绍了宁夏气象部门多年来在马铃薯气象为农服务方面开展的各项工作。凝聚了多年来前辈、同仁及团队的科研、业务服务及成果转化应用等多方面的成果，期望能为宁夏马铃薯产业的健康发展，为乡村振兴产业发展贡献气象人的微薄之力。同时，也希望能为其他同行开辟一扇窗，以此了解气象人在马铃薯产业发展过程中的所作、所思和所想，也可为马铃薯产业研究、服务应用等科研、教学和业务工作者提供参考。

图书在版编目（CIP）数据

宁夏马铃薯全程气象监测预警服务 / 张学艺主编 ; 马力文等副主编. -- 北京 : 气象出版社, 2024. 8.
ISBN 978-7-5029-8264-5

Ⅰ. S42

中国国家版本馆 CIP 数据核字第 2024R0P656 号

宁夏马铃薯全程气象监测预警服务

Ningxia Malingshu Quancheng Qixiang Jiance Yujing Fuwu

出版发行：气象出版社

地　　址：北京市海淀区中关村南大街 46 号　　**邮政编码：**100081

电　　话：010-68407112(总编室)　010-68408042(发行部)

网　　址：http://www.qxcbs.com　　**E-mail：** qxcbs@cma.gov.cn

责任编辑：黄红丽　郑乐乡　　**终　　审：**张　斌

责任校对：张硕杰　　**责任技编：**赵相宁

封面设计：地大彩印设计中心

印　　刷：北京中石油彩色印刷有限责任公司

开　　本：787 mm×1092 mm　1/16　　**印　　张：**10.5

字　　数：266 千字　　**彩　　插：**8

版　　次：2024 年 8 月第 1 版　　**印　　次：**2024 年 8 月第 1 次印刷

定　　价：68.00 元

《宁夏马铃薯全程气象监测预警服务》编委会

主　　编: 张学艺

副 主 编: 马力文　李福生　李　阳　闫伟兄

成　　员: 朱永宁　徐　青　赵　慧　姜琳琳　李梦华
陈　龙　景　博　董凤林　李　娜　杨　洋
张　婍　康　雄　杨文海　刘　静　周彦华
郑　方　亢艳莉　赵金龙　李剑萍　马国飞
裴小龙　马远远

编写单位: 宁夏回族自治区气象科学研究所
宁夏固原市气象局
固原市农业技术推广服务中心

前　　言

马铃薯是我国五大粮食作物之一，种植面积约占全球的四分之一，是重要的粮菜饲兼用作物和工业原料，其产业链条长、增产增收潜力大，因营养丰富，被誉为“地下苹果”和“第二面包”。我国是一个人口大国，大力发展马铃薯产业对确保粮食安全，促进农民增收，振兴乡村经济具有重要的战略意义。

在马铃薯生产中，随着新品种的推广和管理水平的提高，气象或气候条件逐渐成为影响马铃薯产量、品质的主要因子。气象制约马铃薯产业发展的短板弱项主要表现在四个方面：一是马铃薯农业气象服务指标未成体系，与马铃薯全产业链的精细化、精准化气象服务要求有较大差距；二是农业气候资源利用不足，精细化气候区划尤其是分品种的气候区划还未开展，造成马铃薯新品种的推广成本较高，不同品种的种植规模均较小且分布零散，品种结构和布局不尽合理；三是缺少专门的马铃薯气象管理服务机构，部门间缺乏联动机制，气象服务比较粗放，尚无精细化的马铃薯气象服务，制约着服务效益的整体提升；四是没有与高质量发展相适应的马铃薯智慧农业气象服务系统。

为贯彻落实国家、自治区党委和政府有关决策部署，促进宁夏马铃薯产业快速、高效、优质发展，解决马铃薯产业发展中诸多气象科技问题，全面提升马铃薯气象服务能力，系统总结马铃薯服务中的气象问题显得尤为必要。尤其是进一步精细马铃薯气候区划，建立统一的马铃薯气象服务指标体系，研发马铃薯全生育期的智慧农业气象服务系统等，可为全面提升马铃薯产业的气象服务保障水平，为自治区乡村振兴、美丽乡村建设提供强有力的气象服务保障。

本书在编写过程中，汲取了宁夏气象部门在马铃薯气象方面的系列研究成果，包括 2008 年编写单位承担的中英气候变化双边合作项目“气候变化对宁夏农业影响的综合分析研究”，2008—2010 年承担的国家自然科学基金项目“气候变化背景下黄土高原粉用马铃薯高产优质的气候敏感性研究”，2014—2018 年承担的三项中国气象局气候变化专项“气候变化对宁夏旱作农业的影响与适应对策”“宁夏马铃薯适应气候变化的节水抗旱技术”“气候变化对宁夏贫困区马铃薯的影响与对策”，2018—2020 年承担的宁夏回族自治区科技惠民项目“宁夏中南部山区马铃薯全程气象保障服务与灾害预警技术应用示范”，以及自治区重点研发计划项目“宁夏中南部马铃薯关键期气象条件预测技术研究”等多项研究成果。宁夏气象部门经过多年的研究及实践应用，逐步实现了马铃薯气象监测预警服务的全程化。

本书共 9 章，第 1 章简述了宁夏的自然地理、社会经济及历史沿革的相关情况，主要由张学艺、郑方执笔；第 2 章简述了宁夏马铃薯的种植情况及马铃薯产业发展政策及存在的问题和马铃薯气象服务情况，由李福生统稿，陈龙、马力文、董凤林、李福生等撰写；第 3 章为气象条件对马铃薯产量和商品性状的影响，由马力文统稿，马力文、张学艺、亢艳莉等撰写；第 4 章简述宁夏马铃薯种植区 1991—2020 年 30 年基本气候资源及马铃薯气候区划，由李阳统稿，李阳、李梦华、姜琳琳、马力文撰写；第 5 章宁夏马铃薯主要农业气象灾害及风险区划，由闫伟兄统稿，张学艺、朱永宁、杨洋、康雄、赵慧、杨文海、景博、裴小龙、马远远撰写；第 6 章宁夏马铃薯气候适宜度评价，由马力文统稿，马力文、李阳、张学艺撰写；第 7 章宁夏马铃薯农业气象服务指标，由李福生统稿，李娜、张婍执笔；第 8 章宁夏马铃薯气候变化适应对策，由张学艺统稿，徐青、马力文、李娜撰写；第 9 章宁夏马铃薯智能化农业气象业务服务系统介绍，由张学艺统稿，张学艺、赵金龙、徐青撰写。全书由张学艺、马力文、李福生、闫伟兄统稿。

本书历时近 4 年完成，在这里特别感谢气象出版社黄红丽编审的鼓励、指导和帮助。本书系统总结了宁夏气象部门多年来在马铃薯方面的业务及科研成果，得到了同事们的大力支持和鼓励，没有他们的辛苦付出，也无法顺利完成本书，在此表示衷心感谢！

编著本书的目的是总结多年来宁夏气象部门为支撑马铃薯产业发展所做的业务及科研工作，以期为宁夏马铃薯产业发展贡献自己及团队的绵薄之力，限于学科的专业性和编著者的水平，书中难免有不足和疏漏之处，欢迎读者批评指正。

编者

2024 年 5 月 20 日

目　　录

第 1 章　绪　论

1.1　背景

马铃薯作为我国五大粮食作物之一，是重要的粮菜饲兼用作物和工业原料，其产业链条长、增产增收潜力大，因营养丰富，被誉为“地下苹果”和“第二面包”。我国是一个人口大国，大力发展马铃薯产业对确保粮食安全，促进农民增收，振兴农村区域经济具有重要的战略意义。为此，2016 年 2 月农业部正式印发《关于推进马铃薯产业开发的指导意见》，明确提出了马铃薯主粮化发展战略。宁夏回族自治区党委和人民政府在《关于加快农业现代化实现全面小康目标的意见》中也提出要深入实施主食加工提升行动，开发马铃薯主食产品。在自治区党委农村工作领导小组关于印发《2016 年农业农村工作要点》的通知中，专门强调加快推进马铃薯主食化。

马铃薯产业发展受到了国家的空前重视，但在马铃薯生产中，随着新品种的推广和管理水平的提高，气象或气候条件逐渐成为影响马铃薯产量、品质的主要因子。气象制约马铃薯产业发展的短板主要表现在四个方面：一是马铃薯农业气象服务指标未成体系，与马铃薯全产业链的精细化、精准化气象服务要求有较大差距；二是农业气候资源利用不足，精细化气候区划尤其是分品种的气候区划还未开展，造成马铃薯新品种的推广成本较高，不同品种的种植规模均较小且分布零散，品种结构和布局不尽合理；三是缺少专门的马铃薯气象管理服务机构，部门间缺乏联动机制，气象服务比较粗放，尚无精细化的马铃薯气象服务，制约着服务效益的整体提升；四是没有与高质量发展相适应的马铃薯智慧农业气象服务体系。

为推动马铃薯产业发展，国内先后成立了不同级别的马铃薯工程技术研究中心，在种质资源发掘、脱毒种薯繁育、储运技术和加工新工艺与新产品研发等方面开展了卓有成效的工作。在马铃薯气象服务保障方面，2017 年以前，仅有河北、内蒙古两省（区）成立了马铃薯气象服务中心，仅针对马铃薯生育期的常规气象服务和晚疫病监测预报等开展相关工作。宁夏回族自治区也先后建成了西吉、原州、泾源、望远 4 个马铃薯脱毒中心，主要开展马铃薯脱毒种薯繁育。宁夏马铃薯主产区集中在中南部山区，因其土地贫瘠、水资源匮乏、农业生产条件差，成为最早的“三西”（甘肃的河西地区、定西地区以及宁夏的西海固地区）扶贫重点区，是国家脱贫攻坚的主战场。因其特殊的地理自然条件，为喜凉喜光、耐寒耐旱的马铃薯生长提供了良好的环境，产出的马铃薯品质为国内最高档次。全面推动宁夏马铃薯产业的发展，对确保提前实现精准脱贫及乡村振兴,建设美丽新宁夏具有重要的战略意义。

为贯彻落实国家、自治区党委和政府有关决策部署,促进宁夏、辐射周边乃至全国马铃薯产业快速、高效发展,解决马铃薯产业发展中诸多气象科技问题,全面提升马铃薯气象服务能力,2017 年,在宁夏马铃薯主产区固原市西吉县建立宁夏马铃薯气象服务分中心,2023 年,对该中心进行优化升级,由宁夏气象科研所和固原市气象局双管理,并任命两名首席进行该中心的科研和气象业务服务日常运维。2022 年,中国气象局、农业农村部批复成立全国马铃薯特色气象服务中心,宁夏是其中六个分中心之一。在宁夏中南部山区的马铃薯主产区建立专业的马铃薯气象服务机构,进一步精细马铃薯气候区划,为马铃薯产业合理布局提供依据,建立全产业链的马铃薯气象服务指标体系,全面提升马铃薯产业的气象服务保障水平,为自治区持续巩固脱贫成果、建设美丽乡村建设提供有力的气象保障服务。

1.2　自然地理

宁夏回族自治区成立于 1958 年 10 月 25 日,面积 6.64 万 km^2,根据第七次全国人口普查,常住人口 720.3 万人,回族人口占 35.0%,是全国最大的回族聚居区,辖 5 个地级市,22 个县、市(区)。地理位置为 35°14′—39°23′N,104°17′—107°39′E,南北相距约 456 km,东西相距约 250 km,地势南高北低,全境海拔 1000 m 以上,落差近 1000 m,呈阶梯状下降。地处中国地质、地貌"南北中轴"的北段,在华北台地、阿拉善台地与祁连山褶皱之间,高原与山地交错带,大地构造复杂。从西面、北面至东面,由腾格里沙漠、乌兰布和沙漠和毛乌素沙地相围,南面与黄土高原相连。南部的六盘山自南端往北延,与月亮山、南山、西华山等断续相连,把黄土高原分隔为二。东侧和南面为陕北黄土高原与丘陵,西侧和南侧为陇中山地与黄土丘陵。中部山地、山间与平原交错。卫宁北山、牛首山、罗山、青龙山等扶持山间平原,错落屹立。北部地貌呈明显的东西分异。黄河出青铜峡后,塑造了美丽富饶的银川平原。平原西侧,贺兰山拔地而起,直指苍穹。东侧鄂尔多斯台地,高出平原百余米,前缘为陡坎,是宁夏向东突出的灵盐台地。

宁夏在地形上分为三大板块,一是北部引黄灌区,地势平坦,土壤肥沃,素有"塞上江南"的美誉;二是中部干旱带,干旱少雨,风大沙多,土地贫瘠,生存条件较差;三是南部山区,丘陵沟壑林立,部分地域阴湿高寒。宁夏属典型的大陆性半湿润半干旱气候,雨季多集中在 6—9 月,具有冬寒长,夏暑短,雨雪稀少,气候干燥,风大沙多,南寒北暖等特点。由于平均海拔在 1000 m 以上,所以夏季基本没有酷暑;1 月平均气温在 −8 ℃以下,极端低温在 −22 ℃以下。大部分地区昼夜温差可达 12～15 ℃。全年平均气温为 5～9 ℃,引黄灌区年平均降水量约为 157 mm,中南部山区年平均降水量约为 400 mm。全区平均年水面蒸发量 1250 mm,变幅为 800～1600 mm,是中国水面蒸发量较大的省(区)之一。全区多年平均年径流量为 9.493 亿 m^3,平均年径流深 18.3 mm,是黄河流域平均值的 1/3,是中国均值的 1/15。年径流地区分布很不均匀,山地大,台地小,南部大,北部小。年径流深由南部六盘山区东南侧的 300 mm,向北递减至引黄灌区边缘不足 3 mm,相差近百倍,且 70%～80%的径流集中在汛期。

比较而言,宁夏有农业、能源、旅游等三方面的优势。一是农业优势。引黄灌溉 52.6 万 hm^2,是全国 12 个商品粮生产基地之一,人均耕地面积全国第二位;草场 244.3 万 hm^2,是全国十大牧区之一。二是能源优势。已探明煤炭储量 469 亿 t,居全国第 6 位,其中宁东煤田探明储量 393 亿 t,被列为国家 14 个大型煤炭基地之一,人均发电量居全国第 1 位;探明矿产资源50多种，人均自然资源潜值为全国平均值的163.59%，居全国第5位。三是旅游优势。古老的黄河文明，神秘的西夏历史，雄浑的大漠风光，构成了多姿多彩的旅游资源。“一河三山”（黄河、贺兰山、大罗山、六盘山）、“两沙一陵”（沙湖、沙坡头、西夏王陵）、“两堡一城”（将台堡、镇北堡、古长城），体现了深厚的文化底蕴，展示着独特的自然风光。

1.3　社会经济

宁夏位于“丝绸之路”上，历史上曾是东西部交通贸易的重要通道，当前的中阿博览会成为共建“一带一路”的重要平台，宁夏对外经贸“朋友圈”扩展到138个国家和地区。2023年全区实现生产总值5314.95亿元，按不变价格计算，比2022年增长6.6%。其中，第一产业增加值428.10亿元，增长7.7%；第二产业增加值2487.24亿元，增长8.5%；第三产业增加值2399.61亿元，增长4.7%。第一产业增加值占地区生产总值的比重为8.1%，第二产业增加值比重为46.8%，第三产业增加值比重为45.1%。按常住人口计算，人均地区生产总值72957元。全区常住人口729万人，其中城镇常住人口491万人，占常住人口比重（常住人口城镇化率）为67.31%。全年全区出生人口7.3万人，出生率为10.02‰；死亡人口4.8万人，死亡率为6.59‰；自然增长率为3.43‰。

2023年全区粮食播种面积69.39万 hm^2，其中，小麦播种面积6.89万 hm^2，水稻播种面积2.01万 hm^2，玉米播种面积39.02万 hm^2，马铃薯播种面积7.74万 hm^2，油料播种面积3.01万 hm^2。蔬菜播种面积13.36万 hm^2，瓜果播种面积6.41万 hm^2，果园面积9.61万 hm^2。2023年全区粮食总产量378.80万t，比2022年增产2.97万t，增长0.8%。其中，夏粮产量23.90万t，减产14.2%；秋粮产量354.90万t，增产2.0%。全年全区小麦产量23.45万t，减产14.0%；稻谷产量16.20万t，减产31.5%；玉米产量294.89万t，增产6.6%；马铃薯产量（折粮）29.99万t，减产8.0%。

2023年全区实现社会消费品零售总额1354.95亿元，按经营地统计，城镇消费品零售额1179.64亿元，增长1.4%；乡村消费品零售额175.31亿元，下降0.2%。按消费形态统计，商品零售额1171.43亿元，下降0.1%；餐饮收入额183.52亿元，增长10.8%。全区货物进出口总额205.41亿元，比上年下降4.3%。其中，出口149.81亿元，下降7.0%；进口55.60亿元，增长3.8%。对“一带一路”沿线国家进出口总额69.79亿元，比上年增长7.8%。其中，出口60.74亿元，下降0.4%；进口9.04亿元，增长137.8%。全区全体居民人均可支配收入31604元，比上年增长6.8%。按常住地分，城镇居民人均可支配收入42395元，增长5.5%；农村居民人均可支配收入17772元，增长8.2%。

2023年全区水资源总量8.14亿 m^3。总用水量64.78亿 m^3，比上年下降2.3%。其中，生活用水与上年持平，工业用水增长9.0%，农业用水下降1.2%，人工生态环境补水下降28.2%。万元地区生产总值用水量122 m^3，比2020年下降22.2%。万元工业增加值用水量22.8 m^3，比2020年下降13.3%。人均用水量889 m^3，下降2.5%。全区完成造林面积125.31万亩①，其中，人工造林面积26.87万亩，占全部造林面积的21.44%。森林抚育面积8.77万亩，森林覆盖率为11.35%。年末全区自然保护区13个，其中，国家级自然保护区9

① 1亩=1/15 hm^2，下同。

个，自治区级自然保护区 4 个。

1.4 历史沿革

宁夏是中华民族远古文明发祥地之一。灵武市“水洞沟遗址”表明，早在 3 万年前的旧石器时代，就有人类在此生息繁衍。商、周时期，称为胡（北狄）、羌（西戎），后又有称为猃狁（熏育、獯鬻）的游牧部落活动。春秋战国时期，固原南部属秦，其余地区分别为义渠、乌氏、昫衍诸戎部族的聚居地。秦昭王三十五年（公元前 272 年）灭义渠诸戎国，将三陇大片土地并入秦国，归北地郡管辖，宁夏全境被纳入中原王朝版图。公元前 3 世纪，秦始皇统一六国后，在灵武境内设北地郡，派兵屯垦，兴修水利，开创了引黄灌溉的历史。三国两晋南北朝时期，宁夏地区政权更替，民族大融合进一步发展。唐朝宁夏属关内道，次年在灵州（今宁夏吴忠市利通区境内）设大都督府、朔方节度使。天宝十四年（公元 755 年）“安史之乱”爆发，太子李亨进入宁夏，次年在灵武郡（灵州一度改郡）登基继承帝位，即唐肃宗。当时，宁夏已成为中国东西交通贸易的重要通道之一。公元 1038 年，党项族首领李元昊以宁夏为中心，建立大夏国，故元代以后史称西夏，定都兴庆府（今银川市），形成了和宋、辽、金政权四方鼎立 189 年的局面。元朝灭西夏后，以平定西夏、稳定西夏、西夏“安宁”之意，取名“宁夏”，宁夏因此而得名。明朝设宁夏卫，清代设宁夏府。公元 1227 年蒙古灭夏，于公元 1261 年在西夏故地设立西夏中兴等路省。元至元二十五年（公元 1288 年）降为甘肃省宁夏府路，始有“宁夏”地名。明朝设宁夏卫所屯田。清朝设甘肃省宁夏府、固原州。民国十八年（公元 1929 年）设宁夏省，辖除固原地区及海原县以外的现有市、县及内蒙古的阿拉善旗、额济纳旗和磴口县。1949 年 9 月 23 日，宁夏省解放，辖区范围与中华民国时相同。1954 年，撤销宁夏省，将原属宁夏的阿拉善旗、额济纳旗和磴口县划归内蒙古自治区。1958 年 10 月 25 日，宁夏回族自治区成立，辖原属甘肃省的银川专区、吴忠回族自治州、西海固回族自治州及泾源县、隆德县。1969 年，内蒙古自治区巴彦淖尔盟所属的阿拉善左旗和阿拉善右旗的 5 个公社并入宁夏。1979 年 5 月 30 日，国务院批准将阿拉善左旗划归内蒙古自治区管辖（7 月 1 日起正式划回）。

第 2 章　宁夏马铃薯概况

2.1　马铃薯种植情况

2.1.1　马铃薯发展历史

2.1.1.1　中国马铃薯产业发展历史

马铃薯原产于南美洲的安第斯山脉，已有 1800 多年的栽培历史（芮建华 等，1999）。据史料记载，明朝万历年间，马铃薯从陆上经西南或西北进入我国，故西南和西北至今仍将马铃薯称为洋芋。经过 400 多年的发展，中国马铃薯产业已在全世界占据了重要地位，中国已经成为世界马铃薯第一生产大国，在全国 3000 多个县级行政单位中有 1500 多个县均有马铃薯种植。新中国成立后，我国马铃薯产业大概分为传统经营、集约化生产和产业化生产三个阶段。

传统经营阶段（1949—1978 年）。农村实行高度集中的计划经济体制，在很长一个时期指导农业生产上执行“以粮为纲”的方针，马铃薯曾一度被广大农民推崇为“救命蛋”而广为种植。但一直被作为非粮食作物来看待，在作物布局中马铃薯只是作为蔬菜和小秋作物种植。以传统耕作技术的改进和地域间品种串换为主，投入相对较少，生产力水平发展缓慢，这一阶段带有浓厚传统农业色彩的经营方式占绝对主导地位。

集约化生产阶段（1979—1994 年）。以改革开放为标志，经过农村家庭承包为主的经营体制的变革，到党的十四大召开，农村实行市场经济体制改革，政策和市场利益的驱动充分调动了农民的生产积极性，马铃薯生产开始由传统经营向产业化经营转变。这一过渡阶段的主要特征是以先进技术的广泛应用和精耕细作生产方式的改变为重要内容，进入了以提高科技含量为主的集约化经营阶段。

产业化生产阶段（1995 年以来）。随着农村市场经济不断完善和农业生产机构战略性调整步伐加快，特别是受到加入 WTO（World Trade Organization，世界贸易组织）后国内外市场的拉动，以民营淀粉厂为补充的一大批马铃薯加工企业迅速崛起，产业化基地建设稳步发展，市场经济体制基本形成，产、加、销产业链条雏形初露端倪，马铃薯产业化生产开始起步。2015 年，原农业部宣布了马铃薯主粮化战略，使之成为水稻、小麦、玉米之后的又一主粮。2016 年，马铃薯主食加工产业写入中央 1 号文件。

2.1.1.2　宁夏马铃薯产业发展历史

马铃薯作为宁夏的传统作物，俗称洋芋、土豆，90%以上集中在南部山区，仅固原市的马铃薯种植面积就占宁夏的三分之二以上，是宁夏五大战略性主导产业之一。马铃薯产业也是自2003年第一次固原工作会议以来确定的固原市主要支柱产业之一，被当地政府列为"温饱工程"之一，得到当地各部门的大力支持，马铃薯已由原来解决温饱的粮食作物逐渐发展成带动农民致富的优势特色农业之一。

20世纪80年代以前，宁夏南部山区马铃薯种植面积约6.67万hm^2。90年代以后，由于农业结构调整、淀粉加工业带动和气候变化影响，南部山区马铃薯种植面积迅速扩大，到2013年全区马铃薯种植面积突破20万hm^2。

马铃薯在种植面积迅速扩大的同时，由于农业基础条件改善和生产投入增加，特别是科技含量的提高，马铃薯单产水平有了明显提高。2022年，雪川六盘山食品（宁夏）有限公司在固原市原州区流转土地，种植雪育系列马铃薯0.18万hm^2，部分地块产量达60 t/hm^2以上。

马铃薯加工业发展迅速。1990年，固原引进世界先进的马铃薯淀粉加工设备和工艺技术，在西吉县和隆德县建成了当时全国规模最大的两座精淀粉厂，这标志着宁南地区马铃薯加工业的起步。以此为契机，西吉县、原州区等县（区）抓住"东西合作"和"西部大开发"机遇，加快马铃薯加工业发展，涌现出了一批具有不同所有制性质和不同规模的农业产业化龙头企业。2016年，在国家可持续发展和农业绿色发展战略大背景下，环保部门进一步加大了对马铃薯淀粉加工企业的监管力度，全国性的马铃薯淀粉加工厂，尤其是小型淀粉加工厂均停产整顿。随后几年，相继淘汰了小型淀粉加工厂。以固原市为例，小型淀粉加工厂由2011年的209家缩减至2022年的19家。

经过不断发展，马铃薯生产水平明显提高，经济效益和经济份额不断提升，品种专用化和种薯脱毒初具规模，全区建成马铃薯脱毒中心4家，种薯繁育基地2万hm^2。随着农业结构调整和淀粉加工业发展，马铃薯种植基地和种薯繁育基地规模逐年扩大。西吉县是宁夏马铃薯种植面积第一县，建成全国首家绿色马铃薯标准化生产基地。2004年3月，西吉县被中国特产之乡推荐暨宣传活动组织委员会命名为"中国马铃薯之乡"。2014年，固原市被中国特产协会命名为"中国马铃薯种薯之乡"。

宁夏回族自治区党委提出了"6+1"产业，其中的"6"是六大特色农业产业，"1"就是马铃薯产业，这是宁夏贯彻落实马铃薯产业发展的重大举措，是推动宁夏，特别是推动固原市乡村全面振兴和农民增收的重大工程。2021年，张家口雪川农业发展股份有限公司在宁夏原州区投资建设了集马铃薯种薯繁育、优质品种种植推广、深加工、研发和销售于一体的马铃薯全产业链项目，进一步提升了宁夏马铃薯的产品品质与效益，加大了主食化开发力度，延伸了产业链条，带动农户增收，引领宁夏马铃薯产业高质量发展。

2.1.2　宁夏马铃薯产业发展优势及现状

2.1.2.1　马铃薯产业发展优势

（1）自然条件优势

宁夏南部山区位于黄土高原西北部，总土地面积占宁夏总面积的70.7%，有耕地65.33万hm^2，占宁夏耕地面积的72.6%。土壤类型南部以黑垆土、黄绵土为主，北部以灰钙土为主。以主产县西吉县为例：土层深厚，土壤结构疏松，透气性好，有机质平均含量在1%以上，速效氮30～50 mg/kg，速效磷5～10 mg/kg，速效钾130～180 mg/kg，pH值6.1～7.0。境内多山，山地高低相差悬殊，具有天然隔离条件。因此，六盘山独特的“湿岛”效应为马铃薯生长发育创造了十分和谐的自然气候条件。六盘山区海拔高、气候阴湿冷凉、降水量适宜、天然屏障隔离条件好、传毒媒虫少，是理想的马铃薯种薯繁育基地。马铃薯种薯在南部山区繁育，经过冷凉驯化后，脱毒效果好、增产显著、退化慢、种用价值高，在国内市场上有较强的质量竞争优势。宁夏南部山区大部分耕地为旱坡地，发展其他粮食作物受水肥条件限制而难以扩大，马铃薯耐旱、耐薄、适应性强，发展马铃薯有广阔的土地资源。因此，宁夏南部山区种植马铃薯具有得天独厚的气候、土壤、土地等自然条件（张劲华 等，2008）。

（2）气候资源优势

宁夏南部山区属大陆半干旱季风气候，年均气温5～7 ℃，冬季最低气温－30.7 ℃，最热月7月份平均气温18.6 ℃，≥10 ℃有效积温1930.0～2389.3 ℃·d。无霜期97～158 d，昼夜温差大，年均降水量468 mm。其中，降水量在400 mm以下的地区约占1/4，降水分布有冬、春季少，夏、秋季多的特点。年日照时数2500 h，总辐射126 kJ/cm²（陈伊里 等，2006）。海拔高、气候冷凉、风速大、蚜虫少；雨热同季、降雨适中、真细菌发病轻，非常适合马铃薯生长，是自然形成的传统种薯基地和商品薯生产集散地。

（3）马铃薯品质优势

由于宁夏南部山区降水集中期与马铃薯需水高峰期同步，且具备高寒、光照充足、日照时间长、昼夜温差大的气候特点，十分利于干物质的生成和积累，生产的马铃薯产品质优、味美。

鲜薯块茎淀粉含量高、品质优。国内马铃薯的淀粉及干物质含量平均为13%和19%，而德、美等国这一指标分别为17%～18%和22%～23%。有关资料显示，我国东北、内蒙古等主产区马铃薯淀粉及干物质含量整体比国内平均水平偏低。而近年来，宁夏南部山区重点示范推广的青薯9号、庄薯3号、冀张薯8号、陇薯3号等品种马铃薯淀粉及干物质含量则接近德、美水平，淀粉含量高达19%以上（陈伊里 等，2006）。

从淀粉加工的角度看，鲜薯淀粉含量每提高1个百分点，原料消耗即可下降6%～7%，每吨淀粉收益增加30元以上。宁夏南部山区马铃薯鲜薯淀粉含量高，有效降低了淀粉加工的原料成本；干物质含量高，生产的淀粉符合食品等加工行业质量好、黏度大的要求，马铃薯淀粉产品糊化温度低。据测定，我国其他地区生产的马铃薯淀粉糊化温度约为65 ℃，而宁夏南部山区马铃薯淀粉糊化温度为60 ℃左右，因此，淀粉制品使用性能好，也使淀粉产品具有了较强的价格和品质竞争优势。据中国淀粉协会统计，固原市马铃薯淀粉产品已经占到全国淀粉市场份额的四分之一。

宁夏南部山区马铃薯产品远离城市、工矿区等高污染环境，农民因生产资金缺乏，投入少，较少施用化肥和农药，农田生态系统几乎无污染，毒害性物质积累、残留量极少，从而使马铃薯产品具备了绿色无污染优势和无公害食品要求。

（4）区位优势

宁夏马铃薯主产区位于宁夏南部山区，处在陕、甘、宁交界的三角地带，宝中铁路、银武高速公路及110、109、211等多条国道、省道纵贯南北，拥有连接西北五省（区）的交通要道，具备了马铃薯商品流通运输的便利条件。与辽宁、内蒙古、甘肃、青海等其他北方省（区）相比，更靠近南方市场，有距离运输优势。

(5)节水优势

宁夏南部山区大部分是旱地，由于气候干旱少雨，灾害频繁发生，大力发展节水型农业是南部山区保障粮食安全的合理选择。而马铃薯水分利用率大大高于其他粮食作物，即使干旱年份也不会绝收。因此，马铃薯对南部山区粮食安全具有极大的保障作用。

(6)加工优势

马铃薯栽培过程中提高自动化程度的难度大、成本高，劳动消耗远远大于其他作物。马铃薯作为加工原料不适合远距离运输，运输成本高决定了其初级加工只能在资源产地进行。目前，马铃薯淀粉业在发达国家的进一步发展因原料短缺受到了限制，致使不少加工企业不得不关闭。宁夏南部山区素有加工马铃薯粗淀粉、粉条、粉皮、粉丝等初级产品的传统。1990 年以来，依托劳动力资源丰富和原料充裕的优势，手工粗加工在各地进一步蓬勃兴起，并以加工马铃薯淀粉为主先后引进了国内外先进技术、设备。

2.1.2.2　产业发展现状

宁夏属于我国马铃薯北方一季作区，是全国马铃薯优势生产区。马铃薯是目前宁夏农业主导产业之一，大力发展马铃薯产业，对宁夏构建适应型种植制度、增强抗旱减灾能力、巩固生态建设成果、确保粮食安全、促进农业增效、带动农民增收、壮大县域经济等具有重要的战略意义。马铃薯产业在宁夏南部山区是不可替代的优势产业，马铃薯曾被西吉县、海原县等贫困地区农民亲切称为“救命蛋”和“金蛋蛋”。

(1)种植概况

总体来看，近年来宁夏马铃薯种植有四大特点。一是总体播种面积逐年萎缩，2023 年宁夏马铃薯播种面积 77437 hm^2，较 2022 年度减少了 4.02%；2023 年受大范围持续干旱天气影响，平均单产 19.4 t/hm^2，较 2022 年度减少了 4.13%。二是种薯繁育提质增效明显，规模经营持续扩大。抢抓国家级马铃薯区域性良种繁育基地建设机遇，虽然种薯繁育面积减少了 34.00%，但平均产量增加 25.16%。“企业(合作社)＋农户＋基地”的模式不断完善，规模化种植企业、合作组织达到了 250 多家，种植大户上万家。三是绿色生产面积不断扩大，产业抗旱优势明显。通过马铃薯种植示范基地建设，测土配方施肥、化肥农药减量增效等绿色高质高效技术覆盖率达到 50%以上，抗旱栽培技术应用达到 90%左右，加上本身抗旱性强，大旱年份同其他粮食作物相比抗旱优势明显。四是淀粉加工原料供应紧缺，生产成本全面上涨。宁夏现有淀粉加工企业 27 家，淀粉加工能力超 40 万 t。马铃薯播种期，农用物资价格普遍上涨及人工成本居高不下，导致马铃薯生产成本上涨了 15%以上。

商品薯，在宁夏中部干旱带、南部山区河谷川道区建设优质早熟菜用薯生产基地 0.93 万 hm^2，在南部山区半干旱、半阴湿区建设淀粉加工薯生产基地 4 万 hm^2，在南部山区阴湿区周边建设晚熟菜用薯生产基地 3.33 万 hm^2，在宁夏马铃薯高产示范基地及企业、合作社示范基地种植主食化品种 0.2 万 hm^2。平均产量约 19.6 t/hm^2，较 2022 年平均减产 0.83 t/hm^2，减幅 4.13%。

种薯，在六盘山麓海拔 1900～2200 m 冷凉山区建设马铃薯脱毒种薯繁育基地 1.1 万 hm^2，其中原种繁育 0.1 万 hm^2、一级种繁育 1 万 hm^2，平均产量 29.32 t/hm^2，较 2022 年平均增产 5.89 t/hm^2，增幅 25.16%；总产 32.25 万 t，减少了 6.80 万 t，减幅 17.41%。另外，宁夏全区繁育原原种约 1.1 亿粒，减少了 0.1 亿粒，减幅 8.30%。

(2)栽培品种

目前,宁夏栽培马铃薯品种有 10 多个,主导品种为:青薯 9 号、宁薯 15 号、宁薯 16 号、宁薯 17 号、宁薯 18 号、东农 310、冀张薯 12 号、希森 6 号、陇薯 7 号、夏波蒂等。

种植面积较大的品种主要有:青薯 9 号、庄薯 3 号、青薯 168、克新 1 号、陇薯 7 号、冀张薯 8 号等,其分布情况见表 2.1。

表 2.1　2023 年宁夏马铃薯主要栽培品种及分布情况

品种	分布	面积/万 hm^2	占总面积的百分比/%
青薯 9 号	宁夏区内均有种植	约 3.33	34.84
庄薯 3 号	主要分布于中部干旱带和南部山区	约 1.13	11.85
青薯 168	主要分布于中部干旱带和南部山区	约 1.00	10.45
克新 1 号	主要分布于北部引黄灌区及中部干旱带	约 0.93	9.76
陇薯 7 号	主要分布于中部干旱带和南部山区	约 0.67	6.97
冀张薯 8 号	主要分布于中部干旱带和南部山区	约 0.53	5.57
陇薯 6 号	主要分布于中部干旱带和南部山区	约 0.40	4.18
费乌瑞它	主要分布于北部引黄灌区及南部阴湿半阴湿拱棚栽培区域	约 0.33	3.48
大西洋	主要分布于北部引黄灌区及南部阴湿半阴湿拱棚栽培区域	约 0.20	2.09
希森 6 号	主要分布于中部干旱带和南部山区	约 0.20	2.09
夏波蒂	主要分布于北部引黄灌区及南部阴湿半阴湿拱棚栽培区域	约 0.13	1.39
宁薯 18 号	主要分布于南部山区	约 0.1	1.05
宁薯 15 号、宁薯 16 号、宁薯 17 号、宁薯 19 号、东农 310、中薯 5 号、中薯 18 号、陇薯 14 号、天薯 11 号	主要分布于中部干旱带和南部山区	累计 0.33	3.48

综合而言,随着马铃薯产业化不断推进,早熟菜用薯费乌瑞它、中薯 5 号等,中晚熟鲜食菜用薯希森 6 号、克新 1 号、冀张薯 8 号、中薯 18 号、宁薯 19 号等,中晚熟淀粉加工薯宁薯 18 号、陇薯 7 号、陇薯 14 号、天薯 11 号等,主食化全粉加工薯大西洋、夏波蒂等呈现扩大趋势。

(3)面积和产量

2023 年,因产业结构调整、持续旱灾等影响,宁夏马铃薯种植总面积 77437 hm^2,同 2022 年度相比,面积减少 3240 hm^2、减幅 4.02%;平均产量 19.4 t/hm^2,减少了 0.83 t/hm^2、减幅 4.13%;总产 149.95 万 t,较 2022 年减产 13.0 万 t、减幅 7.98%。面积和产量情况见表 2.2。

表 2.2　2022—2023 年宁夏马铃薯生产情况统计

地区	2023 年			2022 年			2023 年比 2022 年增减					
	播种面积	单产	总产量	播种面积	单产	总产量	播种面积		单产		总产量	
							绝对值	%	绝对值	%	绝对值	%
宁夏	77437	19.4	1499579	80676	20.2	1629569	−3240	−4.02	−0.83	−4.13	−129990	−7.98
川区	267	4.5	1200	28	5.3	149	238	838.97	−0.75	−14.29	1051	704.83
山区	77170	19.4	1498379	80648	20.2	1629420	−3478	−4.31	−0.79	−3.90	−131041	−8.04
吴忠市	4537	8.1	36824	4873	12.8	62600	−337	−6.91	−4.73	−36.81	−25776	−41.18
红寺堡	3	7.1	24	7	7.5	50	−3	−50.00	−0.38	−5.00	−26	−52.50
盐池县	467	13.5	6300	667	13.5	9000	−200	−30.00	0.00	0.00	−2700	−30.00
同心县	4067	7.5	30500	4200	12.8	53550	−133	−3.17	−5.25	−41.18	−23050	−43.04
固原市	53967	21.8	1178755	55441	22.5	1246570	−1475	−2.66	−0.64	−2.86	−67815	−5.44
原州区	10133	21.6	218880	10000	21.8	217500	133	1.33	−0.15	−0.69	1380	0.63
西吉县	36100	23.4	843657	35667	24.1	857873	433	1.21	−0.68	−2.84	−14216	−1.66
隆德县	2333	21.5	50050	4067	21.0	85400	−1733	−42.62	0.45	2.14	−35350	−41.39
泾源县	400	15.4	6168	393	15.5	6077	7	1.69	−0.03	−0.19	91	1.50
彭阳县	5000	12.0	60000	5315	15.0	79720	−315	−5.92	−3.00	−20.00	−19720	−24.74
中卫市	18933	15.0	284000	20362	15.7	320399	−1428	−7.02	−0.74	−4.67	−36399	−11.36
中宁县	267	4.5	1200	28	5.3	149	238	838.97	−0.75	−14.29	1051	704.83
海原县	18667	15.2	282800	20333	15.8	320250	−1667	−8.20	−0.60	−3.81	−37450	−11.69

注：播种面积单位：hm^2；单产单位：t/hm^2；总产量单位：t。

宁夏马铃薯主产区主要在固原市以及中卫市的中宁县、海原县以及吴忠市的红寺堡区、盐池县和同心县。2023 年，固原市、中卫市、吴忠市种植面积分别为 53967 hm^2、18933 hm^2、4537 hm^2，分别占宁夏总种植面积的 69.69%、24.45%、5.86%，较 2022 年度分别减少了 1475 hm^2、1428 hm^2、337 hm^2，减幅分别为 2.66%、7.02%、6.91%。固原市、中卫市、吴忠市总产分别为 117.87 万 t、28.40 万 t、3.68 万 t，分别占宁夏总产量的 78.61%、18.94%、2.46%，分别较 2022 年度减少 6.78 万 t、3.64 万 t 和 2.58 万 t，减幅分别为 5.44%、11.36%、41.18%。固原市、中卫市、吴忠市平均产量分别为 21.8 t/hm^2、15.0 t/hm^2、8.1 t/hm^2，较 2022 年度分别减少了 0.64 t/hm^2、0.74 t/hm^2、4.73 t/hm^2，减幅分别为 2.86%、4.67%、36.81%。

宁夏马铃薯主产县(区)有固原市的西吉县、原州区和中卫市的海原县，2023 年种植面积分别为 36100 hm^2、10133 hm^2 和 18667 hm^2，分别占宁夏马铃薯总种植面积的 46.62%、13.09% 和 24.11%；同 2022 年度相比，西吉县和原州区马铃薯种植面积分别增加了 433 hm^2 和 133 hm^2，海原县减少了 1667 hm^2，变幅分别为 1.21%、1.33% 和 −8.02%，平均产量分别为 23.4 t/hm^2、21.6 t/hm^2 和 15.2 t/hm^2，分别减产 2.84%、0.69% 和 3.81%。

总体来看，随着产业结构调整宁夏马铃薯种植面积呈下降趋势，产量随着农业科技进步而逐步提高。以固原市为例，马铃薯种植面积由 2013 年的 12.0 万 hm^2 减少到 2023 年的 5.4 万

hm^2，减幅 55.05%。单产由 2013 年的 12.2 t/hm^2 增加到 2023 年的 21.8 t/hm^2，增幅 78.87%(图 2.1)。

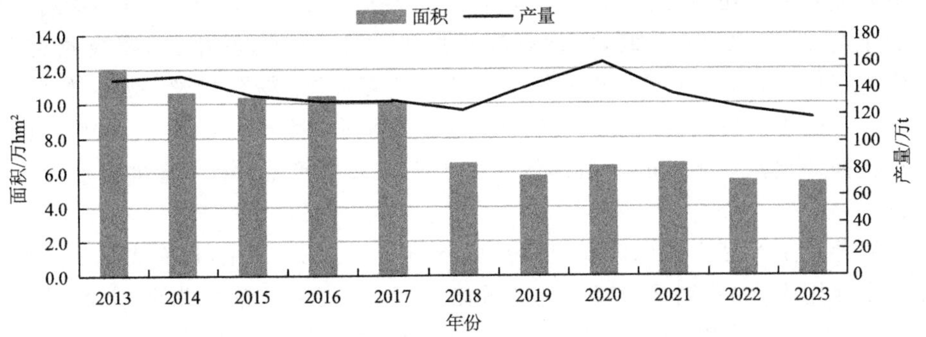

图 2.1　固原市 2013—2023 年马铃薯种植面积和产量对比图

(4)有害生物综合防控能力

宁夏是我国马铃薯主产区，但受丘陵山区地形和植保水平影响，产量效益长期较低。马铃薯品种抗病性差、缺乏多抗品种，尤其是对晚疫病、病毒病和青枯病抗性弱，产量不稳定，严重影响生产能力。近年来，随着对有害生物发生规律认识的加深、栽培措施的完善、防治方法的多样化，特别是脱毒栽培技术推广、小整薯播种普及、高锰酸钾消毒措施应用，生态控制、生物防治和物理防治等环境友好型技术应用，以及新型经营主体专业化统防统治实施，马铃薯有害生物危害明显得到控制，有害生物危害程度大大减轻，生产损失减少，产量明显提高。

(5)机械化种植情况

马铃薯播种及收获均是生产中劳动量较大的环节。近年来，我国加快中小型机械设备研发和推广，有效降低了田间劳动强度，提高了劳动效率。马铃薯薯块膨大需要疏松肥沃的土壤条件，传统通过培土的方法来满足这一条件。近年来，新型经营主体大面积种植已经开始应用机械培土。通过革新种植方法，创造性地推广了垄作覆膜种植技术，使薯块生长环境得到了优化。杂草生长会与马铃薯形成争肥争水争空间的矛盾，影响马铃薯产量。通过大面积推广应用黑膜覆盖栽培措施，很好抑制了杂草生长，大大减少了田间除草用工。通过不断革新，宁夏马铃薯栽培正朝着省力化的方向发展。

(6)贮藏能力

目前，宁夏马铃薯鲜薯贮藏能力约 330 万 t，其中传统窖 150 万 t，占全区贮藏能力 45.45%；新型窖 180 万 t，占全区贮藏能力 54.54%；农户贮藏能力 200 万 t，占全区贮藏能力 66.67%；经销户(包括合作组织、销售协会、批发市场等)贮藏能力 80 万 t，占全区贮藏能力 18.18%；企业贮藏能力 50 万 t，占全区贮藏能力 15.15%。

2022 年，全区马铃薯总产 50%左右用于淀粉和食品加工，20%左右用于鲜薯外销，10%左右进窖贮藏反季节销售，20%左右用于农户自食、饲用、留种。2023 年，由于干旱导致马铃薯商品属性降低，淀粉厂收购价格上涨及雪川六盘山(宁夏)食品有限公司带动，70%左右用于淀粉和食品加工，15%左右用于鲜薯外销，5%左右进窖贮藏反季节销售，10%左右用于农户自食、饲用、留种。另外，粗略估计农户贮藏量占总贮藏量 60%、企业及合作组织为 25%、经销户为 15%。

(7)加工转化能力

2022 年,宁夏新增马铃薯加工企业 1 家,即雪川六盘山(宁夏)食品有限公司,系国家级龙头企业雪川农业发展股份有限公司于 2021 年在原州区注册成立,主要从事马铃薯种植和薯条薯片生产加工与销售。2023 年底,宁夏有淀粉加工企业 27 家,其中:国家级龙头企业 1 家。宁夏精淀粉生产能力达到 40 万 t、粗淀粉加工能力 5 万 t,“三粉”(粉丝、粉皮、粉条)年生产量 6 万 t。另外,宁夏现有马铃薯主食开发生产企业 9 家,研发生产马铃薯薯条(片)、馒头、包子、馓子、麻花、挂面、米粉、饼干、面包、薯饼等 4 大类 100 多个产品,年产薯饼薯条等冷冻马铃薯制品 7.5 万 t。

宁夏马铃薯加工产品主要以淀粉、全粉、薯条(片)、“三粉”为主,还有少量的马铃薯主食化产品。淀粉主要用于食品、制药、纺织、化工等诸多行业,大部分销往北京、上海及珠江三角洲一带,少部分宁夏区内消化;生产“三粉”主要用于餐饮行业,50%以宁夏区内餐饮消费为主,50%区外销售;生产全粉主要用于休闲食品快餐行业、营养保健食品、鱼饵料、冷冻食品的原辅材料等方面,60%销往东南沿海城市,40%实现宁夏区内消化;熟全粉主要用于加工主食化面条、麻花、馒头、饼干等,60%以区内消费为主,40%区外销售;薯条及薯片、薯饼等主要用于国内外快餐行业。

(8)市场贸易情况

2023 年,随着加工原料薯价格普遍上升、大部分淀粉加工企业完成技术升级以及雪川六盘山(宁夏)食品加工有限公司薯条薯片加工线正式投入生产,马铃薯市场加工原料薯需求旺盛,普遍上涨 0.2～0.3 元/kg,淀粉含量高于 17%的马铃薯平均收购价格 1.2～1.5 元/kg,淀粉含量低于 17%马铃薯平均收购价格 1.0 元/kg 左右,薯条薯片加工平均收购价格 1.6～1.8 元/kg,鲜食菜用薯和种薯加工保持稳定。

同时,随着雪川六盘山(宁夏)食品有限公司正式投产,年加工冷冻马铃薯制品将超 19 万 t,实现了固原地区此类产品的首次出口,进一步提振了地方发展马铃薯的信心。

(9)品牌建设

2004 年,西吉县被中国特产之乡推荐暨宣传活动组织委员会授予“中国马铃薯之乡”称号;2010 年,固原市以马铃薯为主打的“六盘山”商标被宁夏回族自治区工商局认定为“宁夏著名商标”;2011 年,原州区被中国特产之乡推荐暨宣传活动组织委员会授予“中国马铃薯种薯之乡”称号;2012 年,西吉县“西吉马铃薯”商标被认定为中国驰名商标和宁夏名牌产品;2014 年,固原市被中国特产协会授予“中国马铃薯种薯之乡”称号;2023 年,中国淀粉工业协会授予固原市“中国马铃薯淀粉优质原料产区”称号。这些称号是给予固原乃至宁夏马铃薯最高的荣誉,也是宁夏马铃薯外销的“标签”。

(10)市场前景

随着国家乡村全面振兴战略实施,农业供给侧结构调整进一步深入推进,农业农村部马铃薯主粮化战略实施,宁夏充分利用在马铃薯种薯繁育、种植、马铃薯淀粉加工等方面积累的丰富经验和基础,主动对标市场需求,明确市场方向定位,走质量兴薯之路。一是顺应马铃薯种薯需求增加,发挥宁夏种薯繁育基础设施建设强大资源优势,品种选育、技术提升、市场对接齐头并进,实现资源优势向经济优势转变;二是充分利用六盘山区自然资源环境绿色洁净优势,大力培育优质特色农产品基地建设和品牌建设,质量兴农、绿色兴农、品牌强农;三是随着马铃薯淀粉加工废水汁水还田利用研究项目顺利实施,现存马铃薯淀粉加工企业得以持续健康发展，加之市场对马铃薯淀粉原料的刚需以及多元化发展和消费转型升级的必然要求，宁夏仍将是全国主要的马铃薯淀粉加工基地；四是结合马铃薯主食化发展战略，进一步调整优化马铃薯产业结构，积极推动马铃薯脱毒种薯繁育开发和精深加工，开发全粉加工及相匹配的产品加工，实施马铃薯“走出去”战略，开拓市场，提质增效，宁夏马铃薯产业依然大有作为。

2.1.3　宁夏马铃薯产业存在的问题

2.1.3.1　马铃薯科研力量薄弱

宁夏南部山区是马铃薯的主产区，是马铃薯种植大区，但不是技术强区。多年来形成了以宁夏农科院固原分院为育种，市县农技推广中心、种子站为引种、繁育、推广的技术队伍。但由于受自身基础弱等因素制约，尤其是在育种领域，自 20 世纪 90 年代选育出宁薯 4 号等高产品种后，2000 年以后的主栽品种如青薯 168、青薯 9 号、庄薯 3 号、冀张薯 8 号等全部为外省引进，当地适销对路的自主育种品种应用面积几乎没有。在生产环节，抗旱高产、优质专用品种覆盖面不大，脱毒种薯应用面较窄，旱作节水栽培技术普及率低，机械化技术推广速度较慢；在加工环节，设备落后，工艺精深程度不够，原料转化率不高，产品档次低，市场竞争力弱；在销售环节，产后商品化处理和贮藏保鲜技术“盲点”多，贮藏损失大，物流成本高。

2.1.3.2　马铃薯种植方式粗放，缺乏科学的统筹规划

纵观宁夏马铃薯种植方式可以看出，全区大多数种植还是沿用传统的耕作方式，规范化、标准化种植水平较低，机械化生产能力相对较低。虽然借助国家农机购置补贴政策，购置了一些马铃薯生产机械，但是当前的发展状况离全面推广马铃薯生产机械化作业技术，引进、试验、示范适宜不同区域作业的马铃薯种植、田间管理、收获等全程机械化，提升马铃薯机械化、标准化生产水平，提高生产效率、产品质量，降低劳动强度和成本，使马铃薯综合机械化水平达到 70%以上，综合机械化水平要达到 90%以上的要求还有相当远的距离。另外，对于种植项目还是基本依靠种植户自己判断，缺少科学规划与合理布局。

2.1.3.3　产业发展理念较落后，产业发展的层次和水平较低

宁夏马铃薯产业尽管种植规模大，并初步建立起了良种繁育体系、加工转化体系和鲜薯外销体系，但从整体上看仍处在一个较低的层次和水平。发展理念仍然拘泥于以生产为主的阶段，缺乏系统的产业开发规划；产业发展从生产到加工、销售，缺乏强有力的技术支撑，市场开拓能力弱，对接层次低，以原料销售为主，产业整体质量和效益不高。

2.1.3.4　生产水平不高，加工层次低

由于宁夏马铃薯主产区干旱频发、水土流失严重、土壤肥力较差、生产投入不足、耕作较为粗放、连作现象严重等原因，造成马铃薯单产水平低而不稳。以消耗马铃薯原料的量计算，马铃薯淀粉加工量占加工总量的 70%左右，马铃薯全粉、薯条、薯片分别占 20%、5%、5%。多年来，南部山区始终以发展马铃薯精淀粉加工业为主，虽经市场、环保等因素淘汰、技改升级，但保留的企业仍以淀粉初加工品为主，产业链不长。

2.1.3.5　脱毒种薯繁育推广体系不健全，种薯繁育市场开发严重不足

许多脱毒中心只重视原原种生产，忽视原种到一级种和一级种到商品种薯的生产，相当部分原种、一级种被农民当作商品薯卖掉，产业链没有得以延伸。种薯生产过度依赖政府，缺少

企业参与种薯推广，没有实现脱毒种薯统繁、统贮和统供，繁种与用种脱节严重。马铃薯种薯质量检测、监督机制不规范，缺乏强有力的质量保证措施，整体脱毒效果不理想，种薯质量不稳定。种薯基地建设缺乏统一规划，规模偏小、基础薄弱、条件较差，与种薯产业发展需求不相适应。种薯繁育品种多为供应本区域市场种植的常规品种，适宜当地主食化等加工品种严重缺乏，无法发挥促进南部山区马铃薯结构调整的基础作用，同时开拓中原二作区、南方冬作区的品种几乎没有。

鲜薯产品市场竞争力不强，市场体系培育不完善。宁夏全区外销鲜薯大部分没有品牌，缺乏市场竞争力。与国内外市场特别是高端市场没有实现有效对接，流通环节缺少大型企业的参与，市场占有率低。产地市场不健全，农民专业合作组织作用发挥不充分，产品销售总体还处在一种无序竞争状态。马铃薯及其产品的品牌建设虽然全面开展，但市场营销和宣传方式滞后，造成宁夏马铃薯及其产品知名度不高，在“北、上、广”等一线城市及周边城市销售偏低，带动种薯及鲜薯外销市场的效应不强。

2.2 宁夏马铃薯气象服务情况

2.2.1 宁夏马铃薯气象研究与服务现状

马铃薯气象是研究气象条件与马铃薯生产之间的关系及其变化规律的科学，属农业气象学中的专业农业气象学范畴，也属于农业气象学中的作物气象领域。近年来，经过宁夏气象科学研究所、宁夏大学、宁夏固原市气象局、宁夏农林科学院固原分院等相关单位科技工作者的不懈努力，在宁夏马铃薯晚疫病、产量形成、气候适宜度、气候区划以及马铃薯节水抗旱措施、马铃薯农用天气预报等方面开展研究及成果的转化应用，为形成马铃薯的全程气象服务能力奠定了基础。

2.2.1.1 建立了马铃薯农业气象观测站网，初步形成了服务能力

宁夏马铃薯观测业务始于 2008 年，按照中国气象局出版的《农业气象观测规范》开展马铃薯发育期、产量结构和土壤水分的观测，开展观测的站点有西吉、原州区、彭阳、隆德和平罗。随着种植结构的调整，马铃薯观测业务逐步调整到宁夏的中南部山区。马铃薯气象服务也由最开始的天气预报，逐步发展成了马铃薯适宜播种期预报、马铃薯发育期预报、马铃薯节水抗旱补灌预报、马铃薯病虫害发生气象等级预报、马铃薯贮藏条件预报等专业的农用天气预报。2016 年，固原市原州区长城梁建成了马铃薯农业气象野外试验基地，马铃薯主产区隆德县、泾源县、彭阳县、海原县、盐池县、同心县、西吉县布设了 13 套马铃薯农田小气候站及实景监测系统，初步建立了马铃薯专业气象监测站网。

为强化固原市马铃薯等优势特色产业升级背景下的气象服务支撑，固原市气象局于 2023 年印发了《长城梁特色农业气象科技小院运行方案》，确定了长城梁特色农业气象科技小院建设的指导思想和基本原则，提出了短期和长期工作目标，明确了机构组成、人员职责、责任落实和保障措施，配置了群体光合作用仪、人工模拟霜箱、光合作用仪、叶绿素仪、人工气候室、遮雨棚、水肥灌溉系统等，为开展马铃薯田间试验研究及技术推广示范应用奠定了基础。

2.2.1.2 建立了马铃薯全生育期气象服务指标，气象服务能力快速提升

在多项研究成果的支持下，业务人员整理了马铃薯不同发育期的气象服务指标及马铃薯

干旱、冰雹、晚疫病、高温热害等10多个主要的农业气象灾害指标，制作了宁夏马铃薯适宜性气候区划图、宁夏马铃薯晚疫病风险区划图、《气象助力精准脱贫——马铃薯特色气象服务手册》，编制了《马铃薯气象服务周年方案》《宁夏中南部山区马铃薯农业气象服务技术实用手册》，开发了16种服务产品模板，纳入了宁夏智能化农业气象业务服务系统，并投入了业务应用。

2.2.1.3 形成了马铃薯气象研发与服务团队

2017年，自治区政府批复成立了宁夏特色优势产业综合气象服务中心，由1个总中心（优势特色产业综合气象服务总中心，设立在宁夏气象科学研究所）和4个分中心（粮食、枸杞、酿酒葡萄、马铃薯，分别设立在宁夏气象科学研究所、中卫市气象局、银川市气象局、固原市气象局）组成。其中，马铃薯分中心设在固原市气象局，并成立了马铃薯气象服务创新团队，团队成员由宁夏气象科学研究所和马铃薯分中心业务人员组成，有计划、有目标地培养马铃薯气象服务专业人才。该分中心制定了马铃薯气象服务管理办法、业务流程、周年服务方案、会商制度等，开展多部门、多层次、全方位的马铃薯气象服务联合会商。同时，联合宁夏农林科学院固原分院马铃薯研究所、固原市农业技术推广中心、西吉县马铃薯产业服务中心、宁夏气象科学研究所等单位的专家，成立了“马铃薯气象服务专家联盟”，建立了由区、市、县三级组成的马铃薯气象服务专家团队，重点围绕影响特色农业生产的主要气象灾害和病虫害等开展研究；与马铃薯种植户、企业和研究机构合作，开展“产、学、研、服”协同攻关，不定期在马铃薯种植大户、企业和马铃薯合作社开展培训，逐步建立了马铃薯气象研究与服务的气象人才队伍。2020年，中国气象局、农业农村部批复成立全国马铃薯气象服务中心，宁夏是其中六个分中心之一。

2.2.1.4 开展了马铃薯气象研究

多年来，科技人员针对马铃薯气象业务服务开展了大量研究，项目研究成果不断纳入到马铃薯智能化农业气象业务服务系统中，在助力宁夏马铃薯产业发展中发挥了重要作用。

2008年，在中英气候变化双边合作项目“气候变化对宁夏农业影响的综合分析研究”中，项目通过气候变化情景模拟了未来宁夏南部山区马铃薯产量的变化，在品种不变、播期提前的条件下，马铃薯的生育期将延长，产量将会增加，但播期提前超过10 d后，增产幅度将减小。

2008—2010年，宁夏气象科学研究所承担了国家自然科学基金地区基金“气候变化背景下黄土高原粉用马铃薯高产优质的气候敏感性研究”项目，研究了马铃薯生理特性的变化规律、马铃薯产量和品质与气象条件的关系、马铃薯的需水规律等多方面的问题，特别是在气候变化背景下马铃薯产量、品质以及生理等对气候变化的响应等方面取得了多项研究成果。项目的开展为宁夏马铃薯气象服务业务奠定了基础。

2013—2014年，宁夏气象科学研究所承担了中国气象局旱区特色农业气象灾害监测预警与风险管理重点实验室开放研究项目“高产耐旱抗病马铃薯新品种冀张薯8号在宁夏的气候适宜性区划”。项目立足于田间试验数据，提出引种冀张薯8号的气候适宜性区划指标，利用自动气象站数据网格推算，确定了冀张薯8号在宁夏的精细化区划。项目成果在宁夏中南部地区开展了应用，对合理安排种植结构，充分利用气候资源，趋利避害，有一定的实际意义。

2014—2016年，宁夏气象科学研究所承担了中国气象局气候变化专项项目“宁夏马铃薯适应气候变化的节水抗旱技术”，通过试验研究摸清了制约马铃薯产量的关键气象因素，细化了关键气象因子对马铃薯生长发育和产量形成的影响；利用P-M(Penman-Monteith)公式估算了马铃薯阶段需水量和实际耗水量，提出了旱作马铃薯节水补灌、新品种秋覆膜蓄水保墒、双垄全膜覆盖沟播等节水抗旱技术。

2015—2016 年，宁夏气象科学研究所承担了中国气象局旱区特色农业气象灾害监测预警与风险管理重点实验室开放研究项目“宁夏中南部马铃薯节水抗旱气象适用技术研究”。项目研究了中南部山区典型站点马铃薯露地、普通覆膜、双垄全膜 3 种种植方式下自流灌溉、喷灌、滴灌 3 种灌溉方式下的需水量、水分满足率和水分盈亏状况，确定了 9 种节水抗旱灌溉方案，并提出抗旱节水技术。成果在固原市气象局和西吉县气象局气象服务中得到应用，对中南部山区马铃薯精细化节水灌溉气象服务具有一定的指导意义。

2017 年，固原市气象局、宁夏气象科学研究所承担了中国气象局旱区特色农业气象灾害监测预警与风险管理重点实验室指令性项目“马铃薯适宜播种期预报及开花期气象适宜度评价技术研究”。项目利用马铃薯种植区的自动气象站、国家基本站数据和发育期、产量观测资料，分析马铃薯的播种和开花期的温度、降水、日照气象适宜度阈值，利用这些阈值研发马铃薯服务产品智能化生成技术，并制作发布模板。

2016—2018 年，宁夏气象局承担了宁夏回族自治区重点研发计划项目“宁夏中南部马铃薯关键期气象条件预测技术研究”。项目研究确定了马铃薯关键生育期及其敏感气象要素指标，计算了关键生育期气候适宜度，分析了各生育期主要气象条件及其气候适宜度；确定了影响马铃薯关键生育期敏感气象要素的物理因子及影响的关键期，建立预测概念模型，并对模型效果进行检验；建立了关键期气候适宜度预测模型；对马铃薯关键生育期不同时间尺度的气候预测模式进行预测能力检验，并进行模式解释应用，开展了动力与统计相结合的气象要素客观预测技术研究。

2017—2018 年，宁夏气象科学研究所承担了中国气象局气候变化专项项目“气候变化对宁夏贫困区马铃薯的影响与对策”，摸清了马铃薯生长期关键气象因子的气候适宜度年际变化规律，得出了随着气候变化，宁夏贫困区春夏季气象条件适宜度变差，秋季适宜度变好，总体适宜度下降的结论。研究了马铃薯发育速率、产量、商品性状与气象条件的关系，确定了影响马铃薯产量、商品性状的关键影响因子的农业气象指标，有针对性地提出了宁夏贫困区马铃薯适应气候变化的措施。

2017—2018 年，宁夏西吉县气象局承担宁夏气象局项目“马铃薯播种和开花期气象条件预报技术”，确定了马铃薯开花期温度、降水、日照、综合气象适宜度阈值，建立了马铃薯适宜播种期预报模型，在“宁夏智能化农业气象业务服务平台”上，生成了“马铃薯气象条件适宜度评价”服务材料。

2018—2019 年，中国气象局兰州干旱气象研究所、吴忠市气象局共同承担了中国气象局旱区特色农业气象灾害监测预警与风险管理重点实验室开放研究项目“西北旱区特色作物马铃薯受旱致灾的土壤水分亏缺诊断及其临界气象条件研究”。项目完成了半干旱区马铃薯对干旱胁迫响应的大田模拟试验研究，分析了持续水分亏缺过程中马铃薯对土壤水分的动态响应特征，获得了马铃薯生长对持续水分亏缺响应的敏感指标，获得了持续水分亏缺导致马铃薯生理指标受损的土壤水分下限临界阈值，确立了马铃薯叶片光合参数的土壤水分亏缺阈值及其分级，确定了致灾的临界气象条件，提出了旱区马铃薯农田受旱致灾时适宜的土层水分亏缺诊断深度。

2018—2020 年，宁夏气象科学研究所承担了宁夏回族自治区科技惠民项目“宁夏中南部山区马铃薯全程气象保障服务与灾害预警技术应用示范”，将宁夏气象部门马铃薯气象相关研究成果进行了转化，凝练出农业气象服务技术指标，研发了马铃薯晚疫病、土壤水分适宜度动态监测、单产预报、喷药气象适宜度、施肥(培土、锄草)气象适宜度、收获气象适宜度、适宜播种期预报、气象适宜度评价、晚疫病预警评估等服务产品和气象灾害监测、预警指标，并研发了“宁夏马铃薯智能化农业气象业务服务系统”，集成以前零散的项目成果，研发了基于“云十端”的智慧化服务系统，开展了马铃薯全程气象监测、预警及服务应用示范，特别是创建了马铃薯晚疫病联防联治的新模式，实现了马铃薯全生育期伴随式气象服务，并与西吉佳利薯业合作，在企业开展了马铃薯的全程气象服务应用与示范。

2020—2022 年，宁夏气象科学研究所承担了中国气象局兰州干旱气象研究所“苗期干旱胁迫对马铃薯生长发育的影响试验研究”项目，通过开展马铃薯苗期干旱胁迫试验，研究了不同程度的干旱对马铃薯苗期生长发育的影响，并在后期恢复灌溉，研究马铃薯对恢复灌溉后的适应和响应。摸清了不同干旱胁迫对马铃薯苗期生长发育期的影响以及恢复灌溉后马铃薯的适应和响应情况，为马铃薯苗期干旱气象服务以及后期灌溉决策提供了基础支撑。

2021—2022 年，中国气象局高原气象研究所与宁夏西吉县气象局共同承担了中国气象局旱区特色农业气象灾害监测预警与风险管理重点实验室开放研究项目“气候变化对旱区马铃薯产量和生产潜力的影响”，通过试验研究分析了宁夏马铃薯主要种植区农业气候资源的时空变化特征；建立了气候变化对旱区马铃薯产量影响评价模型，揭示了单一气候要素变化及气候变化对宁夏马铃薯产量的影响；建立了气候变化对旱区马铃薯气候生产潜力影响评价模型，揭示了单一气候资源变化及气候变化对宁夏马铃薯气候生产潜力的影响。

2021—2022 年，固原市气象局承担了中国气象局旱区特色农业气象灾害监测预警与风险管理重点实验室指令性项目“分枝—开花期干旱胁迫对马铃薯生长发育的影响试验研究”，研究确定了马铃薯分枝—开花期不同干旱胁迫下恢复灌溉，马铃薯密度、高度、生长状况、产量变化、叶绿素、光合作用速率变化规律，根据土壤相对湿度，将减产情况进行了量化。基于研究成果，结合技术资料实现马铃薯分枝—开花期受不同程度的干旱胁迫后对产量的智能诊断，并于 2024 年纳入宁夏智能化农业气象业务服务平台，为马铃薯干旱气象服务提供数据支持。

2.2.1.5　取得的成效

宁夏马铃薯需水规律研究：摸清了在不同区域旱作、喷灌、滴灌、节水补灌和自流灌等不同措施下马铃薯全生育期和阶段需水量和耗水量、水分盈亏和水分满足率，估算了马铃薯实际耗水量和水分满足率及其水分季节分配差额，确定了露地、地膜、双垄全膜喷灌、滴灌等不同措施的最适补灌量，核定了节水灌溉定额，开展节水补灌时机和补灌定额的气象服务技术，得到了马铃薯最优灌溉方案。

气象条件对马铃薯产量影响研究：开展了马铃薯产量、商品性状与气象因子的关系研究，确定了影响马铃薯产量、薯块性状的关键气象因子，进一步建立了马铃薯产量、商品薯率与生长季关键气象因子的线性与非线性统计关系，得到了影响马铃薯产量、商品性状关键影响因子的农业气象指标。

气候变化对宁夏马铃薯影响研究：开展了关键气象因子的气候变化规律研究和气候变化背景下马铃薯产量、商品性状的变化规律研究。气候变化背景下，宁夏中南部山区马铃薯单产增加，大中薯率略增，单株薯重增加，但单株结薯数减少。在未来气候情景下，宁夏马铃薯主产区马铃薯生育期内降水量减少，马铃薯缺水量加大，块茎膨大期气温显著升高，不利于块茎养分积累，造成品种不变的情况下，马铃薯单产将会有所降低。

马铃薯生理变化规律研究：马铃薯试验田间的空气湿度呈“U”形曲线变化形式，而光合有效辐射和气温则为相反变化趋势，田间CO_2浓度与马铃薯叶片细胞间隙CO_2浓度成正相关性，二者日变化均呈“W”形双峰曲线；晴天条件下，马铃薯叶片光合速率、蒸腾速率、气孔导度均为“M”形双峰曲线形式，且有明显的“午休”现象。通过对马铃薯光合等生理特性的研究，了解马铃薯在外界环境条件下的生理反应，可为高效利用农业气候资源提供依据。高温胁迫对不同生育期马铃薯光合作用均有影响，且分枝期大于出苗期，其中叶室内外CO_2浓度差是对净光合速率影响最大的因子。

马铃薯气候适宜性区划及灾害风险区划研究：根据适宜度指数计算模型，构建了宁夏中南部山区马铃薯气候适宜度指数序列，发现水分适宜度年际波动幅度大，西吉、海原等地气候适宜度较高，气候优势明显。利用全区自动气象站资料，可以进行精细到县的区划。按照马铃薯对光温水的不同需求，选择7月和8月的平均气温、降水量和最高气温，作为气候适宜性区划因子，发现海原县南部靠近西吉县的地区是种植马铃薯的极适宜区，而北部靠近同心县的地区不适宜种植马铃薯。西吉县根据热量条件不同，新营、火石寨等高寒地区，适合发展原种繁殖产业，田坪、沙沟、兴隆等地区适合发展早熟菜用型品种，其他大部分地区是马铃薯种植的极适宜区域。采用歉年减产率、变异系数和减产率来评估宁夏马铃薯种植的风险，发现马铃薯种植的低风险区主要包括宁夏南部山区，特别是西吉县风险较小，产量有保证，中风险区主要包括盐池南部等地区，高风险区包括海原北部、同心大部和盐池中北部。

马铃薯晚疫病发生气象条件研究：摸清了马铃薯晚疫病发生的气象条件，建立了马铃薯晚疫病发生气象指标，对马铃薯晚疫病的发生风险进行了分区，研制了减轻马铃薯晚疫病的具体措施，建立了马铃薯晚疫病监测、预报、预警、信息发布及防治一体化技术和系统。通过试验评估了马铃薯晚疫病防治效果，发现药物防治可增产4.46%～9.01%，发病等级越高，药物防治的增产效果越明显。

马铃薯气候生产潜力研究：马铃薯气候生产潜力年际变化较大，但总体变化趋势不明显，表现出极弱的递减趋势；气候生产潜力与日照关系甚微，日照非区域农业生产的限制因子，气温是马铃薯生长的重要影响因子，气候生产潜力明显偏低于光温生产潜力，减产与水分亏缺变化趋势一致，降水与马铃薯气候生产潜力关系密切，为主要限制因子。播种日期越晚，降水量的越不稳定导致了气候生产潜力的越发不稳定。

马铃薯关键期气象条件预测技术研究：确定了马铃薯关键生育期及其敏感气象要素指标和异常气候事件。揭示了各生育期主要气象条件变化规律，确定影响马铃薯生产的主要气象灾害。采用滑动相关法，确定对中南部马铃薯不同关键生育期具有显著影响的外强迫因子(海温、海冰、积雪)和大气环流指数及关键影响时段；采用逐步回归法，建立基于数理统计的马铃薯关键期气温、降水异常及播种—出苗、花序形成期综合气候适宜度的定性和定量预测模型及预测指标。

马铃薯叶面积指数和干物质积累规律研究：运用数理统计和作物生长模型等方法，研究了马铃薯干物质的积累情况，马铃薯株茎干物质的积累过程为“S”形曲线变化形式，并分别与积温、累积降水、日照时数等气象因子之间有显著的相关性，但块茎干物质与气象因子的相关性不明显，随着播期的推迟，产量有增长趋势，6月播种产量增幅较大。

马铃薯叶面积指数在全生育期曲线变化呈现生长前期缓慢增长，中期快速增长和后期缓慢下降的"S"形生长曲线形式。叶面积指数动态变化与气象因子(积温、累积降水量和累积日照时数)和生长天数都有极显著的相关性。

2.2.2　马铃薯生产中的气象问题

2.2.2.1　南部山区中北部马铃薯产量低而不稳

宁夏马铃薯播种面积和总产在逐年提高,但单产年际间波动剧烈。中部干旱带 1981—2000 年马铃薯鲜薯单产由 4000 kg/hm^2的水平上升至 9000 kg/hm^2的水平,翻了 1.25 倍,但自 21 世纪初开始下降至 2011 年的 6300 kg/hm^2的水平;南部山区 1981—2005 年马铃薯单产由 5000 kg/hm^2的水平逐渐上升至 13000 kg/hm^2的水平,单产翻了 1.6 倍,近 5 年来略下降至 12000 kg/hm^2的水平。中部干旱带的马铃薯生长受气候条件的影响更大,特别是近 10 年来呈减产趋势,干旱造成单产的区域差距大,产量低而不稳。

2.2.2.2　气候变暖不利于中部干旱带马铃薯生长

马铃薯是喜凉作物,4 ℃以上发芽,10～12 ℃幼芽生长健壮。发棵期和开花期适宜温度 15～20 ℃,高于 23 ℃难以形成块茎,影响结薯数目。结薯期气温 18～21 ℃、气温日较差大对块茎的生长和淀粉积累最有利,超过 21 ℃块茎生长受抑,超过 25 ℃块茎基本停止生长,超过 27 ℃发生次生生长,形成小薯和异形薯。

从各地马铃薯生育期间历年逐旬平均气温、降水来看,中部干旱带中东部在发棵至结薯初期平均气温普遍在 20 ℃以上,而降水量在 6 月份出现两段少于 15 mm 的干旱少雨时段,发棵困难,结薯少。西吉、海原、原州区全生育期气温基本适宜,海原、西吉分别在 6 月上旬、下旬出现短时间少雨时段,气象条件基本上适合马铃薯的生长。隆德、泾源阴湿区最高气温在 17～18 ℃,降水量配合较好,适合马铃薯的生产,但 9 月上、中旬会出现一段雨水比较集中的时段,容易造成低温寡照和病害发生。总体来看,气候条件有利于南部山区的马铃薯生产,但中部干旱带因温度高,降水整体不足,不适合旱地马铃薯的生产,是造成该地区产量低而不稳、商品薯率低的原因。

据研究,未来 100 年宁夏气温继续升高。宁夏马铃薯在播种至幼苗期(4 月下旬至 6 月中旬)、结薯中后期(8 月中旬至 9 月下旬)气温适宜,发棵期至结薯初期(6 月下旬至 8 月上旬)是马铃薯结薯和薯块膨大的关键时期,气温维持在 20 ℃以上,明显超出了适宜温度范围,造成结薯少,薯块小,小薯比例大,产量低,商品薯率低,也造成薯块二次生长,形成异形薯、串薯等现象。

2.2.2.3　春夏季干旱频繁,旱情重,对保苗、发棵、结薯均不利

马铃薯全生育期需要 300～500 mm 的降水,时间分配要基本均匀,尤其是现蕾开花期要求保持田间持水量的 80%。结薯期和淀粉积累初期降水对马铃薯产量的影响最大,若遇干旱可造成严重减产。从历年逐旬平均土壤水分来看,中部干旱带全生育期土壤水分始终没有达到马铃薯适宜生长的范围,十年十旱,特别是发棵至开花阶段土壤湿度多年徘徊在凋萎湿度附近,超出耐旱极限,是造成该区域马铃薯经常出现缺苗断垄、死苗和绝产的根源,必须通过补灌渡过发棵期。南部山区发棵期也存在明显的阶段性干旱,尤其是 6—7 月份,前期秋墒消耗殆尽,降水难以弥补土壤水分消耗,旱情严重的年份也需补灌。7 月份以后雨水基本能满足马铃薯膨大和淀粉积累。

2.2.2.4 春夏干旱持续时间逐渐延长

以土壤相对湿度<60%、<50%、<40%的旬数占同时期土壤湿度总测定旬数的百分比分别代表某年出现轻旱、中旱和重旱的持续时间占全生育期的比例。随着气候变暖，南部山区马铃薯发棵期干旱持续时间有逐年加长的趋势，作物受旱逐年加重。土壤干旱的时间由1981年的58%增加到2011年的68%，中度以上旱灾由20世纪80年代初的35.7%上升到2011年的39.2%。中部干旱带轻度、中度干旱有逐渐减轻的趋势，轻度干旱由20世纪80年代初的70%下降到2017年的45.0%，减轻明显。但重度、极重干旱发生时间并没有缩短，旱灾并没有减轻。

2.2.2.5 马铃薯需水量增加，加剧了水分供需矛盾

根据作物模型模拟，随着气候变暖，宁夏主要作物生育期(4—9月)需水量呈上升趋势，南部山区需水量平均增加10 mm/(10 a)左右，中部干旱带、引黄灌区增加5 mm/(10 a)左右，而春夏季降水有减少趋势，阶段性水分亏缺进一步加重。

2.2.2.6 山区马铃薯生产技术落后

受连年干旱的影响，中部干旱带农民马铃薯栽培密度仅1.5万株/hm^2左右，超过此密度，在严重旱灾年份可能绝产，但正常年份没有发挥出气候增产潜力。种植的品种以早中熟品种为主，正常播期下对水分最敏感的开花期正处在当地最缺水的6月中下旬，旱灾损失严重，是造成产量低而不稳的主要原因。

2.3 宁夏马铃薯产业政策与建议

为保障产业发展，固原市成立了马铃薯产业专班，聚焦打造千公顷高质高产马铃薯基地和绿色食品生产供应基地，大力加强基地建设，努力壮大龙头企业，加快产品升级换代，千方百计拓宽外销渠道，建设具有较强竞争力的马铃薯产业带，全力推进马铃薯产业提质增效。为促进产业发展，区、市、县(区)多渠道筹措资金，对马铃薯种薯繁育、气调库建设、加工生产线提升改造等给予资金补贴支持。

2.3.1 强化组织领导，发挥专班作用

宁夏回族自治区各级政府高度重视马铃薯产业发展。2023年，宁夏将马铃薯产业纳入重点农业产业，形成宁夏“6+1”特色产业格局。宁夏回族自治区农业农村厅成立了全区马铃薯产业高质量发展工作专班，按照建立马铃薯产业体系、生产体系、经营体系推动产业高质量发展的要求，制定产业发展实施方案，进一步加大力度支持马铃薯产业发展。固原市委市政府成立马铃薯产业专班，谋划布局全市马铃薯产业发展规划，部署落实马铃薯产业发展决策，协调解决马铃薯生产、加工、销售等环节出现的困难和问题，完善产业扶持政策，强化金融服务，以产业专班运行推动马铃薯产业发展。

2.3.2 提升种薯繁育能力，加强种薯基地建设

立足六盘山区自然资源优势，采取“政府+科研部门+企业”合作攻关模式，依托宁夏农科院固原分院，组建宁夏马铃薯育种团队。以原州天启、西吉佳立和恒丰三个马铃薯繁育中心为

主，引进淀粉加工、主食化加工、鲜薯外销型和中原二作区、南方冬作区适种品种，优选早中晚熟菜用型种苗，提升种薯繁育能力。依托马铃薯龙头企业，开展主食用薯选育。用 2～3 a 时间实现现有种植品种更新换代，打破繁育种薯自繁自用现状。加强种薯基地建设，种薯 60% 保障当地生产，40%供应周边新疆、内蒙古、甘肃等省（区），面向福建、云南等省（区）扩大马铃薯种薯占有率，擦亮“中国马铃薯种薯之乡”的金字招牌。

2.3.3 合理布局生产基地

按照“种薯繁育、鲜薯外销、淀粉加工、主食开发”四业并举的发展思路，进一步优化生产布局，建设以黄土丘陵区为主要种植区域的马铃薯种薯繁育基地，严控质量，提升种薯品质；半干旱黄土丘陵区建设淀粉加工基地和鲜薯外销基地，集成推广旱作高效节水技术体系；河谷川道区和以近河流区域水浇地为核心的主食化生产基地和鲜薯外销、种薯生产基地，配套全程机械化生产技术，提高生产效率。

2.3.4 打造马铃薯加工集聚区，大力发展精深加工

充分利用宁夏马铃薯品质高的优势，加快全粉和主食化食品开发。提升改造现有淀粉加工厂设施设备，引进功能性食品和健康食品加工企业，促进马铃薯产品加工业与其他产业深度融合。培育马铃薯种植企业、合作社和种植大户，通过基地、订单等途径与农户建立更加稳定的产销合同和服务契约关系，形成稳定的马铃薯原料生产基地。发展壮大营销组织，保障淀粉加工企业原料供应，持续打造以原州区、西吉县为重点的淀粉及其产品加工集聚区。加大农业土地流转，推动薯条、薯饼等马铃薯主食化产品开发，延长产业链促增收。

2.3.5 改造提升贮藏基础条件，挖掘增收潜力

按照分类贮藏的要求，改造现有农产品综合批发市场及企业、合作社贮藏设施，对千吨以上贮藏窖改造提升，全部达到标准化地上或半地下式马铃薯库（窖、窑）。对贮藏环境温度、湿度、通风情况进行监控，以满足马铃薯贮藏需求，降低贮藏运行成本和烂薯率。加强周转贮藏库和收购市场建设，争取项目资金支持龙头企业、合作社、家庭农场加快建成一批智能化马铃薯恒温气调库和挑拣、运转等配套设施设备，逐步扩大贮藏能力，延长淀粉、主食化食品加工期，满足鲜薯常年外销的要求。

2.3.6 培育龙头企业和新型经营主体

发挥金融信贷优势，解决龙头企业流动资金紧缺难题，创造宽松的发展环境。依托雪川六盘山食品（宁夏）有限公司等龙头企业，引领带动当地企业提档开展主食化产品开发；依托天启薯业、宁夏佳立公司等马铃薯种薯繁育企业，引进选育适宜南部山区种植的中早熟鲜薯、全粉加工品种和繁育中原二作区、南方冬作区适种品种，提高种薯繁育能力、扩大种薯市场供应。以六盘山薯业、西吉守强马铃薯供销合作社、西吉火石寨马铃薯供销合作社等农民专业合作社为主体，吸收有志于马铃薯资源开发、保护、利用的个人为会员，发挥“能人”效应，形成有效载体。培育新型经营主体，通过基地、订单、股份合作等途径与农户建立更加稳定的产销合同和服务契约关系，实现“小生产＋大市场”的有效对接。建立各级专家服务团，引导农业科技人员深入一线开展技术服务。

2.3.7　强化农机农艺有机融合，推广推进标准化生产

多渠道争取山区马铃薯生产经费投入，加强与科研院校合作，开展马铃薯育种、配套栽培技术研究、全程小型山地机械化技术研发，实现马铃薯产业转型升级。利用国家对农机具购置补贴惠农政策加大马铃薯播种、培土、收获等机具购置，确保作业高峰期机具需求量。积极组建农机协会和有偿作业服务队，扶持壮大农业、农机专业合作社，增强规范化有偿作业服务和技术指导能力。持续优化"三统三分"机制，扩大农机服务组织参与马铃薯种植服务范围。高起点、高标准建设农机农艺融合示范园，广泛应用旱作高垄覆膜等高产栽培技术，推进农机与水肥种的协同作业，实现品种、栽培、装备和工艺的融合，带动农户提高马铃薯种植管理水平和机械化利用率。

2.3.8　加强品牌及市场窗口建设，拓宽销售渠道

发挥政府主导作用，通过新闻媒体、现场推进会等多形式、多渠道、多层次的形象塑造和宣传推介活动，做靓"中国马铃薯种薯之乡""六盘山马铃薯""西吉马铃薯"品牌，走绿色产品、健康产品消费之路。以"中国马铃薯种薯之乡""六盘山种薯"品牌为依托，统一注册商标、统一品牌、统一包装，大力实施品牌战略。强化"品种培优、品质提升、品牌打造，标准化基地建设"科技创新示范推广工程，发挥宁夏马铃薯淀粉加工优势区，借助"辛普劳""雪川""麦肯"三大薯条巨头布局在宁夏境内及周边的有利条件，延伸产业链。逐步在南方城市大型超市建立"六盘山"农产品营销专柜，不断提升固原市马铃薯市场知名度和市场占有率。抢抓中阿博览会等有利机遇，积极开拓阿拉伯和东南亚等国际高端市场，加快外销型马铃薯种薯、商品薯及其产品开发和销售。

2.3.9　持续强化科技支撑

持续加强马铃薯产业专家服务团队建设。通过专家服务团队，指导建设完成固原市马铃薯产业供给体系、良种繁育体系、龙头企业培育、市场及品牌培育、质量安全追溯体系和技术培训体系。注重强化与中国农科院、宁夏大学及甘肃、青海等周边省（区）科研院所（校）的合作交流，支持科研、推广、企业等分层次、多领域开展马铃薯抗旱、抗病、高产优质新品种引进选育，培育马铃薯新品种。加快引进示范推广适宜丘陵沟壑区的小型机械，提高种植效率、减少人工成本，形成丘陵沟壑区旱作标准化种植新模式。加快马铃薯绿色生产及有机马铃薯生产研发和推广，使马铃薯生产和环境保护、可持续发展统一协调。创新运用激励机制，完善以奖代补政策，真正把"小土豆"做成"大产业"。

第 3 章　气象条件对马铃薯产量和商品性状的影响

马铃薯是继水稻、小麦、玉米之后的第四大主粮，其生长发育和产量形成与气象条件密切相关。在气象条件对马铃薯产量影响方面，蒋仕华等(2022)对贵州西部马铃薯产量与气象要素进行分析，发现气温对马铃薯产量形成表现为负效应，降水量为正效应(开花期除外)，日照时数对马铃薯产量形成表现为正效应(苗期除外)。朱赟赟等(2011)等对宁夏不同区域马铃薯产量与气象因子的关系进行研究，发现结薯期气温对马铃薯产量的影响呈显著负效应，降水呈显著正效应。唐建昭等(2019)对河北坝上地区导致马铃薯产量变异的气象因子进行分析，发现薯块膨大—成熟期的最大连续无有效降水日数和有效降水、薯块形成—薯块膨大期的最高温度和总辐射共同决定坝上地区马铃薯产量变异的 82%。齐月等(2023)开展黄土高原半干旱区马铃薯产量对气候变化的响应研究，发现 1960—2020 年马铃薯生长日数延长、产量下降，产量与全生育期气温、块茎膨大—成熟期气温和积温呈显著负相关，产量与降水量呈极显著正相关。赵鸿等(2013)研究发现，干旱胁迫条件下可引起播种后的种薯延迟或者不能发芽，出苗后的植株生长缓慢、叶片光合能力降低，最终导致块茎产量和收获指数下降。郑方等(2020)研究了影响宁夏马铃薯产量形成的关键气象要素，发现温度是马铃薯苗期生长的关键气象因子，花序形成一开花期水分和光照对马铃薯产量有影响，其中水分影响最大，薯块膨大期温度、水分和日照对马铃薯产量均有影响，其中日照影响最大。薛思嘉等(2021)深入研究了影响马铃薯产量的关键气象因子，发现马铃薯产量对 7—9 月的气温、日照时数比较敏感，且气温对马铃薯产量的影响大于日照时数，并基于产量历史丰歉气象影响指数建立了河北马铃薯产量预报模型，定量预报准确率超 84%。此外，还有学者(孙炬仁，2023；赵丙秀 等，2024)在利用不同模型建立马铃薯产量预测模型时，考虑了大气湿度、气温、降水量等气象要素。在气象条件对马铃薯商品薯率的影响方面，王萍等(2019)对黑龙江松嫩平原马铃薯产量与气象因子的关系进行研究，发现小薯率与各发育阶段的气象因子相关性不大，株薯块质量与播种—出苗期的日照时数、花序形成—开花期的平均气温和降水及开花—可收期的日照时数相关性较大。王立春(2014)对黑龙江克山地区气象因子与马铃薯淀粉含量的关系进行定量分析，发现马铃薯淀粉含量与 6 月份积温和 9 月份日照时数均呈显著正相关，与 8 月份降水量和 8 月份日照时数均呈显著负相关。赵维忠等(2022)深入分析影响宁夏南部山区马铃薯商品薯率的气象因子，发现块茎膨大期日均降水量是影响该地区马铃薯商品薯率最主要的气象因子，其次为开花后第 4 旬平均气温和播种前 2 个月日均降水量。李华鹏等(2014)发现四川卧龙地区马铃薯苗期温水条件对马铃薯的产量有直接关系，块茎增长期的温水条件影响块茎的大小，干物质积累速率最高的是在块茎增长的中后期,较高的温度能明显提高薯块干物质的含量。此外,石瑛等(2023)发现东北雨养条件下,在块茎形成期雨量适宜年度下单株薯数、商品薯率和各项品质表现较好,在块茎膨大期降雨充足的年份单株产量和单薯重较高。

3.1 资料和方法

3.1.1 田间试验资料

2015—2017 年,宁夏气象科学研究所和固原市气象局联合在固原市长城梁特色农业气象科技小院、同心县豫旺镇、西吉县吉强镇设置了三个马铃薯试验区,在固原市长城梁特色农业气象科技小院开展了马铃薯分期播种试验、品种筛选试验和不同栽培方式试验;在同心县豫旺镇开展了马铃薯不同覆膜方式、品种筛选和全膜覆盖密度试验;在西吉县吉强镇进行了马铃薯分期播种试验。通过大田试验,获得了不同地域、不同时间青薯 9 号、宁薯 4 号样本的第一手试验资料。

3.1.2 农业气象观测报表资料

收集整理了西吉县气象局、固原农业气象试验站 2009—2017 年马铃薯农业气象观测报表,观测品种以宁薯 4 号和青薯 9 号为主,观测内容包括马铃薯发育期、商品薯率、产量等资料。

3.1.3 产量资料

搜集国家统计局宁夏调查总队公布的 1961—2017 年宁夏马铃薯产量调查数据,包括固原、海原、西吉、隆德、泾源、彭阳、盐池和同心县历年马铃薯种植面积、单产和总产数据,其中单产数据按照 1∶5 换算成鲜薯产量。

3.1.4 气象资料

为研究气象条件对宁夏马铃薯的影响,不能将气象资料简单平均,按照马铃薯种植面积的大小对气象资料进行处理。

将产量资料换算成鲜薯产量,以历年种植面积与区域马铃薯总面积的比为权重,按照式(3.1)进行权重合成,形成宁夏马铃薯种植区 1954—2017 年区域平均气候资料序列,以气温为例。

$$T_j = \frac{\sum_{i=1}^{n} T_{ij} S_i}{\sum_{i=1}^{n} S_i} \tag{3.1}$$

式中:T_j为 j 日综合权重平均气温;T_{ij}为 i 站 j 日的平均气温;S_i为 i 县当年马铃薯种植面积。

3.1.5 气象产量

为明确气象因子的作用,需滤除品种、灌溉条件改善等生产力水平提高的趋势产量,提取受气候影响的产量波动。以单产与趋势产量的比值表示相对气象产量，该比值大于 1 表示气象产量高于该年平均产量，即为增产年，比值小于 1 则表示当年产量在趋势产量以下，则为减产年。相对气象产量表示为：

$$\frac{y}{y_t} = 1 + \frac{y_w}{y_t} \tag{3.2}$$

式中：y 为马铃薯产量；y_t 为趋势产量；y_w 为气象产量。参考宁夏中南部山区各地固海扬水工程、盐环定扬黄灌区建设发挥效用的时间，以 1976 年为界限，分段模拟了马铃薯的趋势产量，为：

$$y = 2.15t^2 - 126.9t + 2472 \quad (1961—1976\text{ 年}) \quad R^2 = 0.805 \tag{3.3}$$

$$y = 37.96t + 936.8 \quad (1977—2015\text{ 年}) \quad R^2 = 0.609 \tag{3.4}$$

3.1.6　影响马铃薯产量、薯块性状的关键气象因子确定

为了确定气象因子对马铃薯产量及块茎性状的影响，考虑正态分布和偏态分布假设，用试验田马铃薯单产与播前、苗期、开花期、薯块膨大期等各发育阶段的降水量、降水日数、平均气温、气温日较差、日照时数等多种因子开展相关分析，选择通过显著性检验的因子，进一步对各因子进行偏相关分析，去除因子间相互影响，得到影响马铃薯生长及产量形成的关键气象因子。

3.1.7　马铃薯水分差额的计算

水分差额指作物得到水分的量与消耗水分的量的差值。对于宁夏雨养农业区而言，作物的水分来源主要依靠降水，水分的消耗量就是作物的需水量。利用降水量减作物需水量来计算水分差额，值为正，说明降水量大于马铃薯需水量，水分盈余，反之，值为负则说明降水量小于需水量，水分亏缺。

3.2　马铃薯产量波动及其与气象要素的关系

光、温、水等气象要素不但影响马铃薯的生长发育，也影响着产量的形成，马铃薯丰产或歉收与气象条件密切相关。

3.2.1　马铃薯产量的变化

3.2.1.1　马铃薯实际产量的变化

宁夏马铃薯大多种植在贫瘠、保水性差的沟梁卯地上，其生长发育和产量形成多依赖自然降水，因此马铃薯产量年际变化较大。从宁夏中南部山区马铃薯鲜薯单产多年变化趋势来看，受品种改良、种植技术进步等多方面因素的影响，马铃薯单产显著提高。从 20 世纪 60 年代单产不足 7000 kg/hm^2，到 21 世纪的 15000 kg/hm^2，增加了 2 倍以上。从变化趋势来看，宁夏中南部山区马铃薯产量有两个阶段性变化：在 1977 年之前，产量呈减少趋势，1977 年以后增产趋势显著(图 3.1)。

3.2.1.2　马铃薯气象产量变化

从 1961—2015 年马铃薯气象产量逐年变化(图 3.2)可以看出，在 20 世纪 80 年代以前，宁夏马铃薯气象产量年际间变率较小，在±1600 kg/hm^2 之间。80 年代后，马铃薯产量变幅

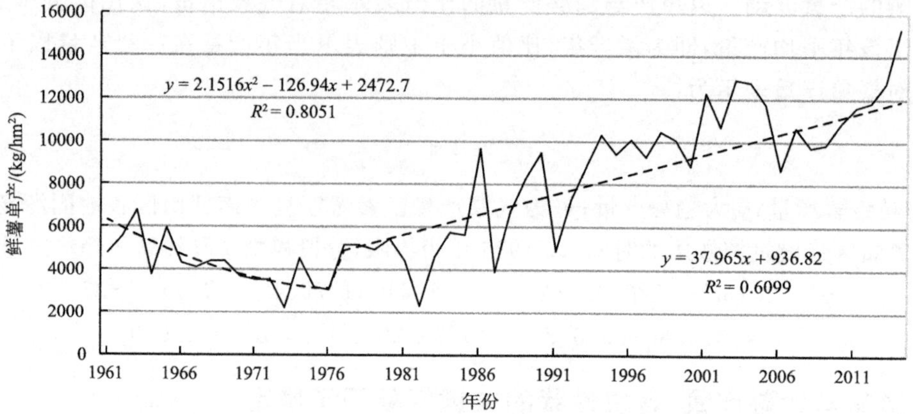

图 3.1　马铃薯种植区 1961—2015 年马铃薯产量变化

在±3500 kg/hm² 之间，稳定性变差。具体来看，20 世纪 60—70 年代，气象产量正负值参半。从 1979 年开始，气象产量连续 7 年出现负值，1986 年气象产量转为正值后，1987 年和 1988 年开始又变为负值。1991—2000 年的 10 年间，气象产量只有 3 个年份为负值，其他大部分年份为正值，特别是 1993—1999 年，连续 7 年出现正值。2000 年以后，2001—2005 年连续 5 年为正值，特别是 2003 年气象产量为 3083.1 kg/hm²，2006 年开始转为负值，此后气象产量有正有负。

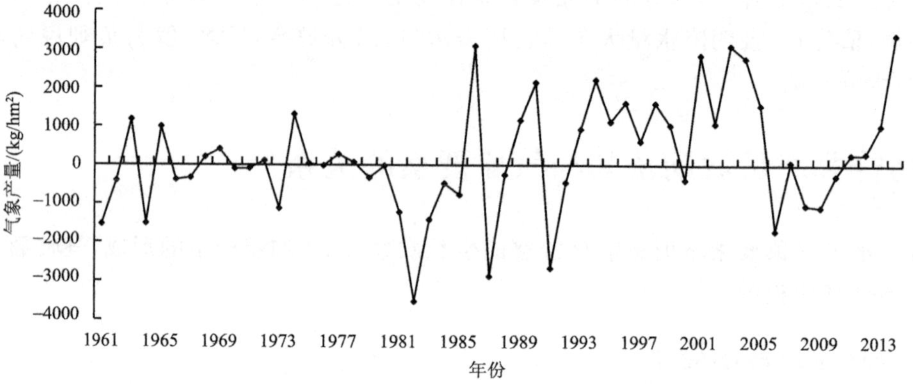

图 3.2　马铃薯种植区 1961—2015 年马铃薯气象产量变化

根据 2006 年宁夏气象灾害年鉴中记载，2006 年，宁夏全区气温偏高，大部地区降水持续偏少。干旱造成农作物、牧草生长受阻，人畜饮水困难加剧，南部山区中北部冬小麦生长受抑制，夏秋粮生长发育受干旱威胁。农作物成灾面积 64.2 万 hm²，旱灾造成农业直接经济损失 8.6 亿元。这一年，计算所得气象产量为−1694.98 kg/hm²，表明当年的气象条件不利于马铃薯的生长发育和产量形成，并产生较大影响。

与此类似，据气象灾害年鉴中记载，2008 年 11 月至 2009 年 7 月，宁夏降水量持续异常偏少，中部干旱带地区的无有效降水日数长达 216～265 d（无降水日数及日降水量小于 5 mm 的日数）。尤其是 2009 年全区 6 月降水量之少和气温之高均创历史同期极值，更加加重了旱情的发展和蔓延，大部分地区达到了重旱和特旱等级，给南部山区的农业生产、生态建设及人、畜饮水造成了严重的不利影响。据统计，干旱导致农作物受灾面积 30.8 万 hm^2，农业经济损失约 14 亿元。2009 年计算所得气象产量为 −1973.72 kg/hm^2，与实际情况吻合。

3.2.2 气象产量与气象要素的关系

根据固原国家农业气象观测站 2013—2017 年马铃薯发育期观测资料，当地马铃薯 4 月下旬播种，5 月下旬出苗，6 月下旬分枝，7 月上旬花序形成，7 月中旬开花，8 月中旬花期结束。根据观测资料，把马铃薯生育进程划分为以下 6 个主要生育期：4 月下旬至 5 月上旬为萌芽期，5 月中旬至 6 月中旬为幼苗期，6 月下旬为分枝期，7 月上旬为花序形成期，7 月中旬至 8 月中旬为开花期，8 月下旬至 9 月下旬为结薯期。各发育期气象要素与气象产量的相关分析见表 3.1。

表 3.1 马铃薯生育期内气象产量与气象要素的相关系数

	萌芽期	幼苗期	分枝期	花序形成期	开花期	结薯期	全生育期
平均气温	−0.218	0.372	0.361	−0.286	−0.476*	0.313	−0.202
平均最高气温	−0.176	0.422	0.401	−0.368	−0.762**	0.211	−0.298
平均最低气温	0.204	0.336	−0.395	−0.247	−0.347	0.407	−0.306
降水总量	−0.274	0.403	0.511*	0.547*	0.420	0.251	0.395
平均日照时数	−0.306	0.432*	0.401	0.663**	−0.231	0.242	0.417

注："*"、"**"分别表示显著性水平达到 0.05 和 0.01。下同。

3.2.2.1 温度

平均气温：气象产量与马铃薯全生育期平均气温呈负相关。对不同生育期而言，萌芽期气象产量与平均气温呈负相关，短而壮的芽苗是保证马铃薯植株旺盛生长的先决条件，萌芽期平均气温越高萌芽越快，而这种快速萌芽容易造成马铃薯幼苗纤细徒长，不利于形成壮苗，所以对产量形成不利。幼苗期到分枝期气温与产量为正相关，此时是马铃薯营养生长旺盛阶段，温度较高有利于马铃薯开枝散蔓。花序形成期是马铃薯由营养生长转为生殖生长的标志，此时平均气温过高不利于马铃薯花芽的分化，还会造成枝叶徒长，加大干物质消耗，不利于产量形成。在整个开花期，气象产量与平均气温的负相关性更为显著，说明开花期气温过高会对产量产生不利影响。到 8 月下旬以后，进入结薯期，马铃薯地上部分的生长已经结束，此时平均气温高有利于块茎的干物质积累。

最高气温：不管是全生育期还是各生育期，马铃薯气象产量与最高气温的关系与平均气温相似。在开花期，气象产量与最高气温的负相关更加显著，通过显著性 0.01 的检验，因此，做好开花期马铃薯防高温的农业气象服务尤为重要。

最低气温：马铃薯是喜凉作物，对低温有较好的抗性，气象产量与全生育期最低气温呈负相关。对不同生育期而言，除萌芽期到幼苗期以及结薯期最低气温升高有利于产量形成外，其他生育期呈负相关。由此可见，在马铃薯主要生育期内，最低气温较低、气温日较差大，有利于物质积累，能够形成较高产量。

3.2.2.2 降水

宁夏马铃薯主要种植区基本为旱作农业区，水分是其生长最大的限制因子，统计分析结果也印证了这一点，马铃薯气象产量与全生育期降水总量呈正相关。在马铃薯萌芽期，种薯薯块中富含水分，能够满足萌芽所需，此时降水过多，轻者会妨碍根系发育，降低后期的抗旱能力，重者会造成烂芽，影响出苗。马铃薯出苗以后，无论是地上茎叶的生长，还是地下薯块的发育，都需要大量的干物质积累，因此，水分需求很大，气象产量与降水总量都呈正相关，尤其是在分枝和花序形成期，作物生长旺盛，有更多的水分供应才能满足其需要，相关性更显著。

3.2.2.3 日照

马铃薯是喜光作物，气象产量与全生育期日照时数呈正相关。在萌芽期，马铃薯需要短日照，这个时期短日照可以有效抑制幼芽的伸长，使其形成短壮芽，从而避免出土后长成瘦高弱苗。马铃薯苗期到花序形成期是旺盛的营养生长期，这一时期的长日照可以增强马铃薯植株的光合作用，促进光合产物的合成，为后期薯块的生长发育做好物质储备。在马铃薯开花期，地上部分和地下部分同时在生长，短日照能够有效地控制茎叶的生长，减少光合产物在茎叶中的无效消耗，促进薯块的膨大，在此发育期内气象产量与日照时数呈反比。在结薯期，马铃薯主要以地下块茎发育为主，日照有利于气象产量的形成，二者之间呈正相关。

3.3 马铃薯产量和商品性状与气象因子的关系研究

3.3.1 马铃薯产量与气象因子的关系

3.3.1.1 平均单产

马铃薯产量与不同生育期间的气象因子相关分析表明，宁夏中南部山区马铃薯产量与降水量和日照有关，温度的影响不及降水显著。影响马铃薯产量的最显著气象因子有3月上旬至播种前累计降水量、出苗至花序形成期间的降水量、花序形成至开花期的降水量以及出苗至花序形成期间的日平均日照时数4个因子。

(1)播前(3—4月)降水量

马铃薯在5月上旬播种，3—4月份降水量决定着播种期土壤墒情，随着降水量增多，产量上升，决定系数 $R^2=0.4408$。播期降水量在10～60 mm的正常范围内，降水量每减少10 mm，引起减产1197.0～2161.5 kg/hm²，降水量越少，每减少10 mm降水引起的减产幅度越大(图3.3a)。

(2)出苗至花序形成期(营养生长期)降水量

出苗至花序形成期间的降水量与发棵早迟、发棵大小关系密切，早发棵、发棵大有利于早结薯。该阶段降水量与产量正相关，$R^2=0.4877$，期间降水每减少10 mm，减产1312.50 kg/hm²，干旱可造成严重减产(图3.3b)。

(3)花序形成至开花期降水量

花序形成至开花期是营养生长向生殖生长的转折点，现蕾至开花期间气象条件影响块茎形成的数目。期间的降水量与产量呈正向抛物线变化关系，$R^2=0.583$。表明马铃薯现蕾至开花对缺水敏感，而此阶段降水量经常不能满足马铃薯的需水量，干旱频繁出现，降水量在60 mm以下，每减少10 mm，减产949.50～1936.50 kg/hm²，降水量越少，每减少10 mm降水造成的减产越严重(图3.3c)。

(4)出苗至花序形成期间日均日照时数

该阶段日均日照时数与产量呈二次曲线关系，$R^2=0.5062$ 日照时间在7.5 h/d时产量最高，日照时间过长、过短均引起减产（图 3.3d）。

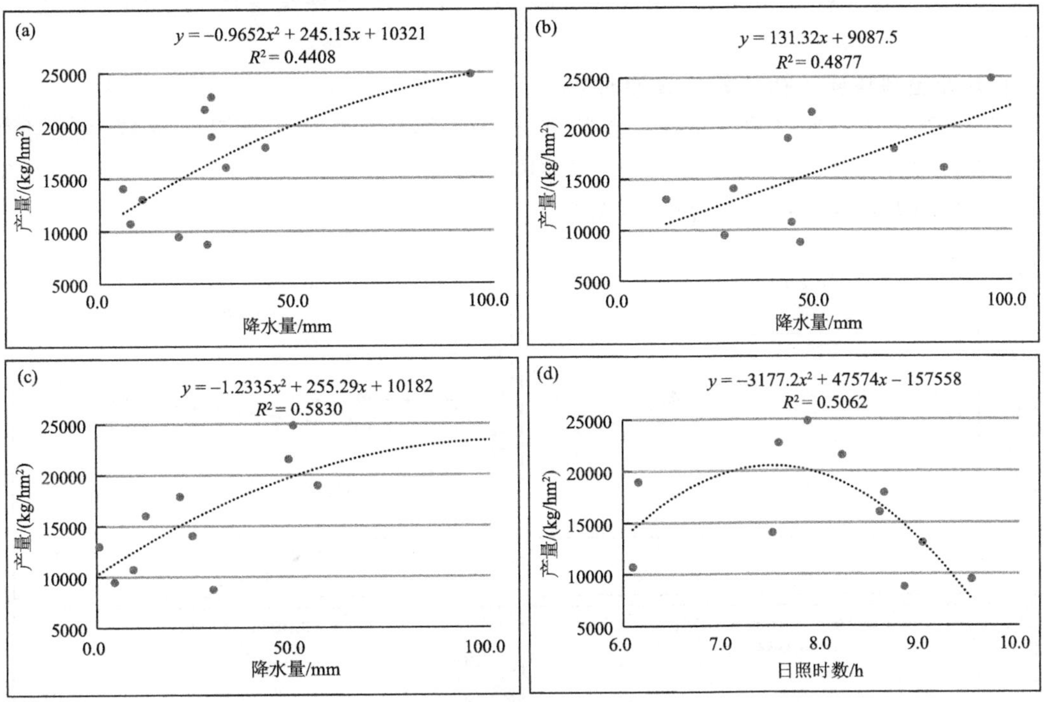

图 3.3　马铃薯产量与气象因子的关系

(a)播前(3—4 月)降水量；(b)出苗至花序形成期降水量；

(c)花序形成至开花期降水量；(d)出苗至花序形成期间日均日照时数

3.3.1.2　平均单株结薯数

平均单株结薯数量是衡量马铃薯增产潜力的主要指标，单株结薯越多，增产潜力越大。反之，前中期干旱限制了小薯数量，即使后期气象条件优越，大中薯比例高，但总产量也不会很高。现蕾到开花阶段主茎和侧枝繁盛，开始形成小薯，存在养分的制造、消耗和贮藏之间的矛盾。在养分供应不变的情况下，单株结薯数量决定于块茎形成期的气象条件。固原市和西吉县分期播种试验结果表明，马铃薯单株结薯数与气象条件关系密切，影响较大的气象因子有下列 4 个。

(1)开花后第 1—50 d 平均气温

开花后 5 旬是小薯形成至块茎膨大前期的关键期，期间平均气温与单株结薯数呈线性负相关，$R^2=0.8400$，表明开花至膨大前期温度越高，结薯越少，花期高温能显著抑制马铃薯小薯形成，气温每升高 1 ℃，平均单株结薯减少 0.97 个/株，这是马铃薯喜凉的主因（图 3.4a）。

(2)出苗至花序形成期累计降水量

单株结薯数与出苗至花序形成期累计降水量呈正相关，$R^2=0.4245$。降水量越多，发棵越大，匍匐茎分化越多，匍匐茎前端结小薯也越多。从分期播种试验结果来看，出苗至花序形成阶段降水量超过 30 mm 以上越多，单株结薯数越多，平均每增加 10 mm，单株结薯增多 0.33～1.29 个/株（图 3.4b）。

(3)开花后第 1—第 3 旬（薯块膨大前期）累计降水量

开花后第 1—第 3 旬的累计降水量与单株结薯数量关系密切，$R^2=0.4338$。开花后如果能有一场 30 mm 以上的降雨，对增加单株结薯数有利，开花后 30 d 内降水量 30 mm 以下结薯数基本稳定在 5 个/株，30 mm 以上时，每增加 10 mm 降水，单株结薯增加 0.84～1.92 个/株（图 3.4c）。

（4）开花至薯块膨大初期累计日照时数

开花后 20 d 内日照时数与单株结薯数显著正相关，$R^2=0.8596$。日照越多，光合物质积累越多，越有利于加速马铃薯小薯分化，增加膨大数量。日照每增加 10 h，单株结薯数增多 1.03 个/株，阴天寡照不利于小薯分化（图 3.4d）。

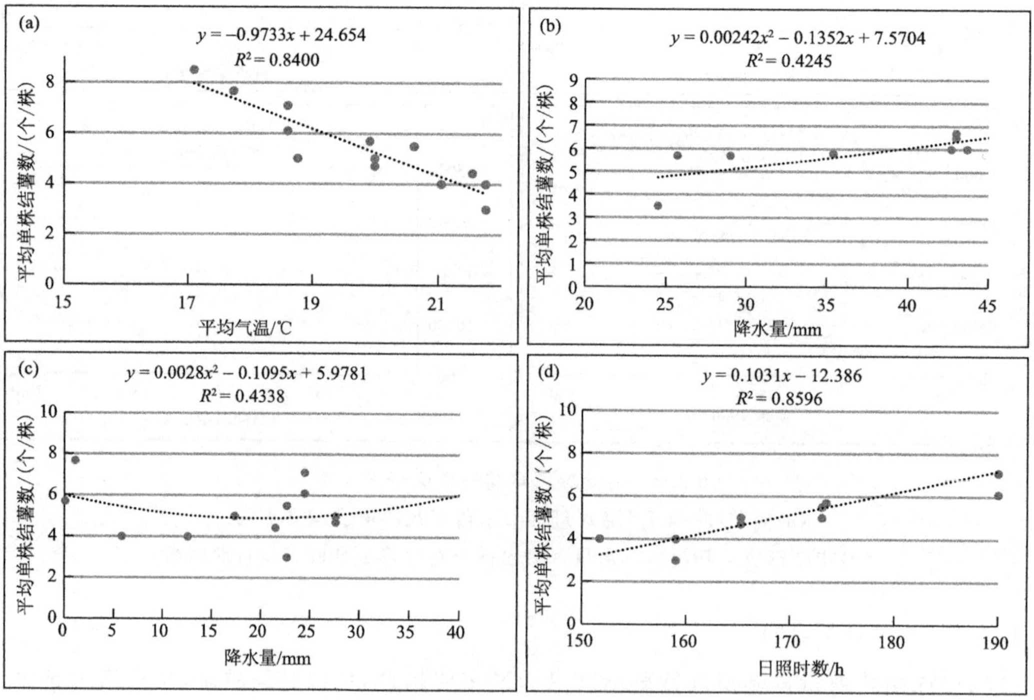

图 3.4 马铃薯平均单株结薯数与气象因子的关系

（a）开花后第 1—50 d 平均气温；（b）出苗至花序形成期累计降水量；

（c）开花后第 1—3 旬累计降水量；（d）开花至薯块膨大初期累计日照时数

3.3.2 产量综合气象模拟模型与效果检验

3.3.2.1 单产综合模拟模型

分别用 4 个影响显著因子与单产关系方程的决定系数作为对产量的贡献，加权获得马铃薯单产的综合权重模拟方程（表 3.2）。其中，Y_1 为 3—4 月累计降水量 x_1 模拟的产量，Y_2 为出苗至花序形成期间累计降水量 x_2 模拟的产量，Y_3 为花序形成至开花期累计降水量 x_3 模拟的产量，Y_4 为出苗至花序形成期间的日均日照时数 x_4 模拟的产量。

3.3.2.2 平均单株结薯数综合模拟模型

以 4 个影响平均单株结薯数的显著因子关系方程的决定系数作为权重加权得出马铃薯平均单株结薯数的综合权重模拟方程（表 3.3）。其中，x_1，x_2，x_3，x_4 分别为开花后第 1—50 d 平均气温、出苗至花序形成期累计降水量、开花后第 1—第 3 旬(薯块膨大前期)累计降水量、开花至薯块膨大初期累计日照时数，Y_1，Y_2，Y_3，Y_4 分别为 4 个气象因子模拟的平均单株结薯数。

表 3.2　马铃薯产量气象模拟方程

因子	方程	R^2	α	n
3—4 月累计降水量	$Y_1=-0.9652x_1^2+245.15x_1+10321$	0.4408	0.05	11
出苗至花序形成降水量	$Y_2=131.32x_2+9087.5$	0.4877	0.02	11
花序形成至开花期降水量	$Y_3=-1.2335x_3^2+255.29x_3+10182$	0.583	0.01	11
出苗至花序形成期日均日照时数	$Y_4=-3177.2x_4^2+47574x_4-157558$	0.5062	0.02	11
权重合成	$Y=(0.4408Y_1+0.4877Y_2+0.583Y_3+0.5062Y_4)/2.0173$			

表 3.3　马铃薯平均单株结薯数气象模拟方程

因子	方程	R^2	α	n
开花后第 1—50 d 平均气温	$Y_1=-0.9733x_1+24.654$	0.8400	0.001	13
出苗至花序形成期累计降水量	$Y_2=0.0024x_2^2-0.1352x_2+7.5704$	0.4245	0.100	11
开花后第 1—3 旬累计降水量	$Y_3=0.0027x_3^2-0.1046x_3+5.9737$	0.4209	0.050	13
开花至薯块膨大初期日照时数	$Y_4=0.1031x_4-12.386$	0.8596	0.001	13
权重合成	$Y=(0.84Y_1+0.4245Y_2+0.4209Y_3+0.8596Y_4)/2.545$			

3.3.2.3　模拟效果检验

利用宁夏中南部山区面积权重合成后的加权气候资料，按照表 3.2 中的权重合成方程，反演历年马铃薯的单产，与宁夏中南部山区马铃薯鲜薯单产进行比较，发现反演的历年马铃薯单产序列与实际单产序列的波动具有同向性(图 3.5)。

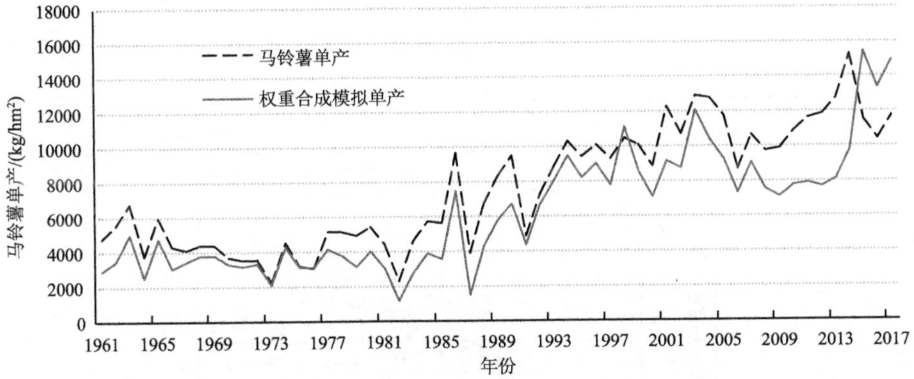

图 3.5　宁夏中南部山区历年马铃薯产量模拟效果检验

3.3.3　马铃薯商品性状与气象因子的关系

3.3.3.1　商品薯率

商品薯率是大中薯占所有分化薯块的比例，商品薯率越高，代表块茎达到 50 g/个的数量越多，商品性状越好，售价越高。根据 2016 年、2017 年固原市、西吉县和同心县青薯 9 号试验分析结果，商品薯率主要受三个气象因子的影响。

(1)块茎膨大期日均降水量

马铃薯开花后 15 d 叶面积达到高峰，块茎快速膨大，水分、养分需求大。开花 40 d 后为淀粉积累期，下部叶片开始枯黄，养分向块茎转移，体积增大缓慢，但淀粉、蛋白质和纤维增加，皮层木栓组织增厚，薯重继续增加。光照充足可促进养分转运，防止叶片早衰。膨大期降水量与大中薯率关系十分密切，商品薯率与膨大期降水量正相关，为对数关系，$R^2=0.5185$。随着降水量的增加，商品薯率增大。日均降水量由 1 mm/d 增加到 2 mm/d，商品薯率由 34.8%提升至 76.5%，日均降水量达到 2.94mm/d 时，商品薯率达到 100%(图 3.6a)。

(2)开花后第 4 旬平均气温

利用膨大期降水量与商品薯率的残差，与开花后第 4 旬(淀粉积累期)平均气温建立关系，可看出温度与商品薯率呈负相关，$R^2=0.3261$。气温偏高导致块茎木质化过早，不利于形成大薯。气温每升高 1 ℃，商品薯率下降 4.0%～5.5%(图 3.6b)。

(3)播种前 2 个月日均降水量

播种前 2 个月的日均降水量与商品薯率的残差呈正相关，$R^2=5427$。播前水分条件好，出苗早且壮，苗期受旱程度低，发棵早且大，小薯形成、块茎膨大均提早，有利于形成大薯，提高商品薯率。播前日均降水量每增加 0.16 mm/d，相当于 3—4 月降水量增加 10 mm，可增加商品薯率 3.14%～11.01%，越干旱的情况下增加日均降水量对商品薯率提升的贡献越大(图 3.6c)。

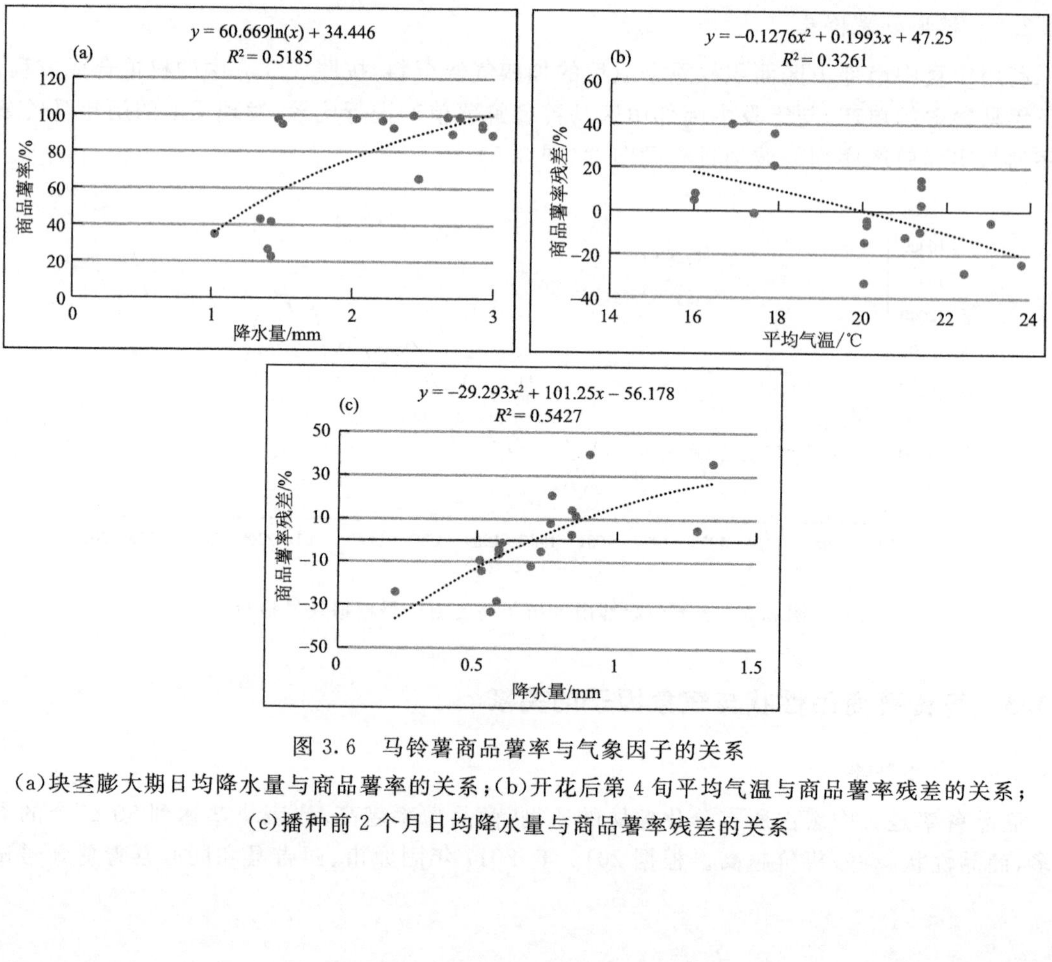

图 3.6 马铃薯商品薯率与气象因子的关系

(a)块茎膨大期日均降水量与商品薯率的关系；(b)开花后第 4 旬平均气温与商品薯率残差的关系；(c)播种前 2 个月日均降水量与商品薯率残差的关系

3.3.3.2　平均单株薯重

平均单株薯重比商品薯率更能表达块茎的大小，商品薯率大有可能都是中等薯块，如分化的单株结薯数多，单薯重不大。而平均单株薯重可反映薯块的大小，如分化的单株结薯数不多，但每个块茎质量大，受市场欢迎，售价高，效益好。根据西吉 2008—2011 年、固原 2007—2014 年马铃薯农业气象观测报表，发现平均单薯重与以下几个气象因子有关。

(1)播种前 2 个月降水量

播种前 2 个月的降水量与单株薯重呈正相关，$R^2=0.4157$。播前降水多，发棵大，块茎膨大早，有利于形成大薯。3—4 月降水量在 50 mm 范围内，每增加 10 mm，平均单株薯重可增加 37.84～73.88 g，播前越干旱，降水量的增加对单株薯重的提升作用越大(图 3.7a)。

(2)苗期日均降水量

出苗至花序形成期日均降水量与平均单薯重呈显著正相关，$R^2=0.64$。表明苗期降水量决定了发棵、小薯形成和块茎膨大的时间、数量和质量。日均降水量每增加 1 mm，平均单株薯重增加 110.39 g(图 3.7b)。

(3)花序形成至开花期降水量

花序形成至开花阶段为块茎形成期，是以茎叶生长为中心转向以块茎生长为中心的转折点，地上部现蕾是块茎开始形成的标志，决定块茎膨大的数目和时间。这个阶段存在养分制造、消耗和贮藏之间的矛盾，期间的降水量是保证这三个过程协调进行的关键。随着降水量的增大，单株结薯重增加，$R^2=0.6657$。在常年 0～60 mm 范围内，每增加 10 mm 降水，单株结

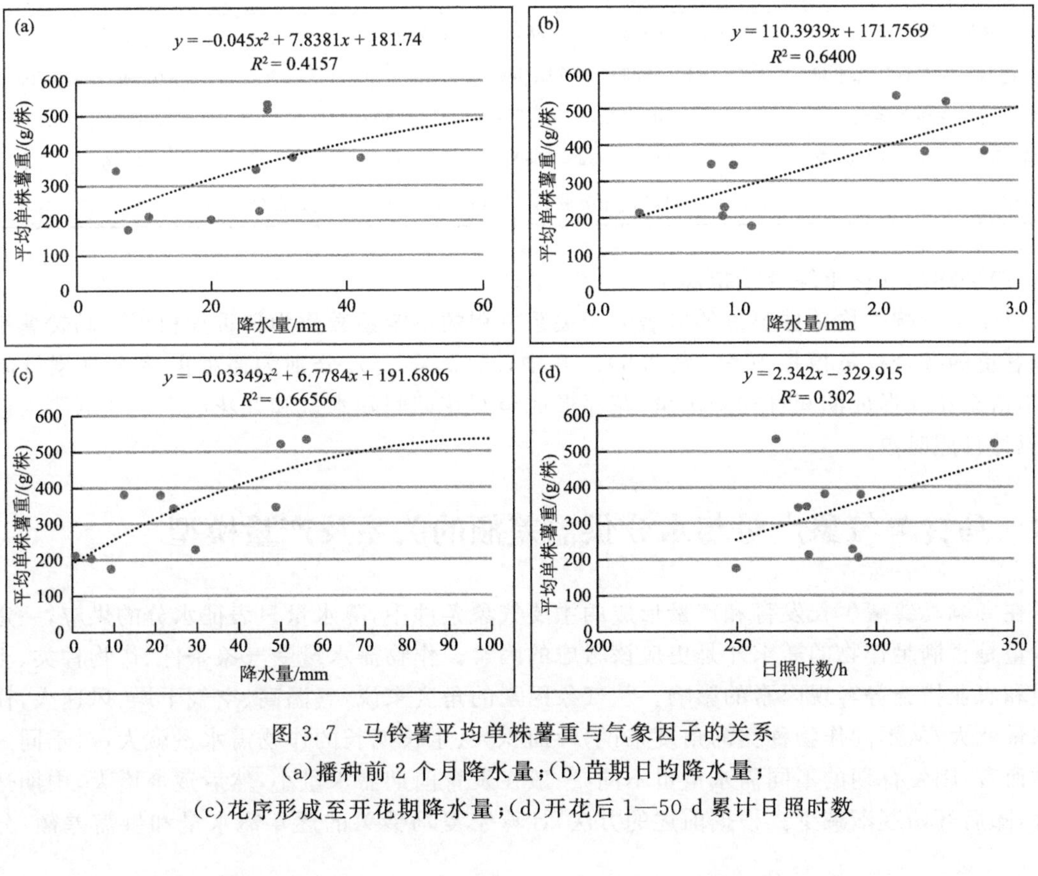

图 3.7　马铃薯平均单株薯重与气象因子的关系

(a)播种前 2 个月降水量；(b)苗期日均降水量；

(c)花序形成至开花期降水量；(d)开花后 1—50 d 累计日照时数

薯增重 24.3～64.4 g(图 3.7c)。

(4)开花后 1—50 d 累计日照时数

开花至膨大初期一般需要 10 d,开花后 1—50 d 的累计日照时数与平均单株薯重呈正相关,R^2=0.302。日照时数每增加 10 h,平均单株薯重增加 23.42 g(图 3.7d)。

3.3.3.3 商品性状综合气象模拟模型

(1)商品薯率综合模拟模型

将 3 个影响商品薯率的显著因子按照商品薯率或其残差的决定系数进行权重合成,得出评价马铃薯商品性状的综合权重模拟方程(表 3.4)。其中,Y_1 为开花至成熟期间日均降水量 x_1 拟合的商品薯率,Y_2 和 Y_3 分别为开花第 4 旬平均气温 x_2、播种前 2 个月日均降水量 x_3 拟合的商品薯率残差。

表 3.4 马铃薯商品薯率气象模拟方程

因子	方程	R^2	α	n
开花至成熟期间日均降水量	$Y_1=60.669\ln x_1+34.446x_1$	0.5185	0.001	18
开花第 4 旬平均气温	$Y_2=-0.1276x_2{}^2+0.1993x_2+47.25x_2$	0.3261	0.02	18
播种前 2 个月日均降水量	$Y_3=-29.293x_3{}^2+101.25x_3-56.178x_3$	0.5427	0.001	18
权重合成	$Y=Y_1+(0.3261Y_2+0.5427Y_3)/1.8688$			

表 3.5 马铃薯平均单株薯重气象模拟方程

因子	方程	R^2	α	n
播前 2 个月累计降水量	$Y_1=-0.045x_1{}^2+7.8381x_1+181.74x_1$	0.4157	0.05	11
出苗至花序形成期日均降水量	$Y_2=110.3939x_2+171.7569x_2$	0.6400	0.05	11
花序形成至开花期间降水量	$Y_3=-0.03349x_3{}^2+6.7784x_3+191.6806x_3$	0.6657	0.005	11
开花后 1—50 d 累计日照时数	$Y_4=2.3419x_4-329.9150x_4$	0.3016	0.1	11
权重合成	$Y=(0.4157Y_1+0.64Y_2+0.6657Y_3+0.3016Y_4)/2.023$			

(2)平均单株薯重综合模拟模型

以 4 个影响平均单株薯重的显著因子关系方程的决定系数作为权重加权得出马铃薯平均单株薯重的综合权重模拟方程(表 3.5)。其中,x_1,x_2,x_3,x_4 分别为播种前 2 个月累计降水量、出苗至花序形成期间日均降水量、花序形成至开花期间降水量和开花后 1—50 d(膨大前中期)累计日照时数。

3.4 马铃薯气象产量与水分供需差额的关系及产量模型

在影响马铃薯生长发育和产量形成的主要气象条件中,降水量只表征水分的供应,一定的降水量是否满足作物的需求才是更应该考虑的因素。作物需水量受气象条件、作物种类、土壤性质和农业措施等客观因素的影响。从气象因素的角度来说,气温高、空气干燥、风速大,作物需水量就大;从不同作物种类的角度来说,叶面积大、生长期长的作物需水量就大;对于同一种作物而言,因发育期的不同需水量也不同,一般在发育前期需水量小,然后逐渐增大,中期达最高峰,随后开始逐渐减少。根据前述的方法,计算宁夏马铃薯的逐年需水量和供需差额,分析水分供需差额对气象产量的影响，最后再综合考虑对气象产量影响显著的气象因子建立气象产量多元回归模型。

3.4.1　马铃薯水分差额的变化

宁夏马铃薯种植区是雨养农业区，大部分农田依靠天然降水，因此，水分差额主要是降水量与作物需水量二者之间的差值。利用马铃薯发育期降水量资料，结合需水量，即可算出马铃薯生育期内的水分差额。

图 3.8 是 1961—2015 年间宁夏马铃薯主产区逐年水分差额与气象产量的变化情况。从图中可以看出，水分差额多年来在±300 mm 之间变化，年际间变化幅度很大，并有逐渐增大的趋势。其中最大值出现在 1964 年，为 243.2 mm，其次是 1992 年的 167.5 mm；最小值出现在 1972 年，为－303.37 mm，第二小值为 2015 年的－290.2 mm。总体负值出现年份多于正值，说明在多数年份中，马铃薯种植区的降水量不能满足马铃薯的生长所需。55 年间水分差额平均值为－75.81 mm，占多年平均需水量的 82.1%。

1980 年之前，气象产量与水分差额在变化趋势上一致性不强，在 1980 年之后，尤其是 1992 年之后，二者呈同相位变化，气象产量的变化与水分亏缺量的变化趋势是基本一致的，水分亏缺量少和水分盈余的年份，气象产量较高，反之，气象产量较低。

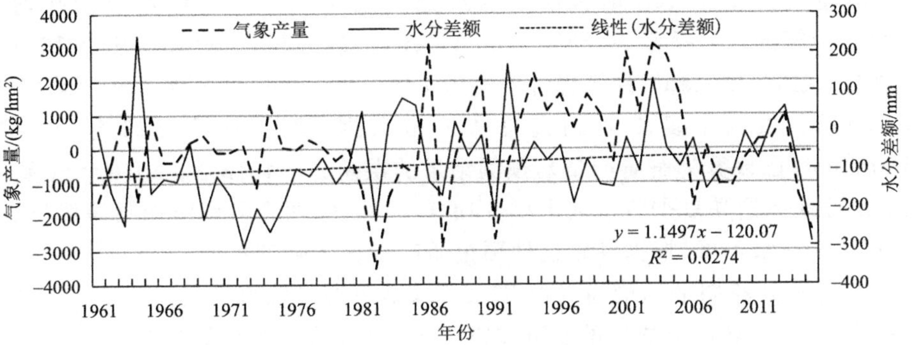

图 3.8　固原市 1961—2015 年逐年水分差额与气象产量的变化

3.4.2　气象产量与水分差额的相关分析

水分差额是自然降水与马铃薯生理需水之间的差值，理论上来说，水分亏缺必然会影响马铃薯植株的发育和产量的形成，二者之间无论是在全生育期，还是在不同的发育期都呈正相关。但是从表 3.6 不同发育期水分差额与气象产量的相关系数中发现，萌芽期水分差额与气象产量呈负相关，其原因主要是历年固原地区秋冬季节降水较多，春季土壤底墒较好，加上马铃薯发芽从种薯薯块中吸收水分，此时水分盈余意味着降水量过剩，造成土壤中含水量增大，反而容易造成烂芽，影响出苗，进而影响产量。进入幼苗期，马铃薯根系向土壤深层发展，茎叶开始快速生长，需要充足的水分保证，水分差额与气象产量呈正相关。花序形成期和开花期马铃薯地上部分生长和地下部分生长都处于旺盛期，对水分的需求较大，所以在这个阶段水分差额与气象产量的相关系数较大。进入结薯期，相关系数变小。对于马铃薯的全生育期，水分差额与气象产量呈正相关。

表 3.6 不同发育期水分差额与气象产量的相关系数

发育期	萌芽期	幼苗期	分枝期	花序形成期	开花期	结薯期	全生育期
水分差额/mm	−0.268	0.312	0.391	0.423*	0.361	0.306	0.418

3.4.3 基于气象要素和水分差额的马铃薯气象产量预报模型

从上述分析可以看出，各个发育期的温度、降水、日照、水分差额等要素均对马铃薯的气象产量造成了不同程度的影响。采用多元逐步回归法对各个发育期的平均最高气温、平均最低气温、平均气温、累计降水量、日照时数和水分差额进行检验，依次对作用不大的因子进行剔除，并选入对气象产量影响较大的因子进入方程。最终有 4 个因子入选，构建方程如下：

$$Y = 733.43 - 198.43\ x_1 + 430.65\ x_2 + 100.89\ x_3 + 10.04\ x_4 \qquad (3.5)$$

式中：Y 为马铃薯种植区马铃薯气象产量，单位：kg/hm^2；x_1 为开花期平均最高气温，单位：℃；x_2 为结薯期平均最低气温，单位：℃；x_3 为花序形成期平均日照时数，单位：h；x_4 为花序形成期的水分差额，单位：mm。该回归方程的决定系数 R^2 为 0.3793，达到 0.05 显著性水平。F 检验值为 2.5868，同样通过了 0.05 显著性水平检验。

为了验证该方程的适用性，选取 2016—2018 年的气象要素值进行检验。2016 年马铃薯开花期平均最高气温 27.3 ℃，结薯期平均最低气温 12.0 ℃，花序形成期平均日照时数 8.01 h，花序形成期的水分差额为－25.91 mm。代入式(3.5)中，计算得出 2016 年固原马铃薯气象产量为 1032.8 kg/hm^2，计算趋势产量为 13177.1 kg/hm^2，预测 2016 年马铃薯产量为 14209.9 kg/hm^2。根据宁夏农业调查总队公布数据，固原地区 2016 年马铃薯产量为 14820.36 kg/hm^2(已换算为鲜薯产量)，预测结果的误差为－4.12％。2016 年气象年鉴记载：年内固原市部分地区遭受夏季阶段性干旱，固原市原州区、西吉县和隆德县等部分地区不同程度受灾，但总体上旱情不重，根据气象条件预报的产量比实际产量低。

2017 年马铃薯开花期平均最高气温 27.3 ℃，结薯期平均最低气温 10.7 ℃，花序形成期平均日照时数 9.31 h，花序形成期的水分差额为－4.4 mm。代入式(3.5)中，计算得出 2017 年固原马铃薯气象产量为 820.2 kg/hm^2，计算趋势产量为 13666.9 kg/hm^2，预测 2017 年马铃薯产量为 14487.1 kg/hm^2。当年宁夏农业调查总队公布固原马铃薯产量为 14100 kg/hm^2 预测结果的误差为 2.75％。2017 年气象年鉴记载：2016—2017 年固原出现了冬春季连旱，对农业生产造成了一定影响，但影响有限。

2018 年马铃薯开花期平均最高气温 25.7 ℃，结薯期平均最低气温 10.5 ℃，花序形成期平均日照时数 1.22 h，花序形成期的水分差额为 79.2 mm。代入式(3.5)中，计算得出 2018 年固原马铃薯气象产量为 2182.7 kg/hm^2，计算趋势产量为 18856.8 kg/hm^2，预测 2018 年马铃薯产量为 21039.5 kg/hm^2。统计部门公布数据为 20787.75 kg/hm^2，预测结果的误差为 1.21％。2018 年气象年鉴中没有涉及到固原旱灾的相关记录。

由以上验证结果结合气象灾害实际情况可以看出，气象产量的预测值在重灾年份为负值，无灾年份为正值，且旱情越重负值越大，能够反映实际情况。三年的预测结果误差值在±3％左右，该模型具有适用性。

第 4 章　宁夏马铃薯农业气候资源及气候适宜性区划

马铃薯原产于南美洲安第斯山区的秘鲁和智利一带，性喜冷凉，不耐高温，适宜的光温水资源在马铃薯生长发育过程中起着至关重要的作用。程远(2012)研究发现，黑龙江日平均气温总体呈明显上升趋势，增温速率为 0.285 ℃/(10 a)，总体分布呈南部高于北部，西部高于东部，山地林区气温偏低；年平均日照时数表现出持续的波动下降趋势，下降速率为 30.288 h/(10 a)，除大兴安岭地区外，其他地区呈现自西向东递减趋势。朱汉青等(2022)研究发现，1967—2017 年济南气温持续上升，升温趋势显著，增加速率为 0.27 ℃/(10 a)，日照时数年际变化呈下降趋势，气候倾向率为 9.3 h/(10 a)。周广学等(2013)研究发现，1961—2010 年辽西地区呈现光照资源显著减少、热量资源显著增加的趋势。杨荣光等(2010)研究发现，1971—2000 年山东泰安日照时数总体分布为北高南低，减少趋势明显，气温升高趋势显著，总体上平原好于山区，西部好于东部，南部好于北部。肖晶晶等(2017)分析发现，1951—2013 年浙江热量资源总体也呈增加趋势，具体表现为农业界限温度初日提前、终日延后、持续日数和积温增加。陈少勇等(2014)、张晓磊等(2023)发现，甘肃白银市、内蒙古兴安盟的热量资源也均呈显著增加趋势。宁和平等(2014)研究发现，1973—2012 年甘南白龙江流域日照时数呈现显著增加的趋势，这与中国大部分地区日照时数呈现显著减少的特征不同，体现了甘南白龙江流域独特的气候特点。宗英飞等(2013)分析 1961—2010 年辽西霜期设施农业生产期日照时数、太阳总辐射存在减少趋势，严重影响设施农业的发展。吴志岐等(2023)研究 1981—2020 年宁夏马铃薯主要种植区光热资源变化特征，发现全生育期平均气温气候倾向率平均为 0.39 ℃/(10 a)，南部山区温度增速高于北部干旱带，总辐射气候倾向率平均为 10.2 MJ/(m^2 · 10 a)，光照变化对马铃薯生产影响不明显。此外，苏利军等(2014)、吕淼等(2017)还分析了内蒙古呼和浩特市、呼伦贝尔市等不同地区的光热资源变化特征。

宁夏深居西北内陆，受大陆性季风控制，降水年际变率大，时空分布和季节分配不均匀。宁夏气象工作者早在 1986 年《宁夏气候与农业》一书中就对宁夏地区的降水资源进行了详细分析(董永祥 等，1986)。王连喜等(2008)在宁夏第三次农业气候区划的研究基础上，撰写了《宁夏农业气候资源及其分析》一书，书中分析了宁夏降水资源的空间分布、年代际变化、季节变化、降水强度等特征。在数据资料更加充足的基础上，张晓煜等(2022)撰写了《宁夏农业气候区划》一书，分析了 1981—2020 年宁夏地区降水量的空间变化特征。施雅风等(2002)对西北气候由暖干向暖湿转型的信号、影响和前景初探展开了讨论。对于长期极端缺水的西北地区，由于近年来降水量的增加，“变暖变湿”成为各位专家学者关注的焦点。张冰等(2018)分析了宁夏夏季极端降水的变化规律及其成因，结果表明，1961—2015年宁夏夏季极端降水日数呈微弱减少趋势，其中，6月极端降水日数在1982年发生突变，突变后日数显著增多；7月极端降水日数呈微弱减少趋势；8月极端降水日数在1995年发生突变，突变后日数显著减少。王素艳等(2021)利用1961—2019年宁夏20个气象站逐日气象资料以及农业用水量和耗水量等资料，分析了宁夏降水资源在西北暖湿化背景下的演变特征，结果表明，2011年以来宁夏各区域、各季节降水量均增多，且超过1961—1982年和1983—2010年，引黄灌区持续“干”时长增长，春、夏旱或春夏连旱仍然频繁发生，中南部持续“干”时长缩短，持续“湿”时长增长。王坤等(2022)研究了1969—2020年宁夏中部干旱区降水量及可利用降水量在不同时间尺度的变化特征，认为宁夏中部干旱区降水资源东南区比西北区更丰富，未来降水量及可利用降水量有显著上升趋势，降水资源向着大周期尺度演变。

近年来，全球气候变暖使各地气候资源发生不同程度的变化，这导致农作物种植区划、种植制度、产量与品质等发生改变(孙智辉 等，2010；周广学 等，2013)。因此，研究分析光热水等气候资源及其变化趋势，找出影响宁夏马铃薯生长及产量的关键气象因子，开展马铃薯气候适宜性区划，为合理调整、优化农业结构、确立适宜种植制度和作物布局提供气候依据。

4.1　资料与方法

选取石炭井、石嘴山、陶乐、平罗、惠农、贺兰、银川、灵武、永宁、吴忠、青铜峡、同心、韦州、盐池、麻黄山、中卫、中宁、海原、兴仁、六盘山、固原、隆德、泾源、彭阳、西吉25个国家基本气象站1991—2020年逐日日照时数、平均气温、降水量、空气相对湿度等资料，采用小网格分析方法建立气候要素与站点经度、纬度和海拔高度等地理信息的数学模型，运用ArcGIS软件中栅格计算器功能，得到气候指标因子分布图层。借助回归方程，采用ArcGIS软件中的地图代数功能进行指标数据空间推算得到专题图层，在此基础上分析气候资源的空间分布特征；气候资源的时间变化特征使用气候倾向率法和M-K(Mann-Kendall)突变检验法。M-K法是一种非参数统计检验方法(宁和平 等，2014)，可以明确突变开始时间，以气象要素为研究对象，采用M-K法进行突变检验，对具有30个样本量的时间序列x，构造一个秩序列：

$$S_k = \sum_{i=1}^{k} r_i \quad (k = 1,2,\cdots,n) \tag{4.1}$$

式中：秩序列S_k是第i时刻数值大于第j时刻数值个数的累计数；r_i表示第i个样本x_i大于x_j $(1 \leqslant j \leqslant i)$的累计数。在时间序列随机独立的假设下，定义统计量：

$$\mathrm{UF}_k = \frac{[S_k - E(S_k)]}{\sqrt{\mathrm{var}(S_k)}} \quad (k = 1,2,\cdots,n) \tag{4.2}$$

式中：$\mathrm{UF}_1=0$，$E(S_k)$、$\mathrm{var}(S_k)$是S_k的均值和方差。给定显著性水平$\alpha=0.05$，则临界值$U_{0.05}=\pm 1.96$，当$|\mathrm{UF}_k|>U_\alpha$时，表明气象要素存在明显的增长或减少趋势。分别绘制出正向序列(UF)和反向序列(UB)曲线，如果UF的值大于0，则表明序列呈上升趋势，小于0则呈下降趋势，等于0表明序列变化趋势不明显。如果统计曲线UF、UB在临界线(信度线±1.96)之间出现交点，则交点对应的时刻就是突变开始的时间。超过临界线的范围确定为出现显著突变的时间区域。

在分析马铃薯生长的关键气象因子基础上，对气象因子进行小网格推算，将每个气象因子的指标分别进行区划，对各项气象因子的区划结果进行叠加，按照不同因子与产量相关系数的大小作为权重进行叠加，将宁夏马铃薯气候适宜性划分为适宜区、次适宜区、不适宜区和不可种植区。

4.2 宁夏马铃薯农业气候资源

4.2.1 光照资源

4.2.1.1 年日照时数

日照时数，即太阳照射的时间，可表示光照对马铃薯生长发育和光合作用的利弊程度。由图4.1可知，宁夏1991—2020年年日照时数总体上呈北部多、南部少的空间分布特征，全区年日照时数在2248.3 h(隆德县六盘山)～3048.0 h(大武口区石炭井)。其中，各站点年日照时数极大值出现在青铜峡，达到3401.9 h(1997年)，极小值出现在六盘山，为1954.9 h(2007年)。北部引黄灌区大部年日照时数在2800 h以上，其中，青铜峡、利通区则多于3000 h；中部干旱带西北部年日照时数在2800 h以上，其他大部地区为2400～2800 h；南部山区作为宁夏马铃薯种植的主要区域，年日照时数普遍少于2600 h，其中彭阳县、西吉县、隆德县的大部以及泾源县年日照时数少于2400 h。

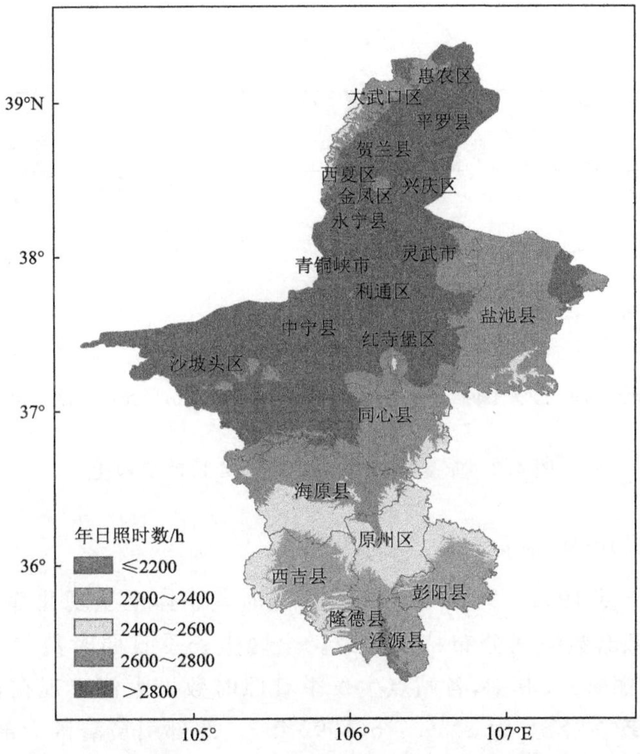

[彩]图4.1 宁夏年日照时数空间分布

由图4.2、图4.3可知，1991—2020年，宁夏年日照时数总体上呈减少趋势，气候倾向率为

−58.7 h/(10 a)。1991—2000 年、2001—2010 年、2011—2020 年年日照时数平均值分别是 2848.7 h、2810.8 h、2723.7 h。2007 年后年日照时数呈减少趋势，2015 年日照时数距平值发生突变，呈明显减少的趋势，尤其是 2018 年这种减少趋势超过显著性水平 0.05 临界线。

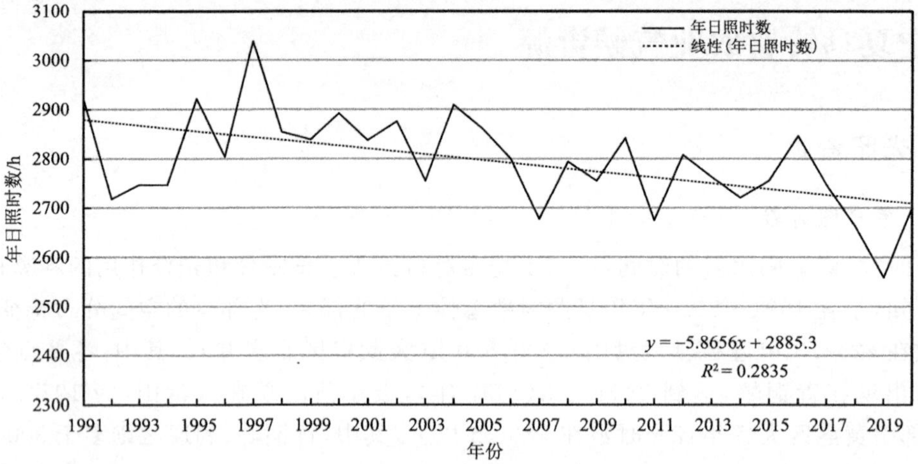

图 4.2　宁夏年日照时数时间变化

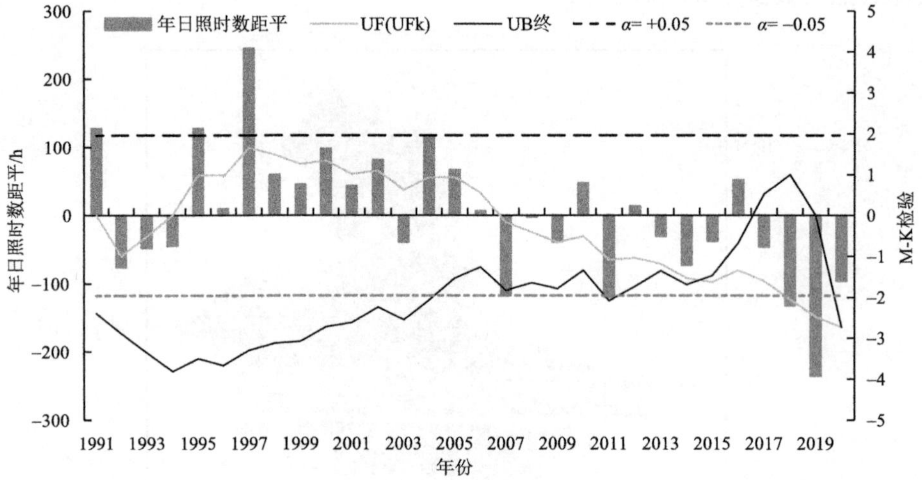

图 4.3　宁夏年日照时数距平 M-K 趋势检验

4.2.1.2　生长季(4—10 月)日照时数

由图 4.4 可知，宁夏 1991—2020 年生长季日照时数总体上呈现北部多、南部少的空间分布特征，与全年的日照时数空间分布特征一致。全区生长季日照时数在 1333.5 h(隆德县六盘山)～1916.1 h(青铜峡)。其中，各站点生长季日照时数极大值出现在青铜峡，达到 2190 h (1997 年)，极小值出现在泾源，为 1059.7 h(1992 年)。北部引黄灌区大部生长季日照时数在 1800 h 以上，其中，青铜峡、利通区则多于 1900 h；中部干旱带北部生长季日照日数在 1700 h 以上，其他大部地区为 1500～1700 h；南部山区作为宁夏马铃薯种植的主要区域，除原州区中北部生长季日照时数为 1500～1600 h，其他大部地区少于 1500 h。

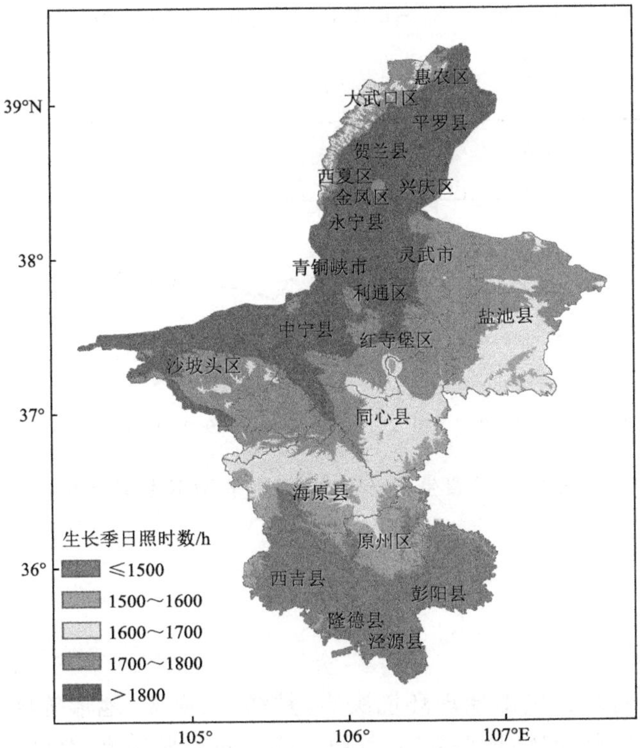

[彩]图 4.4　宁夏生长季日照时数空间分布

由图 4.5、图 4.6 可知，1991—2020 年，宁夏生长季日照时数总体上呈减少趋势，气候倾向率为－56.8 h/(10 a)。1991—2000 年、2001—2010 年、2011—2020 年生长季日照时数平均值分别是 1783.9 h、1742.7 h、1677.6 h。2007 年后生长季日照时数呈减少趋势，2017 年生长季日照时数距平值发生突变，呈明显减少的趋势，尤其是 2018 年这种减少趋势超过显著性水平 0.05 临界线。

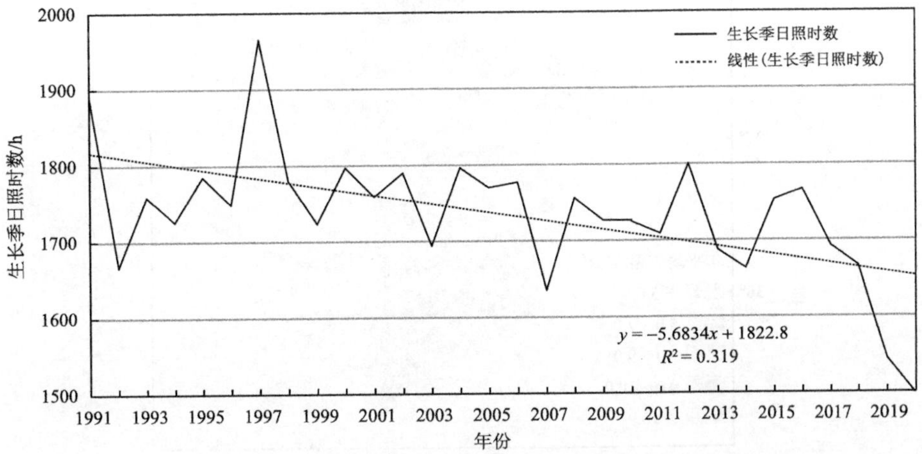

图 4.5　宁夏生长季日照时数时间变化

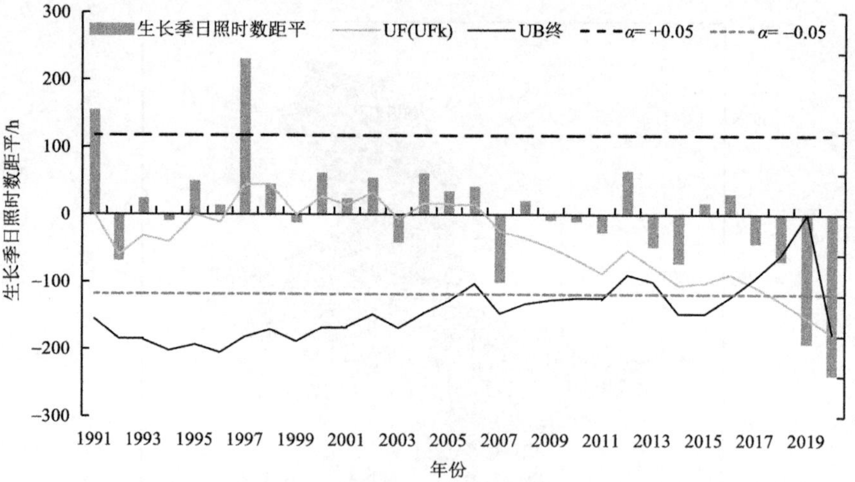

图 4.6　宁夏生长季日照时数距平 M-K 趋势检验

4.2.2　热量资源

4.2.2.1　年平均气温

气温的地理分布特征直接由地理环境决定，是纬度、海拔、地形等因素共同影响的结果。宁夏区域面积较小但山脉起伏，地形复杂，气温空间分布差异显著，总体上呈现北部高、南部低的空间分布特征(图 4.7)。1991—2020 年，全区年平均气温在 1.8 ℃(隆德县六盘山)～10.7 ℃

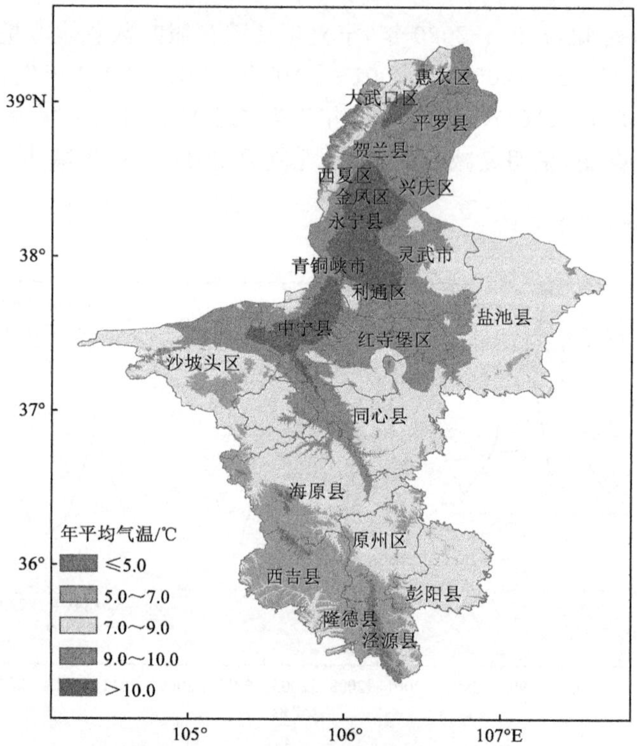

[彩]图 4.7　宁夏年平均气温空间分布

(吴忠)。其中,各站点年平均气温极大值出现在吴忠(1997 年和 2013 年)和中宁(2013 年),均达到 11.8 ℃,极小值出现在六盘山,为 0.9 ℃(1996 年)。引黄灌区除贺兰山东麓山脊区域外均高于 9.0 ℃,其中石嘴山市西南部、银川市中南部、吴忠市西北部、中卫市东北部等地区高于 10.0 ℃;中部干旱带大部地区年平均气温为 7.0～10.0 ℃,其中海原县西南部、沙坡头区局部等地区低于 7.0 ℃;南部山区年平均气温均低于 9.0 ℃,其中彭阳县及原州区大部为 7.0～9.0 ℃,西吉县、泾源县及隆德县大部为 5.0～7.0 ℃。

由图 4.8、图 4.9 可知,1991—2020 年,宁夏年平均气温总体上呈升高趋势,气候倾向率为 0.35 ℃/(10 a)。1991—2000 年、2001—2010 年、2011—2020 年平均气温平均值分别是 8.7 ℃、9.1 ℃、9.3 ℃。1998 年开始年平均气温呈升高趋势,2000 年平均气温距平值发生突变,呈明显升高的趋势,尤其是 2015 年这种升高趋势超过显著性水平 0.05 临界线。

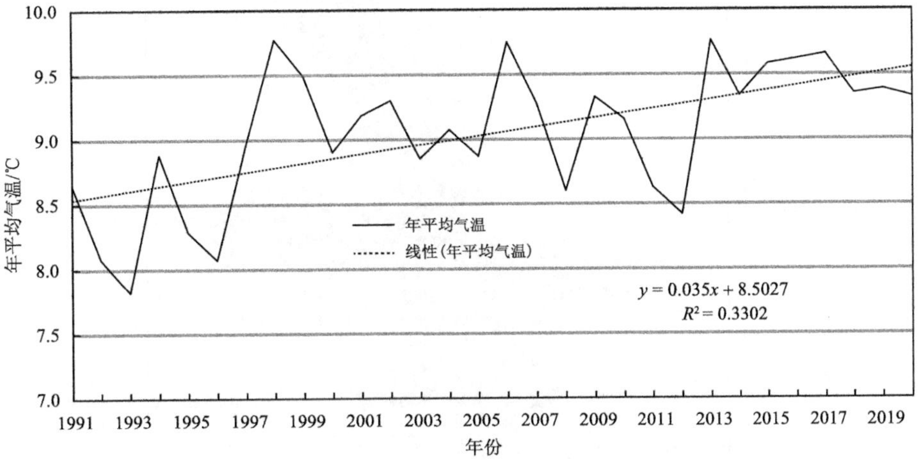

图 4.8　宁夏年平均气温时间变化

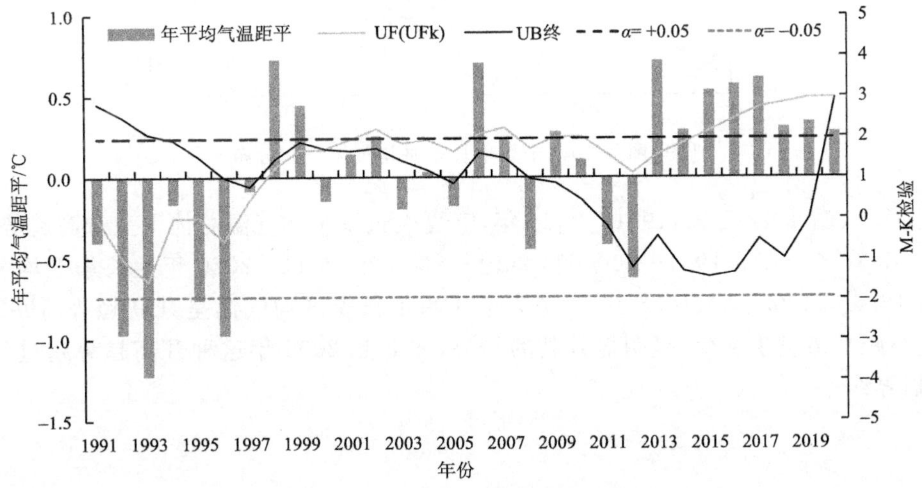

图 4.9　宁夏年平均气温距平 M-K 趋势检验

4.2.2.2 生长季平均气温

宁夏生长季平均气温总体上呈现北部高、南部低的空间分布特征(图 4.10)。1991—2020 年,全区生长季平均气温在 7.8 ℃(隆德县六盘山)～18.6 ℃(石嘴山)。其中,各站点生长季平均气温极大值出现在永宁,达到 20.0 ℃(2009 年),极小值出现在六盘山,为 6.7 ℃(1993 年)。引黄灌区除贺兰山东麓山脊区域外均高于 16.0 ℃,其中灌溉农业区大部高于 18.0 ℃;中部干旱带大部地区生长季平均气温为 14.0～18.0 ℃,其中海原县西南部、沙坡头区局部等地区低于 14.0 ℃;南部山区生长季平均气温均低于 16.0 ℃,其中彭阳县及原州区大部为 14.0～16.0 ℃,西吉县、泾源县及隆德县大部为 12.0～14.0 ℃。

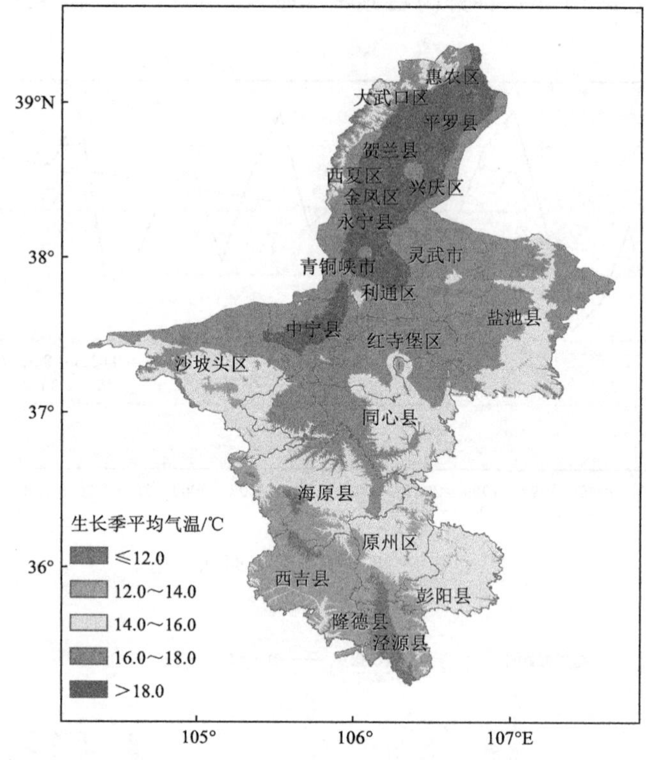

[彩]图 4.10 宁夏生长季平均气温空间分布

由图 4.11、图 4.12 可知,1991—2020 年,宁夏生长季平均气温总体上呈升高趋势,气候倾向率为 0.37 ℃/(10 a)。1991—2000 年、2001—2010 年、2011—2020 年生长季平均气温平均值分别是 16.0 ℃、16.5 ℃、16.6 ℃。1997 年开始生长季平均气温呈升高趋势,1998 年生长季平均气温距平值发生突变,呈明显升高的趋势,尤其是 2005 年这种升高趋势超过显著性水平 0.05 临界线。

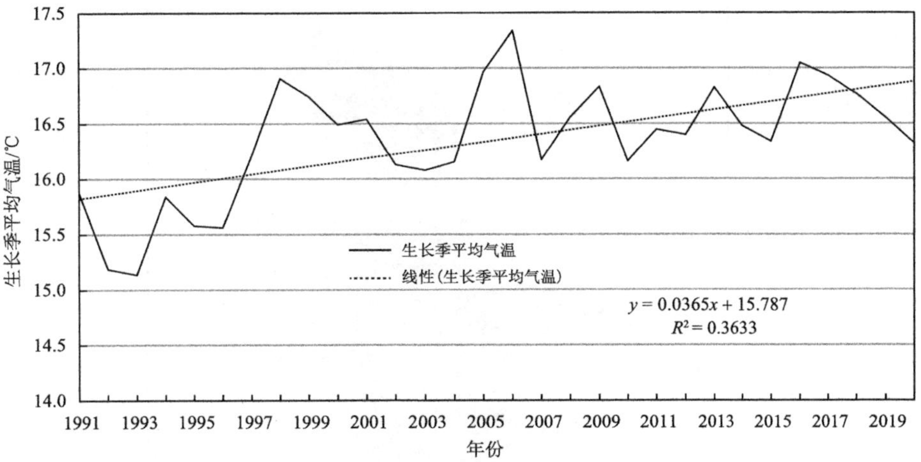

图 4.11　宁夏生长季平均气温时间变化

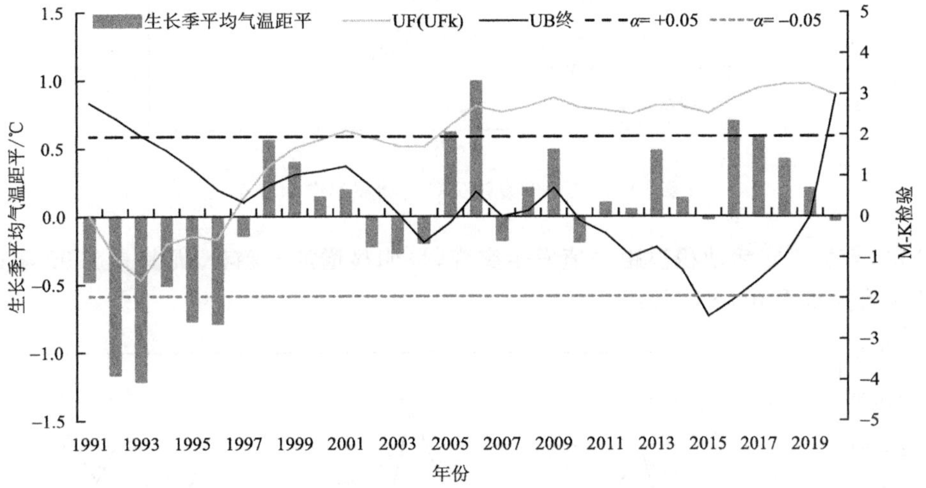

图 4.12　宁夏生长季平均气温距平 M-K 趋势检验

4.2.2.3　≥0 ℃活动积温

宁夏≥0 ℃活动积温总体上呈现北部多、南部少的空间分布特征(图 4.13)。1991—2020 年,全区≥0 ℃活动积温在 1740.6 ℃·d(隆德县六盘山)～4314.5 ℃·d(吴忠)。引黄灌区除贺兰山东麓山脊区域外均高于 3500 ℃·d,其中灌溉农业区大部高于 4000 ℃·d;中部干旱带≥0 ℃活动积温大部地区为 3000～4000 ℃·d,其中海原县西南部、沙坡头区局部等地区低于 3000 ℃·d;南部山区≥0 ℃活动积温除原州区北部和彭阳县局部为 3500～4000 ℃·d,西吉县、隆德县、泾源县大部低于 3000 ℃·d,原州区和彭阳县大部为 3000～3500 ℃·d。

由图 4.14、图 4.15 可知,1991—2020 年,宁夏≥0 ℃活动积温总体上呈增加趋势,气候倾向率为 110.9 ℃·d/(10 a)。1991—2000 年、2001—2010 年、2011—2020 年≥0 ℃活动积温平均值分别是 3611.4 ℃·d、3773.4 ℃·d、3810.5 ℃·d。1997 年开始≥0 ℃活动积温呈增

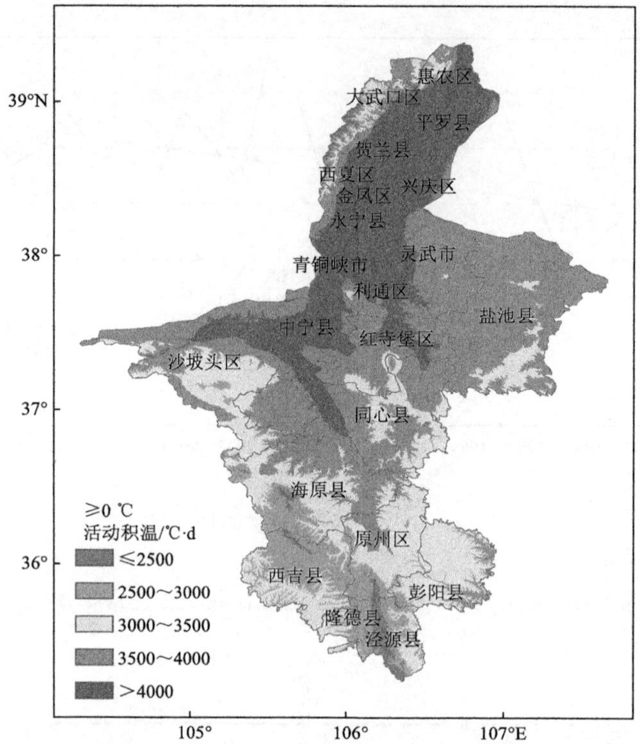

[彩]图 4.13　宁夏≥0 ℃活动积温空间分布

加趋势，1998 年≥0 ℃活动积温距平值发生突变，呈明显增加的趋势，尤其是 1999 年这种增加趋势超过显著性水平 0.05 临界线。

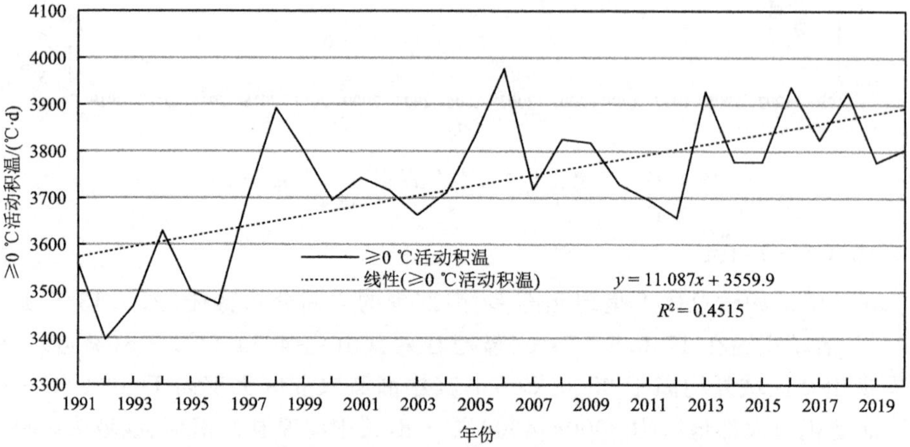

图 4.14　宁夏≥0 ℃活动积温时间变化

4.2.2.4　≥10 ℃活动积温

宁夏≥10 ℃活动积温总体上呈现北部多、南部少的空间分布特征（图 4.16）。1991—2020 年，全区≥10 ℃活动积温在 1003.0 ℃ · d（隆德县六盘山）～3810.6 ℃ · d（石嘴山）。引黄灌

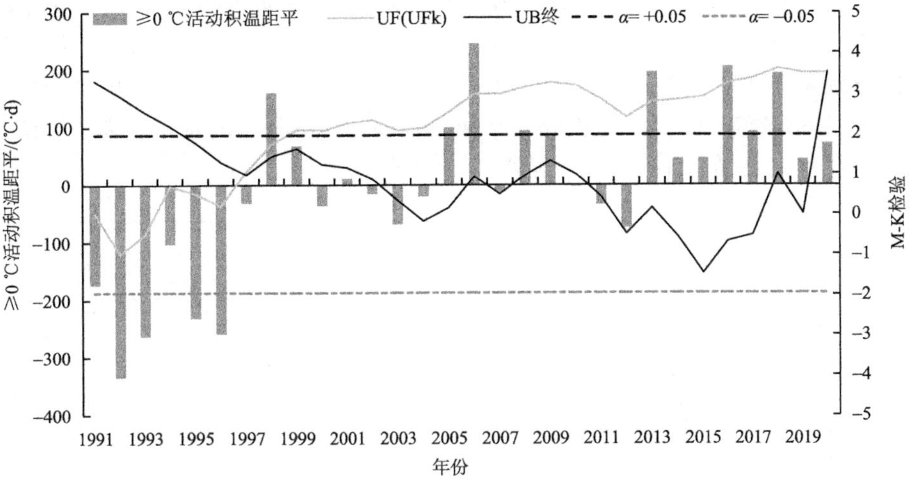

图 4.15　宁夏≥0 ℃活动积温距平 M-K 趋势检验

区除贺兰山东麓山脊区域外均高于 3200 ℃ · d，其中灌溉农业区大部高于 3600 ℃ · d；中部干旱带≥10 ℃活动积温大部地区为 2800～3600 ℃ · d，其中海原县西南部、沙坡头区局部等地区低于 2800 ℃ · d；南部山区≥10 ℃活动积温均低于 3200 ℃ · d，除原州区和彭阳县大部为 2500～3200 ℃ · d，西吉县、隆德县、泾源县大部低于 2500 ℃ · d。

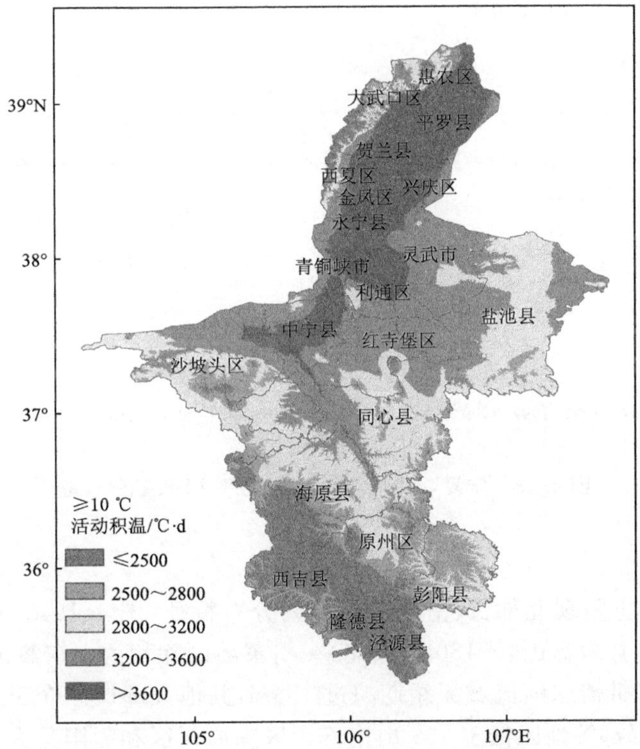

[彩]图 4.16　宁夏≥10 ℃活动积温空间分布

由图 4.17、图 4.18 可知，1991—2020 年，宁夏≥10 ℃活动积温总体上呈增加趋势，气候倾向率为 101.0 ℃ · d /(10 a)。1991—2000 年、2001—2010 年、2011—2020 年≥10 ℃活动积温平均值分别是 3216.0 ℃ · d、3325.5 ℃ · d、3404.4 ℃ · d。1995 年开始≥10 ℃活动积温呈增加趋势，1996 年≥10 ℃活动积温距平值发生突变，呈明显增加的趋势，尤其是 1997 年这种增加趋势超过显著性水平 0.05 临界线。

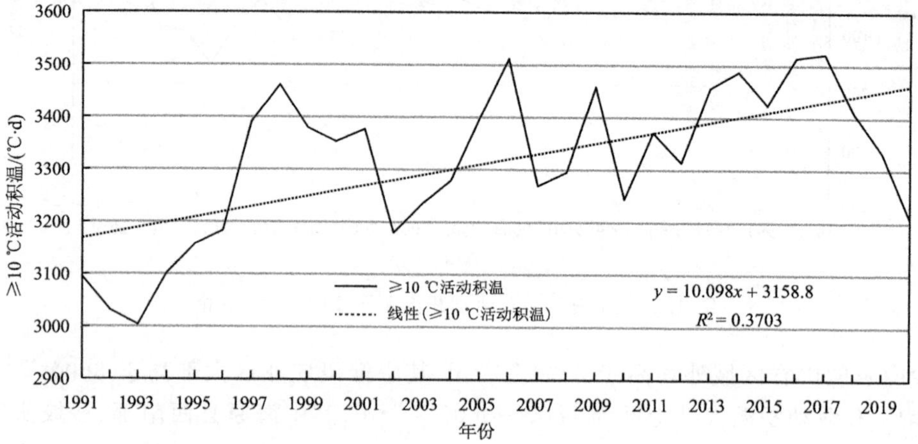

图 4.17 宁夏≥10 ℃活动积温时间变化

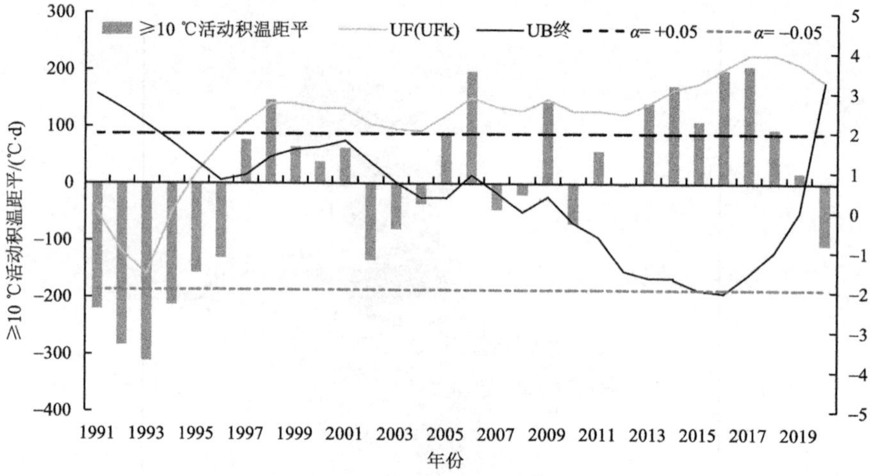

图 4.18 宁夏≥10 ℃活动积温距平 M-K 趋势检验

4.2.2.5 无霜期

宁夏无霜期总体上呈现北部长、南部短的空间分布特征(图 4.19)。1991—2020 年，全区无霜期在 127 d(隆德县六盘山)～180 d(吴忠)。引黄灌区除贺兰山东麓山脊区域外大部地区超过 155 d；中部干旱带清水河流域无霜期超过 155 d，其他大部地区介于 135～155 d，仅海原县西南部、沙坡头区局部等地区低于 135 d；南部山区除原州区和彭阳县大部无霜期介于 135～155 d，西吉县、隆德县、泾源县大部低于 135 d。

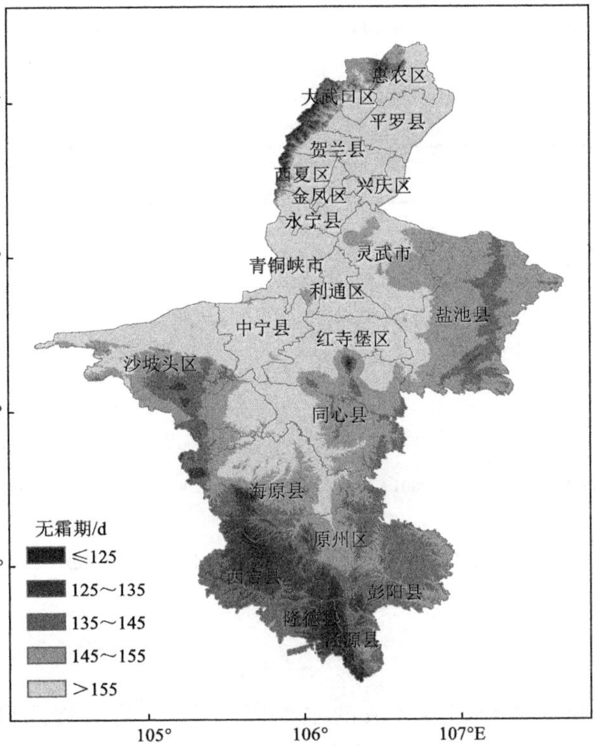

[彩]图 4.19　宁夏无霜期空间分布

由图 4.20、图 4.21 可知，1991—2020 年，宁夏无霜期总体上呈增长趋势，气候倾向率为 3.1 d /(10 a)。1991—2000 年、2001—2010 年、2011—2020 年无霜期平均值分别是 153.5 d、159.8 d、159.2 d。1997 年无霜期距平值发生突变，2000 年开始无霜期呈波动增加趋势，但趋势不显著。

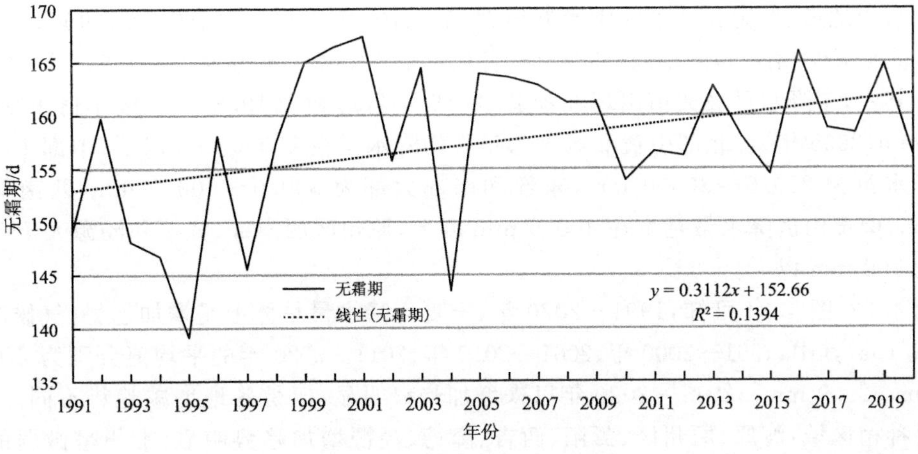

图 4.20　宁夏无霜期时间变化

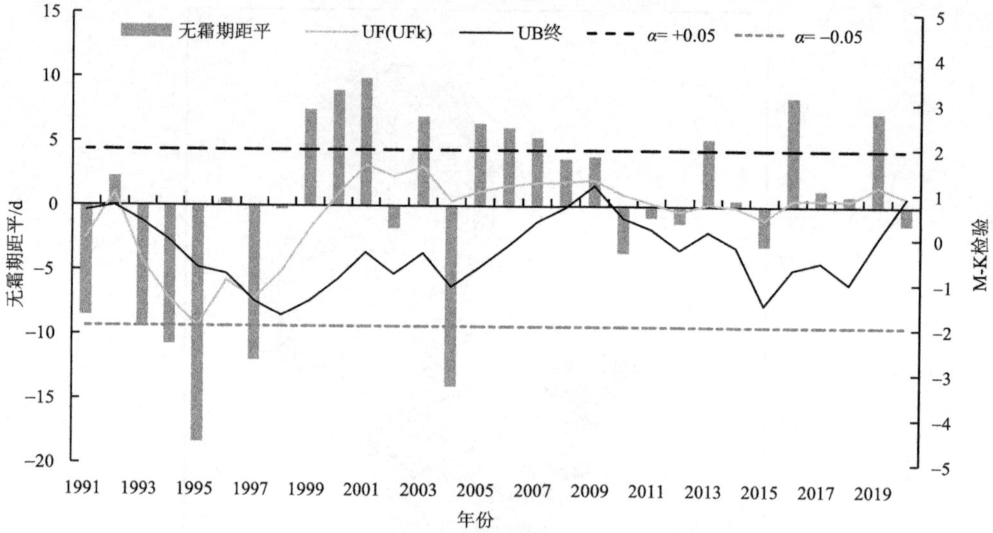

图 4.21　宁夏无霜期距平 M-K 趋势检验

4.2.3　降水资源

降水是马铃薯生长发育和产量形成的主要因子之一，是水资源最主要和重要的收入项。研究表明，降水量对马铃薯幼苗期影响最大；降水量和平均气温对发棵期影响相对较大（孙芳 等，2008）。在出苗至花序形成期，马铃薯产量形成对降水量的变化十分敏感，旬降水量每增加 1 mm，马铃薯产量可增加 200～400 g/m^2（姚玉璧 等，2010）。因此，本节在前人研究的基础上分析了 1991—2020 年宁夏各地降水资源的空间分布及年际变化特征，以期为马铃薯的合理种植提供理论支撑。

4.2.3.1　年降水量

按照《宁夏气象地理区划规范》，将宁夏划分为 3 个区：北部引黄灌区、中部干旱带和南部山区。降水受地形、地貌和地理纬度影响很大（董永祥 等，1986）。由图 4.22 可知，宁夏年降水量总体上呈北部少、南部多的空间分布特征，各地年平均年降水量为 172.6（石嘴山）～658.5 mm（泾源）。其中，年降水量极大值出现在泾源（2019 年），达到 1019.8 mm，极小值出现在中卫，为 56.8 mm（2005 年）。北部引黄灌区大部年平均降水量在 200.0 mm 以下；中部干旱带西部和北部降水量为 200.0～300.0 mm，东部和南部大部为 300.0～400.0 mm，西南局地大于 400.0 mm；南部山区降水量基本在 400.0 mm 以上，原州区西南部、隆德和泾源大于 500 mm，局部达到 700 mm 以上。

由图 4.23、图 4.24 可知，1991—2020 年，宁夏年降水量总体上呈增加趋势，气候倾向率为 25.5 mm/10a，其中，1991—2000 年、2001—2010 年、2011—2020 年的平均值分别为 270.3 mm、272.6 mm、329.9 mm。2011—2020 年以来增加趋势明显，但是各地增减趋势不同。其中，马铃薯主要种植区域：海原、原州区、彭阳、西吉、隆德、泾源增加趋势明显，韦州呈微弱的减少趋势。年降水量距平在 2013 年左右发生突变。

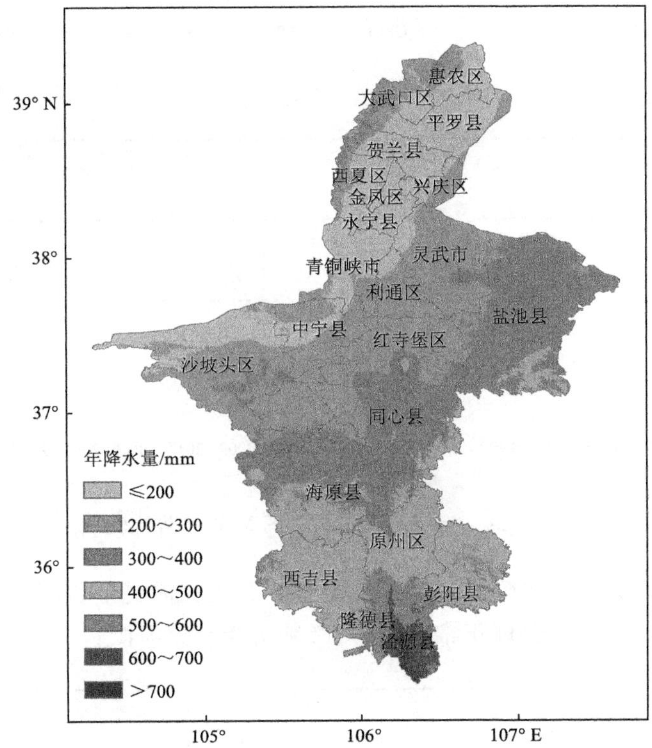

[彩]图 4.22　宁夏年降水量空间分布

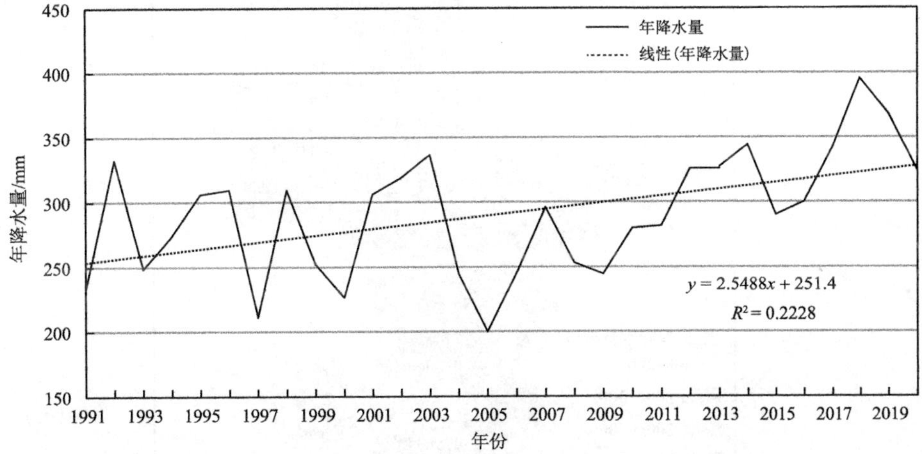

图 4.23　宁夏年降水量时间变化

4.2.3.2　生长季降水量

马铃薯的蒸腾系数为 400～600，年总降水量为 400～500 mm，若均匀分布在生长季，即可满足马铃薯对水分的需求。据统计，马铃薯生长季（4—10 月）降水量占全年总降水量的 92.8%，其空间分布与年降水量基本一致（图 4.25）。各地多年平均降水量在 162.3～607.9 mm，区域极大值 1019.8 mm 出现在泾源（2019 年），极小值 56.8 mm 出现在同心（2005 年）。从生

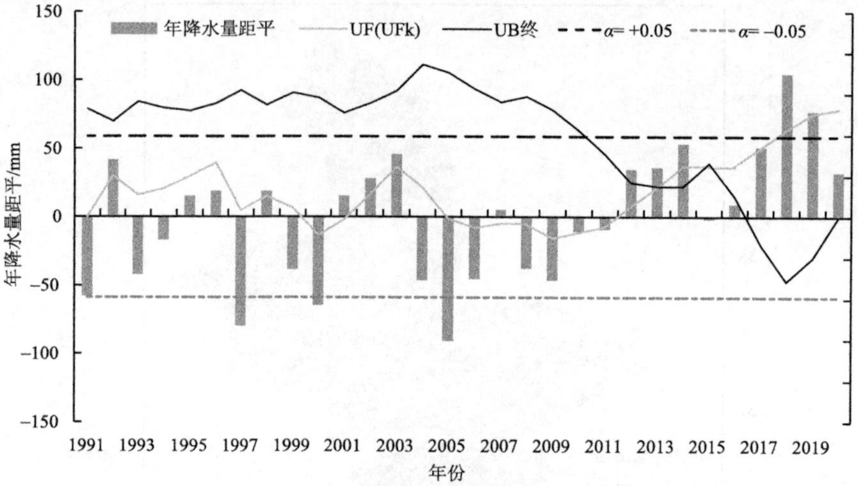

图 4.24　宁夏年降水量距平 M-K 趋势检验

长季降水量分布看，固原地区的降水基本能满足马铃薯生长需要，西吉西部和海原偏歉，同心、盐池等地则常出现干旱，如要保证正常产量，则必须适当补充灌溉。

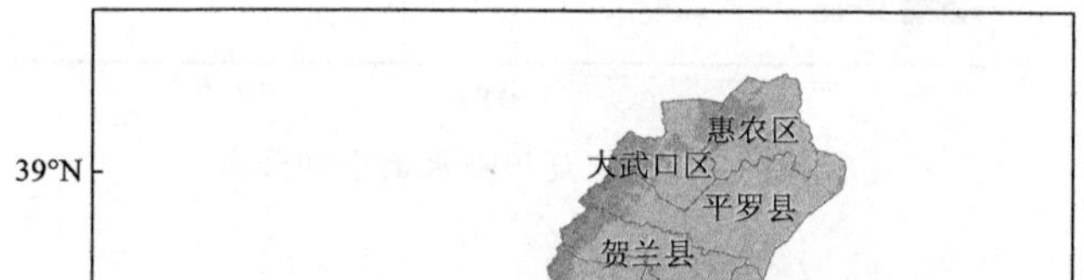

［彩］图 4.25　马铃薯生长季降水量空间分布

由图 4.26、图 4.27 可知，马铃薯生长季的降水量与年降水量变化趋势基本一致。其中，1991—2000 年、2001—2010 年和 2011—2020 年各地生长季降水量平均值分别为 252.2mm、

256.0 mm 和 304.7 mm。1991—2010 年生长季降水量呈弱下降趋势，气候倾向率为 −7.8 mm/(10 a)，2011—2020 年增加趋势明显，气候倾向率为 64.0 mm/(10 a)，生长季降水量距平值在 2013 年左右发生突变。

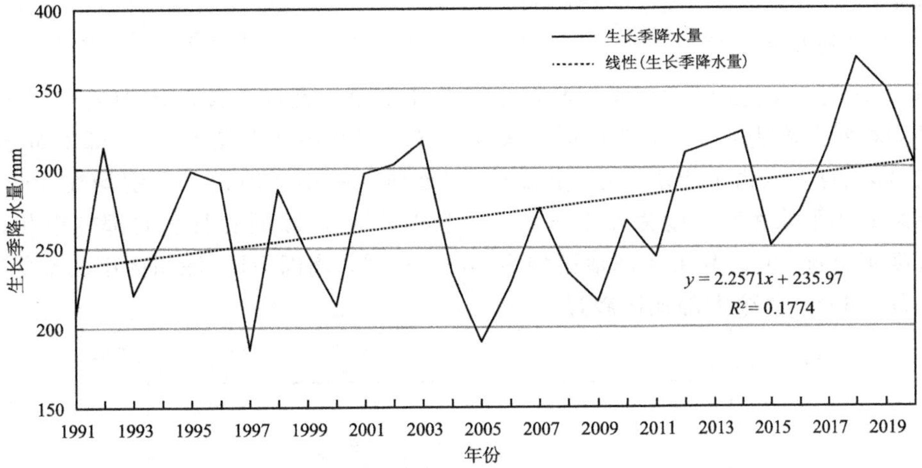

图 4.26　宁夏生长季降水量时间变化

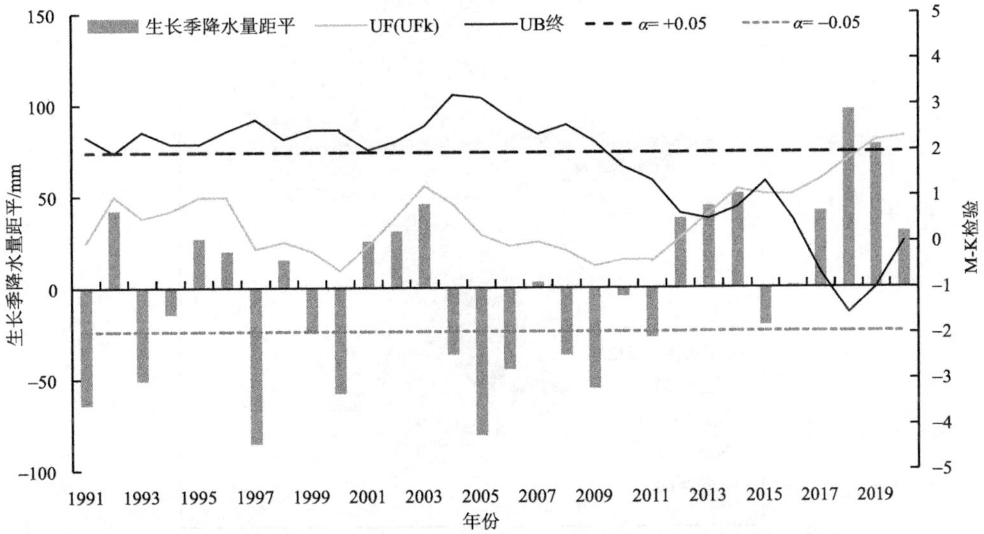

图 4.27　宁夏生长季降水量距平 M-K 趋势检验

4.2.4　空气湿度

一定的空气湿度可减少马铃薯叶片蒸腾，增加叶片活性，减轻根系吸水压力，对马铃薯生长有利。但湿度过大可引起马铃薯早疫病和晚疫病的发生，尤其是潮湿低温的环境下，病菌孢子囊会快速分裂成多个可以移动的孢子，通过马铃薯表皮或气孔进入马铃薯内部，最终使马铃薯腐烂、死亡(陈娟娟 等，2021)。王艳平等(2023)研究表明，当降雨天气的空气相对湿度大于 80%时，马铃薯叶片上易形成水膜和水滴，为致病疫霉的生长和传播提供有利条件。曹艳秋等

(2008)研究表明，相对湿度和降雨量分别在63%～71%和1.50～3.75 mm的范围内均有利于马铃薯晚疫病的发生。在气候变暖背景下，降水量的时空分布也随之改变，而相对湿度与降水量密切相关，分析宁夏地区相对湿度的时空变化特征，以期为马铃薯晚疫病的监测、预警提供理论支撑。

4.2.4.1　年平均相对湿度

由图4.28可知，宁夏各地年平均相对湿度总体上呈由北向南逐渐增加的空间分布特征，各地年平均相对湿度为42%(大武口区石炭井)～69%(隆德县六盘山)。北部引黄灌区：石嘴山市大武口区、惠农区由于降水量小，蒸发量大，该地区的年平均相对湿度均在50%以下，其余大部地区的年平均相对湿度为50%～55%；中部干旱带：除同心县东北部的韦州地区年平均相对湿度不超过50%，其余大部地区均为50%～55%；南部山区：原州区中北部年平均相对湿度为55%～60%，其余大部地区超过60%。

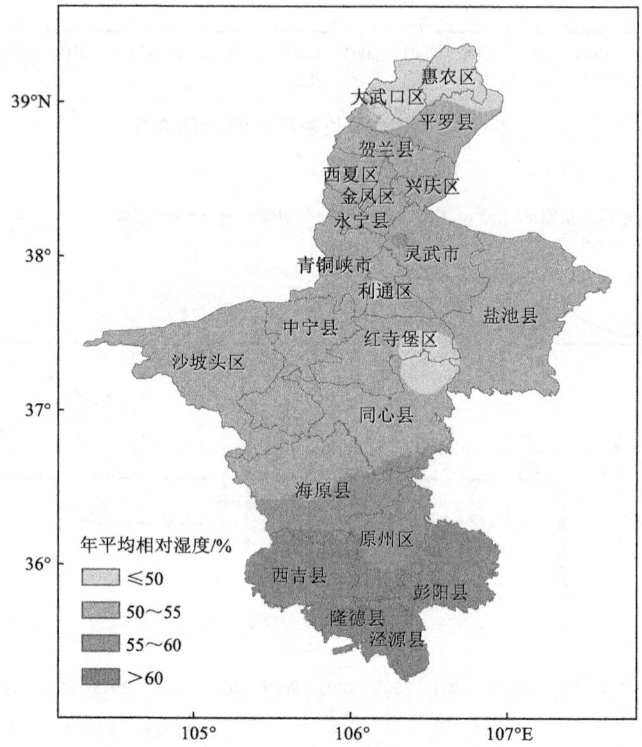

[彩]图4.28　宁夏年平均相对湿度空间分布

由图4.29、图4.30可知，年平均相对湿度的年际变化特征与降水量年际变化特征表现并不一致，1991—2020年，宁夏年平均相对湿度总体上呈降低趋势，气候倾向率为−1%/(10 a)。其中，1991—2000年、2001—2010年、2011—2020年的平均值分别为55%、54%、53%。与常年相比，1992年和2003年年平均相对湿度偏高3%以上，2005年、2013年和2017年空气湿度相对较低。年平均相对湿度在2003年左右发生突变。

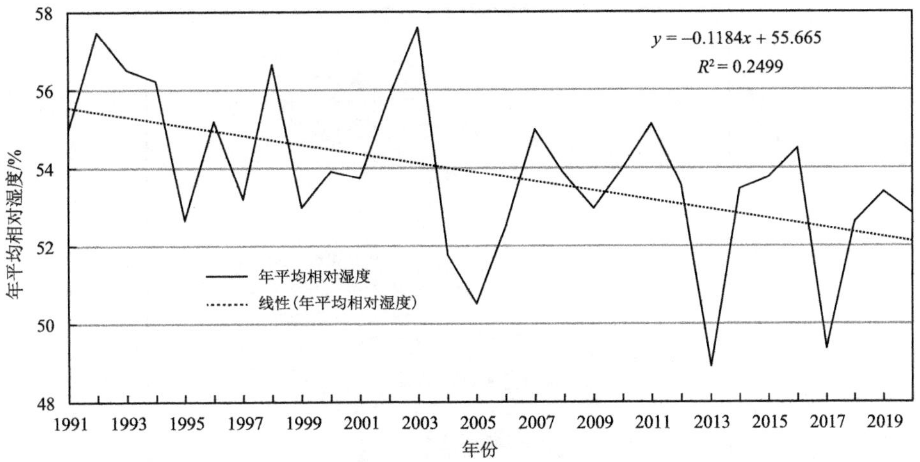

图 4.29　宁夏年平均相对湿度时间变化

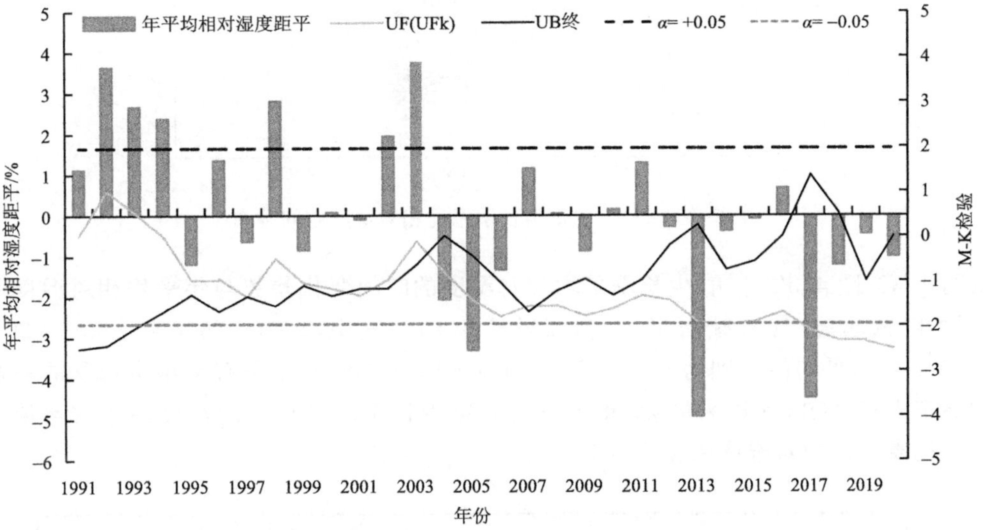

图 4.30　宁夏年平均相对湿度距平 M-K 趋势检验

4.2.4.2　生长季平均相对湿度

由图 4.31 可知，宁夏各地生长季平均相对湿度空间分布特征与年平均相对湿度基本一致，总体呈由北向南逐渐增加的空间分布特征，各地生长季平均相对湿度为 43%(大武口区石炭井)～73%(隆德县六盘山)。其中，北部引黄灌区除石嘴山市大武口区和惠农区生长季平均相对湿度在 50%以下，其余大部地区为 50%～60%；中部干旱带各地生长季平均相对湿度均在 50%～60%；南部山区除隆德和泾源六盘山山脉附近平均相对湿度超过 70%以外，其他大部地区生长季平均相对湿度为 60%～70%。

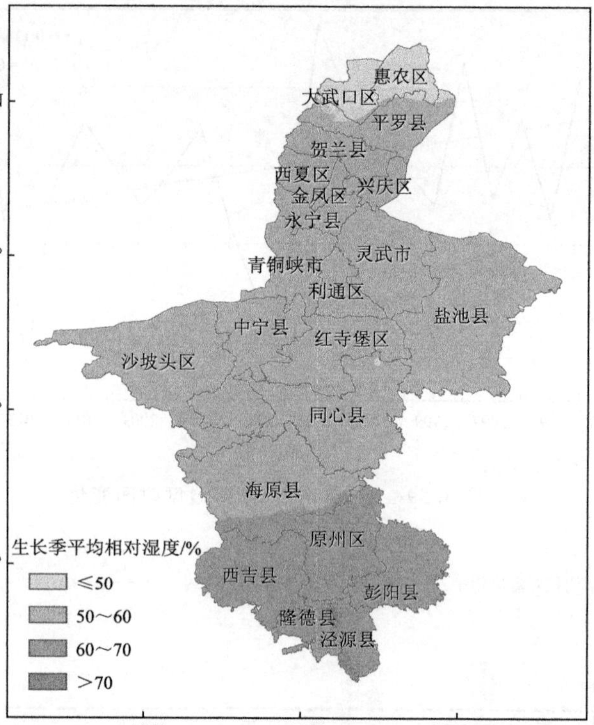

[彩]图 4.31　宁夏生长季平均相对湿度空间分布

由图 4.32、图 4.33 可知，生长季平均相对湿度的时间变化趋势与年平均相对湿度基本一致，呈弱的降低趋势，气候倾向率为－1.2%/(10 a)。其中，1991—2000 年、2001—2010 年、2011—2020 年的平均值分别为 57%、55%、55%。1991—2000 年中有 7 年生长季的平均相对湿度均高于常年，2000 年以来的 20 年中仅有 8 年生长季的平均相对湿度高于常年值。1991 年以来生长季平均相对湿度未发生明显突变。

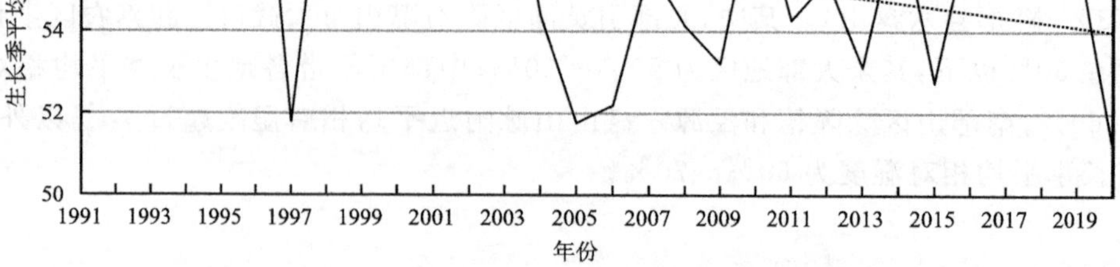

图 4.32　宁夏生长季平均相对湿度时间变化

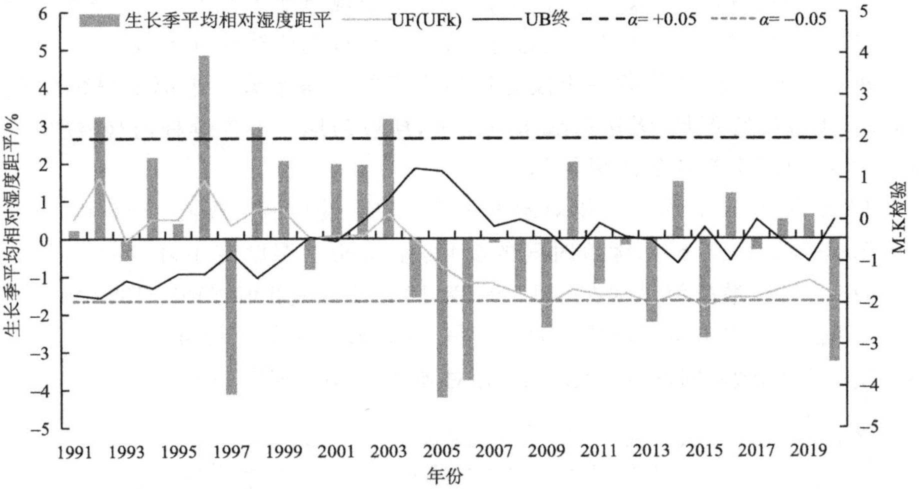

图 4.33　宁夏生长季平均相对湿度距平 M-K 趋势检验

4.2.5　土壤水分

马铃薯是水分需求较高的作物，土壤中的水分对于马铃薯的生长极为重要。宁夏中南部山区十年九旱，土壤水分不足是限制宁夏中南部山区马铃薯生长的主要原因，在气候变暖背景下，干旱灾害发生频繁，对马铃薯产业的发展造成了一定影响(马力文 等,2017)。

宁夏多年土壤相对湿度的高值分布在宁夏北部灌区和南部山区，北部灌区因有灌溉条件，地下水位较高，南部山区降水量相对较大，土壤有雨水补充。低值区主要分布在中部干旱带，呈“工”字形。以同心气象观测站为中部干旱带代表站、固原气象观测站为南部山区代表站，分析土壤相对湿度的逐旬变化情况(图 4.34)。

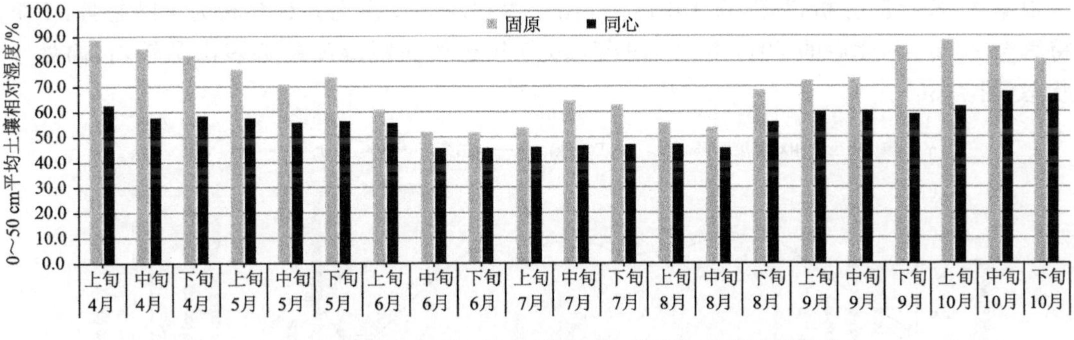

图 4.34　固原站和同心站马铃薯生育期逐旬土壤水分变化

从逐旬土壤相对湿度变化图可以看出，南部山区播前和播种期，土壤水分条件较好，可以满足马铃薯播种和苗期生长所需水分。但随着马铃薯植株的生长，土壤水分逐渐变小，进入 6 月中旬，土壤相对湿度在 50%左右，出现马铃薯缺水现象，缺水现象持续到 8 月中旬。这期间马铃薯根系吸水增大，植株蒸腾旺盛，需水逐渐增加，自然降水无法满足。8 月下旬随着降水增加和马铃薯需水减少，土壤水分逐渐增加，到 9 月基本上达到了适宜的水分条件。10 月马铃薯收获后土壤处于水分净收入阶段，至下一年播种，形成一个水分供给闭环。

中部干旱带马铃薯播种时水分尚可，但播种后就呈现出缺水现象，特别是 6 月中旬马铃薯植株较大时，缺水现象严重，此时需要进行补灌，严重缺水现象持续到 8 月中旬，土壤水分有所上升但仍然处于缺水状态，直到收获也没有达到适宜的土壤水分。中部干旱带种植马铃薯受旱风险较大，且水分接续不足，无法形成水分闭环，所以当地人不连续种植马铃薯，一般种一年休耕一年，倒茬种植短生育期的耐旱作物。

1981 年以来，同心年平均土壤相对湿度为 59.2%，最高值出现在 1985 年，为 75.5%，最低值出现在 2005 年，为 47.6%，随着时间的变化，土壤相对湿度有下降趋势。固原年平均土壤相对湿度为 90.0%，最高值出现在 2014 年，为 100.6%，最低值出现在 1999 年，为 77.9%，略有上升趋势。西吉年平均土壤相对湿度为 85.5%，最高值出现在 1990 年，为 97.9%，最低值出现在 2009 年，为 74.9%，随着时间的变化，土壤相对湿度下降趋势明显(图 4.35)。

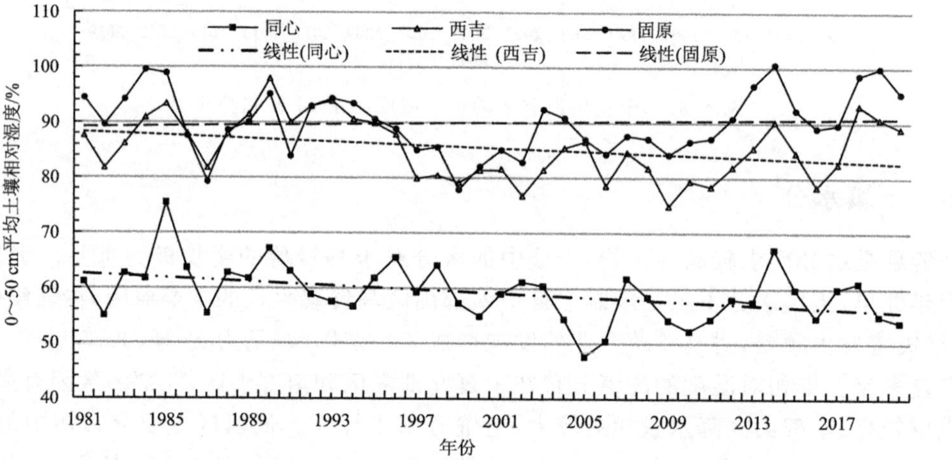

图 4.35　同心、固原、西吉站 0～50 cm 平均土壤相对湿度年际变化

根据 M-K 检验分析得知，自 1994 年开始土壤相对湿度由上升趋势转为下降趋势，下降趋势持续至 2016 年，此后的 2017 年、2019 年、2020 年土壤相对湿度趋势多次翻转，目前处于增长状态(图 4.36)。

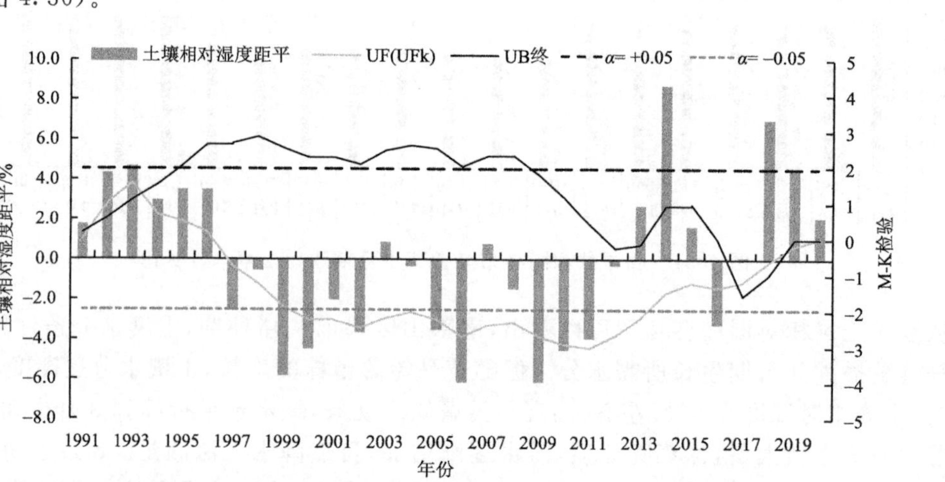

图 4.36　宁夏 0～50 cm 平均土壤相对湿度距平 M-K 趋势检验

如图 4.37 所示，20 世纪 90 年代，同心土壤相对湿度为 62.7%，到 21 世纪 00 年代，下降到 59.9%，到 21 世纪 10 年代更是下降到 56%，直到 21 世纪 20 年代，依然是 58.2%。同心土壤相对湿度从 21 世纪 00 年代后始终没有超过 60%，土壤干旱已成为常态。20 世纪 90 年代，西吉土壤湿度为 88.7%，随后处于持续下降过程，到 21 世纪 10 年代，下降至 81.2%，直至 21 世纪 20 年代略有增加，为 85.5%。固原土壤相对湿度在 20 世纪 90 年代为 91.7%，随后持续下降至 21 世纪 10 年代的 86.9%，21 世纪 20 年代土壤水分上升至最高为 94.1%。从土壤相对湿度的年际变化和年代际变化可知，宁夏中部干旱带马铃薯种植区土壤水分亏缺严重，需要在关键季节进行补灌，否则因土壤水分不足而影响产量，南部山区土壤水分充足，大部分年份可满足马铃薯生长需要，但有些干旱年份土壤水分不足，特别是西吉县，土壤水分下降趋势明显，干旱年份增多，对马铃薯生产不利。

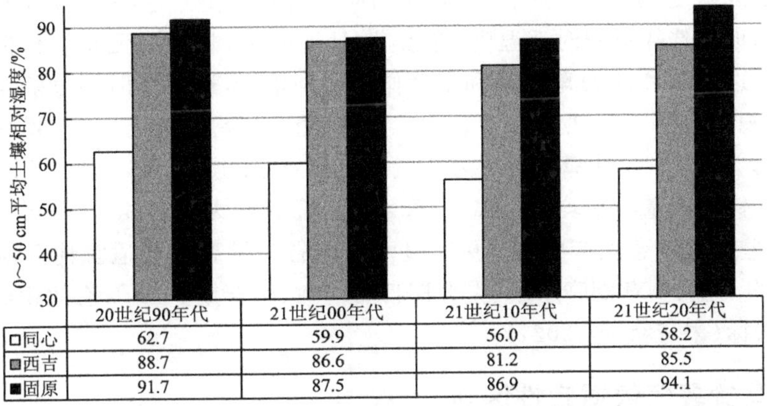

图 4.37　同心、固原、西吉站 0～50 cm 平均土壤相对湿度年代际变化

4.3　马铃薯气候适宜性区划

宁夏地处西北内陆，独特的自然条件和气候特点，为马铃薯产业发展创造了十分有利的条件(金建新 等，2020)。近年来，马铃薯已成为宁夏南部山区稳产高产、经济价值高、效益好的优势作物和特色作物，并逐渐引起政府部门的重视。根据马铃薯生长发育及产量形成与气象条件的关系，建立马铃薯气候适宜区划指标并进行区划，对宁夏马铃薯的合理布局，提高马铃薯总产量，最大限度地减轻气象灾害造成的损失有重要的现实意义。

4.3.1　马铃薯气候适宜性区划指标

马铃薯喜温凉、喜光照、怕霜冻，每个生长发育阶段对水热条件的要求存在差异。明确马铃薯在各个生长发育阶段的对热量、水分、光照、温度的要求，保证选定的指标能够直接或间接影响马铃薯生长或产量。随着研究的深入，区划指标的针对性和精准度不断提高。当前马铃薯区划指标有的针对马铃薯某一生长发育时期的需求(王永利 等，2017)，有的则综合考量每个生长发育阶段的要求，保证区划指标合理的同时兼顾全面性(王连喜 等，2011b)。

温度、水分、光照、热量、无霜期等气候因素直接影响着马铃薯的生长发育。其中，温度和水分在其中起着决定性作用(张烁 等，2021)。马铃薯不同生育阶段对温度的要求存在差异，一般而言，4 ℃以上就可发芽，10～12 ℃幼芽生长健壮；发棵期和开花期对温度比较严格，适宜的温度为15～20 ℃；结薯期气温为18～21 ℃、气温日较差大对块茎形成和淀粉积累最有利（杨兴国 等，2021）。马铃薯在生长发育的过程中对水分的需求量较大，在块茎膨大期对产量的影响最大，达到极显著的水平，降水量低于45 mm的地区，产量不稳定（王连喜 等，2008）。此外，马铃薯是喜光作物，光合强度随着光照强度增强而增大，在块茎增长期，强光、短日照及较大的昼夜温差有利于养分积累和转运，淀粉积累速度加快，块茎产量和块茎干物质含量较高。每天日照超过15 h，植株茎叶生长繁茂，块茎产量下降，每天日照12～13 h，植株虽矮小，但块茎形成较早且产量较高，马铃薯生育期内最适宜日照时数为900～1200 h（朱娅秋 等，2021）。霜冻灾害多发生在秋季，正值马铃薯块茎膨大和淀粉积累的关键期，受霜冻影响，马铃薯难以实现增产，造成了经济损失（杨丽桃，2019）。

由于不同地区温度、降水、日照、热量和无霜期具有时空差异性，马铃薯生长期具有区域差异性，所以，不同地区选择不同时期温度、降水量、日照时数、热量或无霜期指标。兴安盟地区马铃薯区划研究选取4月、7月降水量和温度作为区划指标，这两个时期分别对应马铃薯的出苗期和结薯期，温度和降水量决定马铃薯的产量（唐红艳 等，2010）。而宁夏马铃薯区划研究选取7月、8月温度和6—8月降水量作为区域划分指标（王连喜 等，2011）。阴山地区马铃薯区划研究证明马铃薯产量与平均最高温度、降水量和昼夜温差密切相关，与最高温度和平均温度相比，昼夜温差对马铃薯生产的影响更明显。吉林省马铃薯气候适宜性区划研究选取生育期（4—9月）平均气温、生育期降水量、生育期日照时数、生育期≥10 ℃有效积温及7月份平均气温作为区划指标（朱娅秋 等，2021）。

4.3.2　宁夏马铃薯气候适宜性区划

（1）区划指标

选取影响马铃薯生长发育与产量品质形成的关键气象因子，5月平均气温、7月平均气温、7月降水量、8月最高气温和无霜期作为区划的主要指标。具体指标见表4.1。

表4.1　宁夏马铃薯气候适宜性区划指标

分区名称	5月平均气温/℃	7月平均气温/℃	7月降水量/mm	8月最高气温/℃	无霜期/d
适宜种植区	≥10	≤20	45～65	≤24	＞120
次适宜种植区	8～10	20～23	40～45或＞65	24～28	＞120
不适宜种植区	＜8	≥23	≤40	≥28	＞120
不可种植区	—	—	—	—	≤120

（2）分区及评述

宁夏马铃薯气候区划结果见图4.38。适宜种植区：主要分布在宁夏南部地区，主要包括海原大部、原州区大部、西吉县大部、隆德西部、彭阳西部、隆德东北部。该区域年降水量在360 mm以上，5月平均气温≥10 ℃，7月平均气温≤20 ℃，8月最高气温≤24 ℃，在马铃薯块茎膨大期无高温天气，气候温凉，适宜营养物质积累，块茎膨大迅速，降水和温度条件适中，产量高，品质好。因此，该地区可以根据产业发展要求，适度加大马铃薯种植面积。

次适宜区：主要分布在青铜峡中部、利通区中部、灵武西部、沙坡头区沿黄流域、中宁东北部、盐池南部、海原中部和东南部、同心清水河流域、原州区西北部、彭阳和泾源大部等地。这

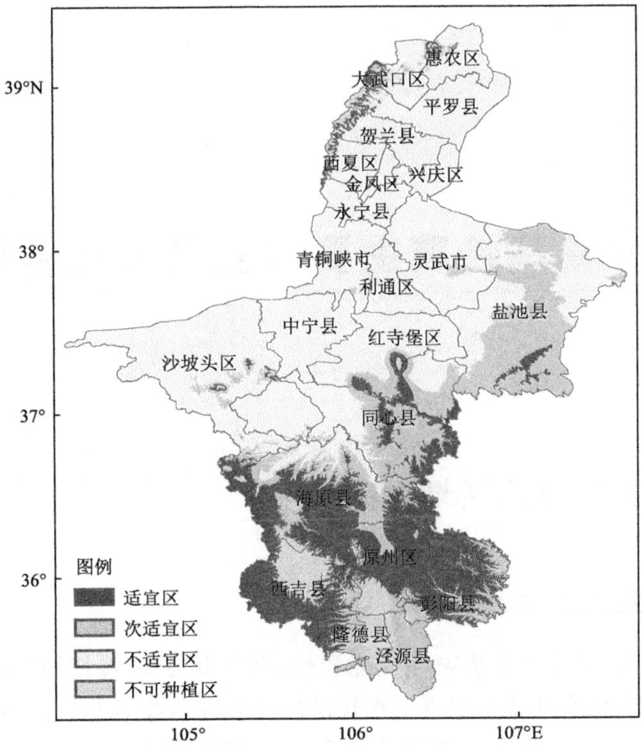

[彩]图 4.38　马铃薯气候区划

些区域或有灌溉条件或降水量能够满足马铃薯生长发育所需，但该地区 7—8 月气温高，不适宜淀粉积累。因此，该地可以适当种植马铃薯，优化种植结构，但不可大面积种植。

不适宜种植区：主要分布在海原和同心以北地区，包括石嘴山、银川、盐池、中卫大部地区。该区域 7 月平均温度普遍高于 23 ℃，8 月温度高于 28 ℃，不利于马铃薯的块茎膨大和淀粉积累，产量低且品质差，气候条件不适宜种植马铃薯。因此，不建议在该地区继续扩大马铃薯种植面积。

不可种植区：主要包括贺兰山沿山和原州区、隆德县、泾源县境内海拔较高的六盘山脊等地区。该区域年降水在 300 mm 以上，无霜期≤120 d，无霜期短是限制该地区种植马铃薯的主要因素。

第 5 章　宁夏马铃薯主要农业气象灾害风险区划

5.1　农业气象灾害风险区划方法

5.1.1　灾害风险区划基本思路

农业气象灾害风险（A 层）是孕灾环境脆弱性、致灾因子危险性、承灾体暴露度和防灾减灾能力 4 个因子（B 层）综合作用的结果，考虑到各风险评价指标（C 层）对风险的构成所起作用可能不同，因此，对 B、C 层因子分别赋予权重。即：组织多名专家就 C 层因子对其相应 B 层因子的重要性、B 层因子相对 A 层因子的重要性进行打分，采用层次分析法计算 C 层与 B 层每个因子的权重，并整理得出 A、B、C 层各因子的指数表达式（图 5.1）。

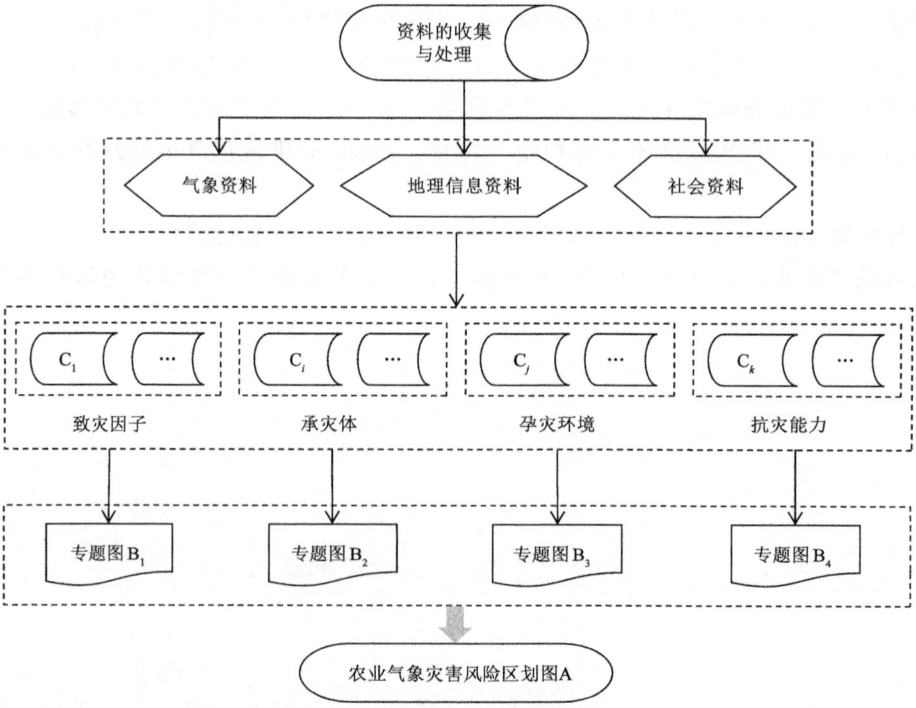

图 5.1　农业气象灾害风险区划方法示意图

5.1.2　资料的无量纲化

由于各指标的量纲和数量不同，为了消除差异，需要对各指标做标准化处理。本书采用普遍认可的归一化方法进行资料的无量纲化。按照式(5.1)、式(5.2)进行：

$$x_i = \frac{1}{2}\left[\frac{(x_{\max} - x) + (\bar{x} - x_{\min})}{x_{\max} - x_{\min}}\right] \tag{5.1}$$

$$x_i = \frac{1}{2}\left[\frac{(x_{\max} - \bar{x}) + (x - x_{\min})}{x_{\max} - x_{\min}}\right] \tag{5.2}$$

式中：x_i为归一化后的数据；x 为序列当前值；$x_{\max}$和 $x_{\min}$为序列中的最大值和最小值；$\bar{x}$ 为序列的平均值。式(5.1)适用于数值越大，气象灾害风险越低的因子，如干旱时降水量和灌溉面积占比等。式(5.2)适用于数值越大，气象灾害风险越高的因子，如作物面积占比，土壤渗水率等。

5.1.3　无资料地区资料推算

5.1.3.1　气象资料的推算

利用 GIS 平台采用小网格分析方法建立气候要素与站点经度、纬度、海拔等地理信息的数学模型，将宁夏气候资源数据推算到空间分辨率为 250 m×250 m 的面上。气候资源推算模型为：

$$Y = f(\lambda, \varphi, h) + \varepsilon \tag{5.3}$$

式中：Y 为区划气候因子；λ、φ、h 分别为经度、纬度、海拔等地理因子；ε 为残差，用于消除小地形影响，因宁夏地理范围小可忽略不计。先基于气象观测站的气候要素建模，再将不同分辨率的经度、纬度、海拔等地理因子数据处理成需要的空间分辨率的栅格图层，然后借助回归方程，采用 GIS 中的地图代数功能进行指标数据空间推算，得到不同气候因子的专题图层。

5.1.3.2　土壤、社会资料的推算

社会因子与所在地点的经度、纬度和海拔关系不明显，故采用 GIS 软件自带的反距离推算法，将社会因子推算到 250 m×250 m 的面上。

5.2　干旱

宁夏地处西北地区东部，是气候敏感区，降水量少，降水季节分布不均、区域差异较大，干旱发生范围广，持续时间长，危害作物种类多。宁夏干旱主要发生在中南部山区，包括原州区、西吉、隆德、泾源、彭阳、海原、同心、盐池和中卫市及吴忠市的山区。随着气候变暖，农田蒸发量增大，加上城市的快速发展和工农业用水矛盾的加剧，引黄灌区和扬黄灌区因灌溉量、灌溉时间受限发生干旱的风险也越来越高。

干旱是限制马铃薯产业发展的重要气象灾害之一，不同行业对干旱的定义不尽相同，可分为气象干旱、农业干旱、水文干旱和社会经济干旱。其中的气象干旱是指某时段内，由于蒸散量和降水量的收支不平衡，水分支出大于水分收入而造成地表水分短缺的现象。一般情况下气象干旱通常可划分为无旱、轻旱、中旱、重旱、特旱 5 个等级[《气象干旱等级》(GB/T 20471—2017)]；农业干旱是指农作物生长季内，因水分供应不足导致农田水量供需不平衡，阻

碍作物正常生长发育的现象。一般将农业干旱划分为轻旱、中旱、重旱和特旱 4 个等级[《农业干旱等级》(GB/T 32136—2015)]。马铃薯作为四大主粮之一，在宁夏种植历史悠久，但易受到干旱的影响，在不同发育阶段遭受干旱时，表现出的症状不尽相同。主要有不能播种、出苗；出苗缓慢不齐；缺苗、断垄；叶子上部卷起；叶子颜色变黄或变褐；叶子变软、白天萎蔫下垂，夜间可恢复或不能恢复；叶子干缩、脱落；已发育好的花序、花朵变干脱落等[《农业气象观测规范 马铃薯》(QX/T 300—2015)]。马铃薯叶片受干旱后生长会出现抑制，光合产物降低，最终导致产量下降(邢媛 等，2023；王立为 等，2023)。马铃薯受旱后根、茎、叶、叶柄干物重均呈下降趋势，受旱越重，产量越低(金建新 等，2020；雷俊 等，2023)。

根据《中国气象灾害年鉴》(2003—2022 年)记录，2003—2022 年共 20 年间，宁夏除 2019 年没有出现旱灾以外，其他 19 年均出现了不同程度的旱灾，受旱面积从 0.5 万 hm^2 到 51.2 万 hm^2 不等，尤其是 2004 年 9 月至 2006 年末，连续两年宁夏大部降水量持续偏少，土壤失墒严重，发生有气象记录以来少有的持续异常干旱。其中 2004 年 9 月至 2005 年末引黄灌区和中部干旱带的降水为 20 世纪 50 年代有气象记录以来极小值(表 5.1)。

表 5.1 宁夏 2003—2022 年干旱发生情况及影响统计

年份	受旱面积/hm^2	绝收面积/hm^2	直接经济损失/亿元	干旱时段和严重程度
2003	183000	28000	2.3	阶段性
2004	183000	25000	6.5	2003 年 11 月上旬至 2004 年 5 月初，旱情异常严重
2005	421000	71000	12.7	2004 年 9 月至 2005 年末，20 世纪 50 年代以来最严重的特大持续性干旱
2006	512000	39000	13.7	2004 年 9 月至 2006 年末，有气象记录以来少有的持续异常干旱
2007	341000	76000	12.4	2007 年 3 月下旬至 6 月上旬，中到重度干旱
2008	494000	42000	8.2	2008 年 4 月下旬至 8 月中旬
2009	308000	32000	15.1	2008 年 11 月至 2009 年 7 月上旬后期
2010	16000	0	6.0	阶段性
2011	367000	43000	13.9	2011 年 1—5 月，5—8 月，春夏连旱
2012	104000	0	1.7	阶段性干旱
2013	194000	10600	3.4	2012 年 9 月 26 日至 2013 年 5 月 7 日，秋、春连旱
2014	228000	13000	5.8	5 月上中旬
2015	172000	23000	4.7	5 月 22 日至 8 月 31 日，特旱
2016	279000	47000	6.5	阶段性干旱
2017	131000	23000	8.0	2 次阶段性干旱，2016 年 10 月至 2017 年 2 月，2017 年 7 月上中旬 2 周，重旱或特旱
2018	183000	28000	2.3	阶段性
2019	—	—	—	无
2020	5000	3000	0.5	1 月 1 日至 7 月 9 日，红寺堡仅出现一次有效降水
2021	352000	74000	11.4	宁夏中南部干旱较重，其中西吉县 1 月 1 日—8 月 13 日累计降水量 158.6 mm，较常年偏少 35.4%，出现干旱
2022	26000	1130	0.89	南部山区 3—9 月持续 7 个月降水偏少；3 月、9 月降水量分别偏少 86%和 50%；隆德、西吉、泾源旱情较重

宁夏马铃薯一般播种在 4 月下旬至 5 月上旬，收获在 10 月上旬。由于宁夏引黄灌区有黄河灌溉之利，旱灾一般出现在中南部山区，尤其是中部干旱带易发生旱灾。宁夏马铃薯受旱灾影响最大的时段是在春夏季，秋季的旱情相对较少，秋旱会与次年春旱叠加，导致严重的旱灾，对马铃薯的播种、出苗影响较大。另外，在结薯的前中期即开花期过后是马铃薯需水最敏感的时期，也是需水量最多的时期，这个阶段的需水量占全生育期需水总量的 1/2 以上，出现干旱会对马铃薯产量造成较大影响。

5.2.1　宁夏中南部山区马铃薯干旱频率分析

5.2.1.1　干旱灾害程度划分

在中国气象局土壤水分动态监测相关业务规定中，将土壤水分墒情变化划分为 10 级，对应土壤干旱、适宜、过湿等状态(表 5.2)。当土壤相对湿度第一次小于 60%的时候认为土壤干旱发生，如果后期土壤相对湿度持续降低，则表示干旱加重，如果后期土壤相对湿度增加，则表示干旱缓和或者解除。

表 5.2　基于土壤水分的墒情变化划分

等级	土壤墒情变化划分	土壤相对湿度/%
1	土壤干旱加重	$w_1<60$ 且 $w_2<w_1$
2	土壤干旱持续	$w_1<60$ 且 $w_2\leqslant w_1<60$
3	土壤干旱发生	$w_1\geqslant 60$ 且 $w_2<60$
4	土壤干旱缓和	$w_1<60$ 且 $70>w_2\geqslant 60$
5	土壤干旱解除	$w_1<60$ 且 $90>w_2\geqslant 70$
6	土壤墒情适宜	$90>w_1\geqslant 60$ 且 $90>w_2\geqslant 60$
7	土壤过湿解除	$w_1\geqslant 90$ 且 $w_2<90$
8	土壤过湿出现	$w_1<90$ 且 $w_2\geqslant 90$
9	土壤过湿持续	$w_1\geqslant 90$ 且 $90\leqslant w_2\leqslant w_1$
10	土壤过湿加重	$w_1\geqslant 90$ 且 $w_1<w_2$

注：w_1 为前期土壤相对湿度，w_2 为当前土壤相对湿度。

5.2.1.2　不同生育阶段干旱频率

干旱频率，即分析时段内某一等级干旱发生的次数占时段总次数的比率。以 10 d 为一个统计时段，统计 1961—2018 年共 58 年间的干旱发生次数。通过这一指标统计得到的干旱频率为一个生长季发生干旱的旬数占统计时段总旬数的比率。依照国标《农业干旱等级》(GB/T 32136—2015)分为轻旱、中旱、重旱和特旱四个等级。此处的干旱频率为包括轻旱以上等级的干旱频率。

宁夏马铃薯生育期内干旱频率总体分布呈北高南低(图 5.2)。干旱相对低发区位于海原以南，频率为 9%～22%；海原大部及以北地区为相对高发区，频率为 26%～36%。其中隆德和泾源相邻的六盘山地区最低，同心北部最高。这一分布特点与干旱实际发生情况吻合。

不同时期干旱对作物的影响是不一样的。从马铃薯不同生育阶段干旱发生的频率看，其空间分布上有一定差异(图 5.2)，呈现三个特点：一是块茎膨大期较块茎膨大之前和之后，干

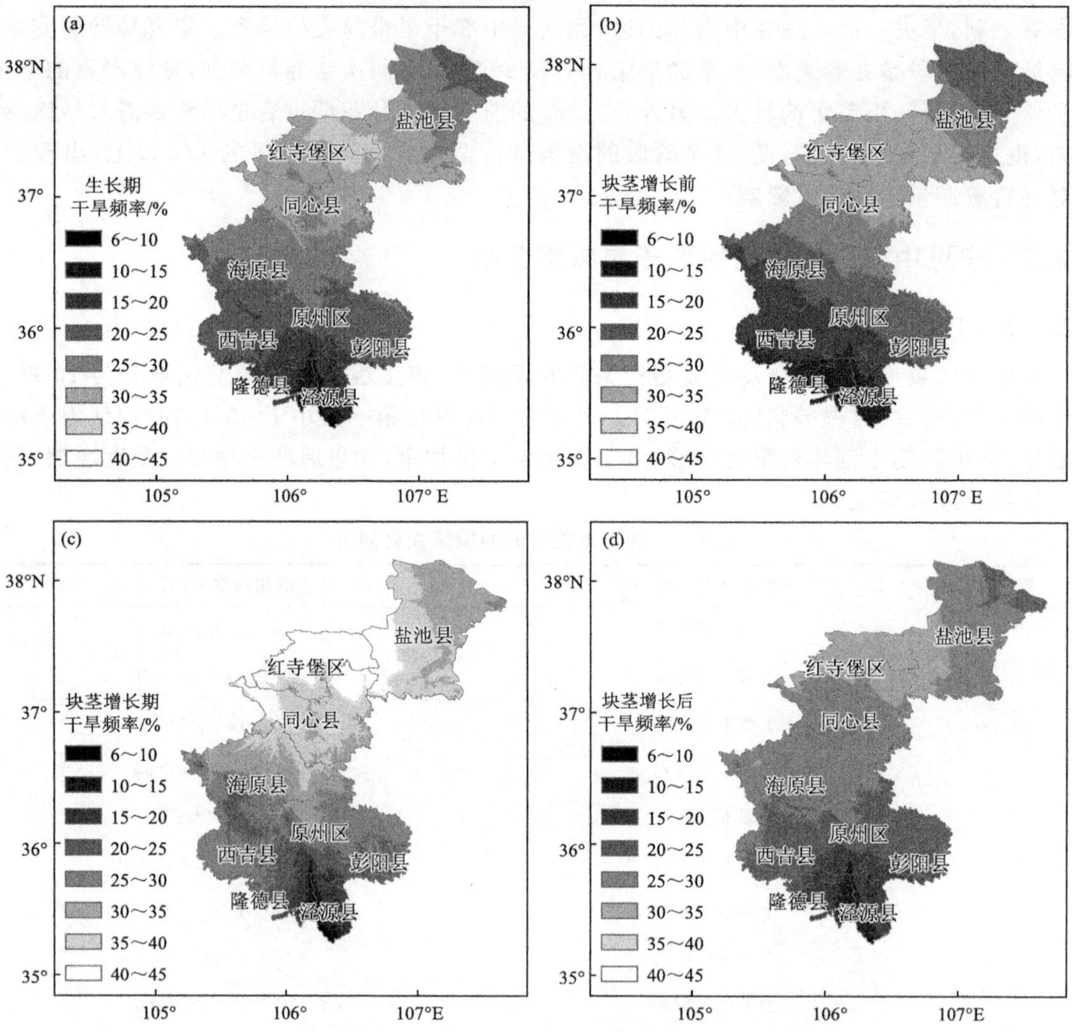

［彩］图 5.2　宁夏中南部山区马铃薯各生育阶段干旱频率空间分布

旱发生频率的区间更宽，即低值区更低，高值区更高；二是不同生育时段干旱高发区和低发区区域重合；三是块茎膨大前低值区（高值区）空间分布范围明显大于（小于）生育中后期。

块茎膨大前。盐池东北部和海原及以南为干旱相对低发区，发生频率为 11%～22%；其他地区为相对高发区，发生频率为 30%～34%。

块茎膨大期。干旱相对低发区缩小到原州区以南地区，发生频率为 6%～20%；相对高发区分布在六盘山以北的广大地区，发生频率为 27%～45%；最高和最低区分别为同心北部的韦州和六盘山地区。这一分布特点说明在马铃薯关键生育阶段，六盘山地区受干旱影响相对要小一些，而其他大部分马铃薯种植区，均会受到干旱影响，与生产实际相符合。

块茎膨大后。8 月下旬至 9 月底，马铃薯处于淀粉积累至成熟采收阶段，该时段干旱相对低发区较块茎膨大期略北移，但范围小于块茎膨大前的，发生频率为 9%～22%；相对高发区分布在海原及以北区域，发生频率为 25%～33%。

5.2.1.3　生长期不同等级干旱频率

前述各生育阶段干旱频率表明了宁夏马铃薯种植区干旱发生的总体情况，但不同等级的干旱对马铃薯的影响程度也是不一样的，故而有必要分轻旱、中旱、重旱和特旱发生的情况进行具体分析。

从四个等级干旱的发生频率看，马铃薯生长期偏轻干旱（轻旱和中旱）发生频率要高于偏重干旱（重旱和特旱）发生的频率（图 5.3），这一规律符合农业气候特点和生产实际。另外，不同等级干旱空间分布上总体均呈北高南低的特点。具体来看，生长期内轻旱发生频率高的区域在原州区—西吉一线以北，该区域发生轻旱频率为 10%～13%，原州区—西吉一线以南为 6%～10%。中旱发生频率高的区域在同心和韦州一线以北。重旱发生频率相对于其他几个等级的干旱发生频率进一步降低，南部山区低于 4%，中部干旱带为 4%～8%。特旱发生频率最低，同心北部的韦州最高也不过 3%。

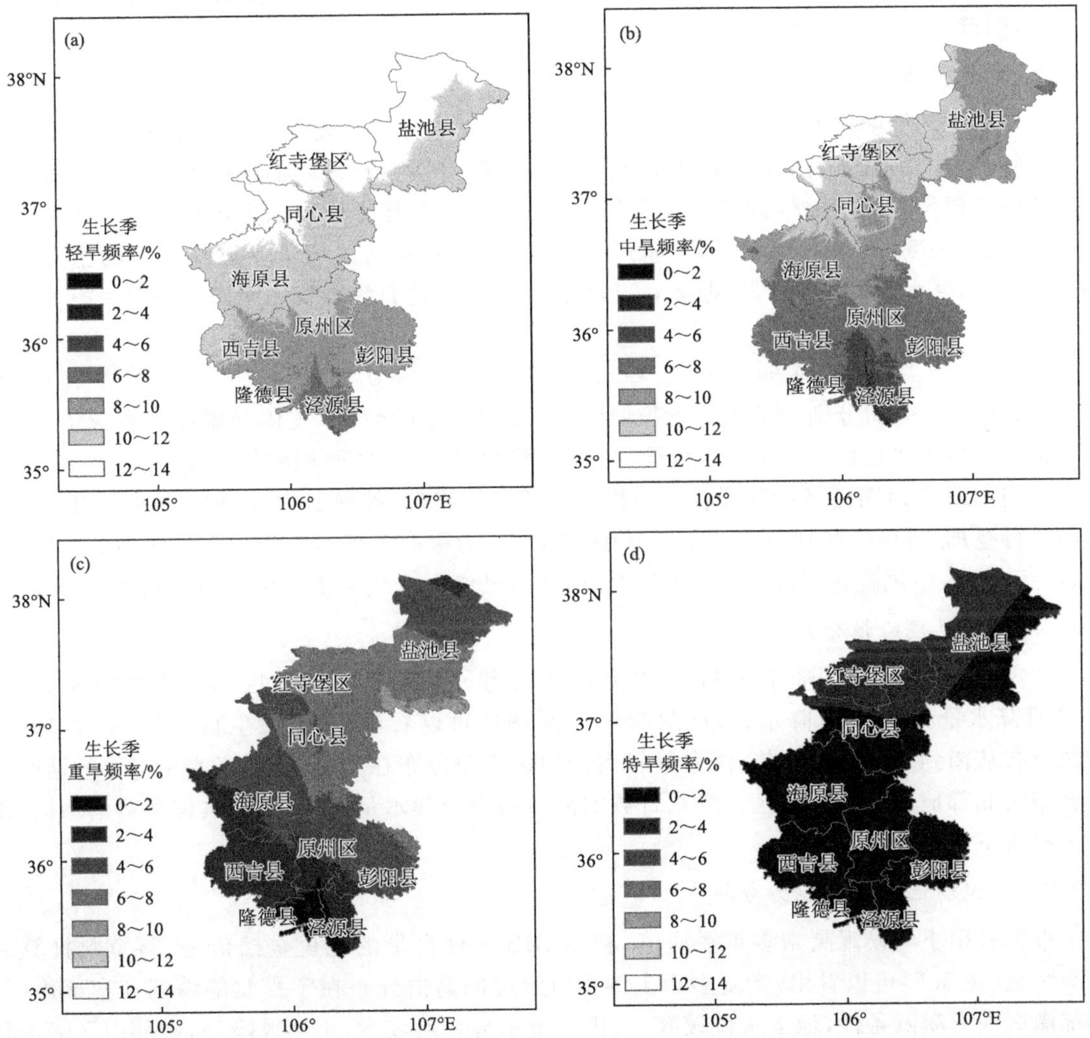

［彩］图 5.3　宁夏中南部山区马铃薯生长季不同等级干旱频率空间分布

5.2.2 宁夏马铃薯干旱灾害风险区划

5.2.2.1 区划指标选取

按照孕灾环境脆弱性、致灾因子危险性、承灾体暴露度和防灾减灾能力4个因子进行区划因子的选取。选取宁夏多年土壤湿度表征该地区的孕灾环境脆弱性。多年的土壤湿度能够体现该地区土壤的保墒、补墒和增墒能力，土壤湿度越大说明该地区的干旱风险越小，即使降水量较少的条件下发生农业干旱的风险也较小。将粮食作物单产与不同水分气象因子做相关分析，发现4—9月降水量和≥5 mm降水日数对产量影响较大，故选取这两个因子。降水量直接决定了该地区土壤能够从空中得到的水量，降水日数决定了在生育期内有多少天土壤属于“收入”状态。一个地区的抗灾能力是指对灾害进行防御，避免作物受灾的能力，灌溉条件对降低干旱风险起到了很大的作用，但是本研究无法得到具体灌溉资料，因此，考虑采用单产作为抗灾能力指标，一个地区单产主要决定于光温水配合，只有在适合的水分条件下才能获得较高的产量，因此，单产可以间接决定抗灾能力。

5.2.2.2 权重系数的确定

按照孕灾环境脆弱性、致灾因子危险性、承灾体暴露度和抗灾能力四个方面，进行专家打分，将同一层次元素两两比较的重要性进行定量描述，计算判断矩阵的特征值和指标权重。决定马铃薯干旱风险的层次结构和经专家打分后，权重的重要性从大到小依次为：4—9月降水量、土壤相对湿度、4—9月降水日数、单产。可以看出，决定马铃薯干旱风险大小的主要因子是气象因子，降水少的年份干旱风险大、土壤相对湿度也是非常重要的因素。经专家打分后的权重系数如下：

$$A = 0.25\,C_1 + 0.3\,C_2 + 0.2\,C_3 + 0.15\,C_4 \tag{5.4}$$

式中：C_1、C_2、C_3和C_4分别为孕灾环境脆弱性、致灾因子危险性、承灾体暴露度和抗灾能力，此处分别为土壤相对湿度、4—9月降水量、4—9月降水日数、种植面积和作物单产。

利用GIS中地图栅格计算器将已经推算好的风险指数，按照其对灾害风险的作用权重的不同进行叠加，将风险区划分为4类。其中，≥0.56为极高风险区、0.50～0.56为高风险区、0.47～0.50为中风险区、0.33～0.47为低风险区，最终生成马铃薯干旱风险区划图。

5.2.2.3 干旱危险性分析

致灾因子为4—9月降水量和4—9月降水日数。采用无资料地区网格推算方法，得到4—9月降水量和4—9月降水日数(图5.4)。从图中可以看出，马铃薯生育期(4—9月)降水量的分布从南到北为递减趋势，降水量较大的地区主要分布在南部山区，降水量较小的地区主要分布在北部地势较洼的地区。降水日数的分布趋势与降水量一致，但因具体地势的不同，细节上有所不同。

5.2.2.4 脆弱性及抗旱能力分析

根据农田小气候观测站多年平均值，利用GIS软件自带的克里金插值法，将资料推算到空间区域(图5.5)可以看出，宁夏多年土壤相对湿度的高值分布在宁夏北部灌区和南部山区，北部灌区因有灌溉条件，地下水位较高，农田土壤水分相对较大，干旱风险小，南部山区降水量相对较大，土壤有雨水补充，干旱风险较小，中部干旱带土壤相对湿度小，干旱风险较大。

统计1981—2010年宁夏各县(市、区)粮食产量数据(表5.3)可知，宁夏粮食高产区在灌

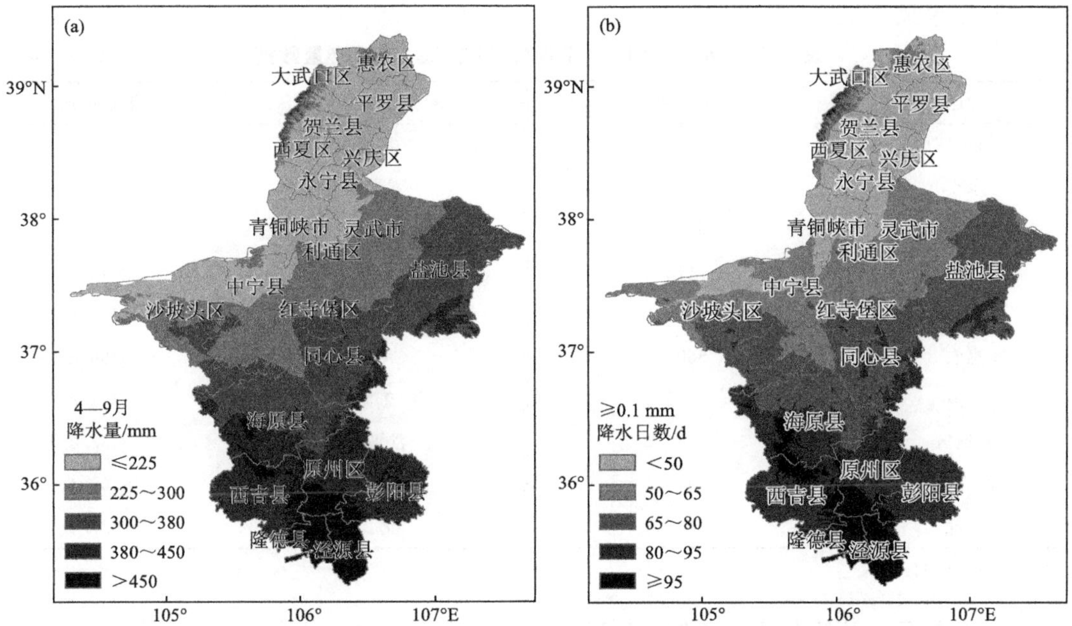

图5.4　4—9月降水量(a)和≥0.1 mm降水日数(b)分布

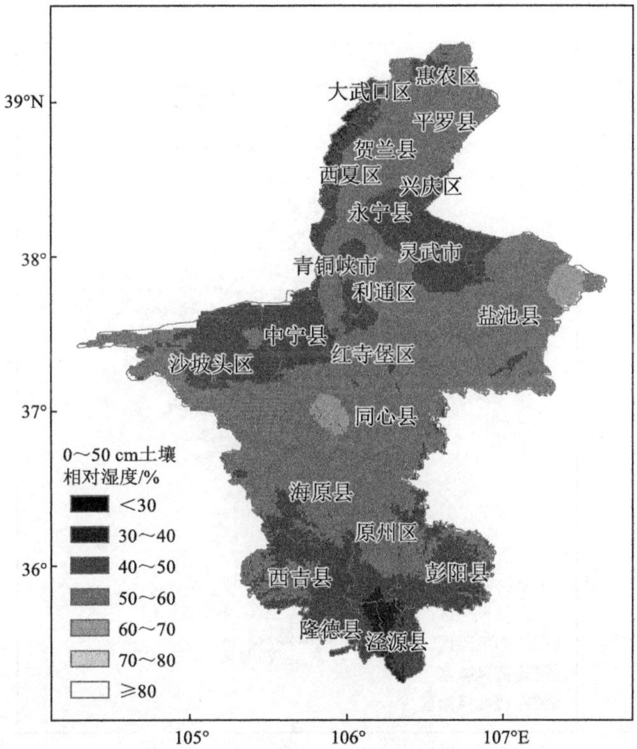

图5.5　土壤相对湿度分布

区，中南部山区单产水平低，单产水平高说明灌溉条件优越，抗旱能力强，单产水平低，说明抗旱能力弱，干旱风险大。

表 5.3　1981—2010 年宁夏各县(市、区)粮食产量数据　　单位：kg/hm²

地区	粮食单产	地区	粮食单产
银川市辖区	6380.1	同心	2460.3
永宁	6946.8	青铜峡	6942.0
贺兰	6294.3	原州区	2188.9
灵武	7113.5	西吉	2045.5
大武口	4891.2	隆德	2644.9
惠农	5695.3	泾源	2468.5
平罗	5546.1	彭阳	2281.8
利通区	6977.2	沙坡头	6532.3
红寺堡	5915.4	中宁	6866.4
盐池	2134.0	海原	1827.4

注：薯类粮食产量。

5.2.2.5　马铃薯干旱综合风险评价与区划

根据上述分析对宁夏马铃薯干旱风险等级进行划分，分别为低风险区、中风险区、高风险区和极高风险区(图 5.6)。

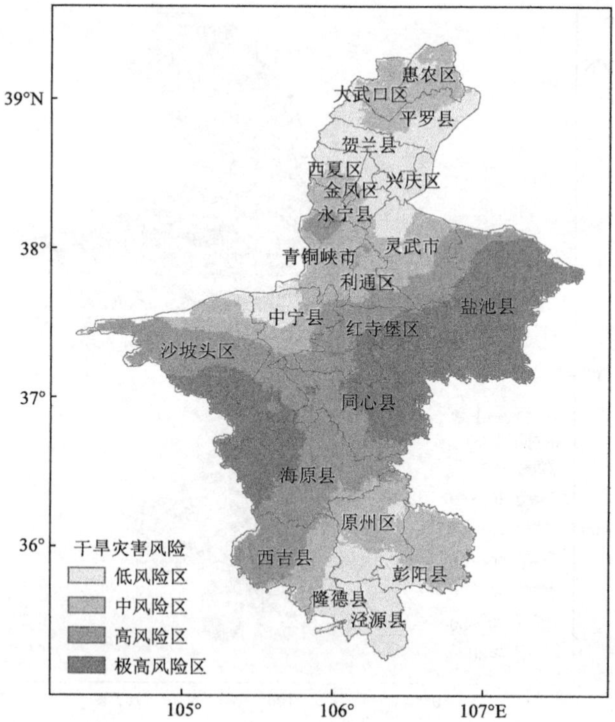

[彩]图 5.6　宁夏马铃薯干旱灾害风险区划

总的来看，宁夏马铃薯干旱风险两头小，中间大。低风险区主要分布在引黄灌区大部，包括惠农县、平罗县、贺兰县、银川市辖区的全部，永宁县东部、灵武市北部、中宁县北部、沙坡头区的东北角，以及南部山区的泾源县、隆德县全部、彭阳县西部、西吉县东部及原州区南部等地区，这些地区多年土壤相对湿度的平均值在 70%以上，4—9 月降水量在 380 mm 以上，或者有灌溉条件，是干旱灾害的低风险区。中风险区在北部灌区靠近中部干旱带的边缘地区，靠近沿山灌水困难的地区，包括永宁县西部征沙渠一带，利通区、灵武市南部、青铜峡市、中宁县南部、中卫市北部。南部山区干旱中风险区在靠近中部干旱带的边缘，包括彭阳县东部、西吉县中东部及原州区北部。

干旱灾害的高风险区主要分布在中部干旱带，呈“工”字形，灵武市南部的山区、红寺堡区大部、沙坡头区中南部、海原县大部、西吉县大部，这些地区干旱频繁发生，农作物因受旱产量低而不稳。干旱灾害的极高风险区分布在中部干旱带的东西两侧，东部包括盐池县大部、同心县东部，西部包括兴仁镇大部、海原县西部，这些地区是宁夏干旱的极高风险区，干旱发生的频率极高，是抗旱的重点区域。

5.2.3 宁夏马铃薯干旱防御对策

科技工作者结合本地实际，加强本地干旱天气发生发展规律研究，气象部门做好干旱天气监测和预报工作，提升干旱天气预报准确率，特别是干旱区加强土壤墒情监测，全面了解关键农事季节干旱灾害发生发展趋势，提升干旱灾害预警水平。

做好更加精细化的分县域的旱灾区划工作，对马铃薯生产结构进行调整，积极培育耐旱、耐热性能强的马铃薯品种，提升自身的抗逆性水平。加大气候资源开发，做好决策气象服务，降低干旱对马铃薯生产的影响。

5.3 高温热害

马铃薯生长的每个过程都需在一定的温度条件下才能进行，随着全球气候变暖，马铃薯生育期内阶段性高温现象发生更加频繁。一般将高温条件下，马铃薯植株出现枯萎、黄化、凋谢等，导致减产的这一现象称为马铃薯高温热害。高温热害影响马铃薯生长发育，严重时造成马铃薯减产(慕宇，2017)。

5.3.1 高温对马铃薯生长的影响

研究表明，西北地区增温会使马铃薯发育期发生变化，播种—出苗期缩短，即营养生长期缩短，花序形成期和开花期提前，花序形成期—可收期间隔时间延长，即生殖生长期延长，全生育期延长(肖国举 等，2015；姚玉璧 等，2016)。高温胁迫会影响马铃薯的叶绿素含量、株型、叶片大小以及超氧化物歧化酶(superoxide dismutase，SOD)、过氧化酶(peroxidase，POD)等酶活性(Wahid et al.，2007；戴鸣凯 等，2018；王星强，2022；周进华 等，2023)，影响光合酶活性，同时呼吸作用增强，导致净光合速率的下降(肖国举 等，2015；冯朋博 等，2019)。温度升高也会影响马铃薯的品质、生物量积累和产量。马铃薯块茎中干物质和淀粉随温度升高而增加，粗蛋白质和还原糖减少(肖国举 等，2015)。研究表明，高温会使马铃薯地上生物量积累增大，单株块茎数量减少，产量减小，气温升高 1 ℃，产量降低 200～500 kg/hm^2(姚玉璧 等，

2009;黄家伟 等,2022)。王星强等(2022)的研究表明,高温胁迫会降低马铃薯淀粉积累速率,同时积累活跃期缩短,导致马铃薯产量下降。李强(2018)研究发现,甘肃、宁夏、陕西和新疆马铃薯产量变化与日最高气温变化呈显著负相关,宁夏日最高气温每升高 1 ℃,马铃薯产量减少 195 kg/hm^2。

马铃薯发育期分为播种期、出苗期、分枝期、花序形成期、开花期、可收期[《农业气象观测规范 马铃薯》(QX/T 300—2015)]。不同发育阶段,高温对马铃薯的影响也不同。王连喜等(2011a)针对宁夏马铃薯的研究表明,出苗期的短暂高温处理会使净光合速率略下降,而分枝期的短暂高温处理则会使马铃薯净光合速率上升。马铃薯进入开花期后,地下块茎开始膨大,此时若气温过高,则会导致地上茎节间距伸长、叶片变小,影响光合作用,造成块茎退化,进而影响产量(姚玉璧 等,2006)。冯朋博等(2019)研究表明,马铃薯块茎形成中期的高温会降低光合能力和根系活力,破坏功能叶片的抗氧化系统,阻碍营养元素吸收、干物质积累等,从而导致减产。孙芳等(2008)、朱赟赟等(2011)研究发现,结薯期气温对宁夏马铃薯产量的影响表现为明显的负效应。姚玉璧等(2009)发现,块茎膨大期产量形成对气温变化很敏感,旬平均气温每升高 1 ℃,马铃薯产量降低 1000～1400 kg/hm^2,敏感期 30～35 d。甘肃省地方标准[《马铃薯高温热害等级》(DB 62/T 2630—2015)]认为,播种期、花序形成期、开花期和块茎膨大期马铃薯受高温热害最为严重,并结合地面最高温度、日最高气温及浅层土壤温度给出了灾害等级指标。高温对马铃薯生长发育影响较大,明确马铃薯热害的温度指标,进行热害风险区划,厘清不同区域马铃薯热害风险,对科学布局以及有效应对马铃薯热害、减轻灾害损失具有重要意义,同时,对其他气象灾害的风险区划也有一定的指导作用。

5.3.2 马铃薯高温热害指标

马铃薯三基点温度,即下限温度、最适温度、上限温度,表征了马铃薯生长需要的温度条件。不同生育阶段,适宜马铃薯生长的温度不同。高建文等(2018)分析得出宁夏地区不同发育阶段马铃薯的三基点温度,认为播种至出苗阶段,下限温度、最适温度、上限温度分别为 5 ℃、16.5 ℃、29 ℃,花序形成至开花阶段,分别为 7 ℃、17.5 ℃和 30 ℃。荀芳等(2012)基于内蒙古武川的研究认为,马铃薯播种至开花期下限温度、最适温度、上限温度分别为 2 ℃、18 ℃、34 ℃,出苗—开花以及开花—成熟三基点温度均为 10 ℃、18 ℃、34 ℃。金林雪等(2018)研究中将 2 ℃、18 ℃、30 ℃作为马铃薯的三基点温度。还有研究表明,黄土高原半干旱区马铃薯产量与块茎膨大—成熟期气温呈显著负相关关系(齐月 等,2023)。甘肃马铃薯受气温负效应影响最明显的阶段一般在 7 月,此阶段为块茎主要膨大期,且马铃薯产量与该时期的平均气温呈负相关(姚玉璧 等,2006)。宁夏南部山区马铃薯气象产量与 7 月、8 月月平均最高气温呈负相关关系,其中,与 7 月最高气温呈显著负相关(王连喜 等,2011;亢艳莉 等,2017)。7、8 月是宁夏中南部山区马铃薯块茎膨大期的主要阶段,该阶段平均气温在 20 ℃左右,对块茎物质积累有利(李剑萍 等,2009)。谢世清(1992)研究认为,马铃薯块茎膨大的适宜温度为 14～22 ℃。Timlin 等(2006)的研究表明,马铃薯生物量积累的最佳温度是 20 ℃。

基于上述研究,结合张晓煜等(2022)的研究,将 7 月上旬至 8 月上旬日最高气温(T_{max})作为马铃薯高温热害的致灾因子,此时正值马铃薯开花期,当 $T_{max}>21.1$ ℃时,马铃薯块茎生长将受到抑制;当 $T_{max}>29.4$ ℃时,马铃薯块茎生长受到严重影响,达重度热害。成灾等级从无至重度分为四级(表 5.4)。

表 5.4　马铃薯高温热害程度指标

致灾因子	统计时段	成灾指标	成灾等级
日最高气温 T_{max}/℃	7月上旬至8月上旬	$T_{max} \leqslant 21.1$	无
		$21.1 < T_{max} \leqslant 26.6$	轻度
		$26.6 < T_{max} \leqslant 29.4$	中度
		$T_{max} > 29.4$	重度

5.3.3　马铃薯高温热害区划

高温与高温日数和高温的程度密切相关，某地高温日数的多少、最高气温的高低，表征着其炎热程度，因此，选取日最高气温≥35 ℃天数(图 5.7a)和平均最高气温(图 5.7b)作为致灾因子危险性的基本指标，可以看出宁夏高温日数和平均最高气温的空间分布都呈现北多南少的特征，但是区域差异明显，高温日数的高值中心位于石嘴山市西部，平均最高气温的高值区主要分布在宁夏北部的引黄灌区。

地表覆盖和水系等都是反映高温孕灾环境的主要因素。其中，海拔对高温灾害的响应最为敏感，选取海拔作为孕灾环境的指示指标。海拔越高，影响越小，得到宁夏高温气象灾害孕灾环境敏感度指数空间分布图(图 5.7c)。敏感度指数呈现南部山区以及贺兰山沿山小，中北部地区高的空间分布特征，高温气象灾害高敏感区主要分布在引黄灌区，以银川、石嘴山、青铜峡、利通区为主，高温灾害中等敏感区主要分布在沙坡头区中南部、海原县东北部、盐池县大部、原州区中北部以及彭阳县，低敏感区主要分布在海原县西南部、原州区南部、西吉县、隆德县和泾源县。

根据表 5.4 马铃薯高温热害程度指标，马铃薯高温热害风险由北至南逐渐减小(图 5.8)。

重度热害区：主要分布在灌区沿黄河一带的农作区，主要位于石嘴山市大部，银川市大部，吴忠市利通区全境、红寺堡区北部、同心县西部，中卫市北部等地。

中度热害区：主要分布在灌区南部和中部干旱带，主要位于银川市灵武市东部，吴忠市盐池县大部、红寺堡区南部、同心县大部，中卫市沙坡头区中南部、中宁县南部、海原县北部，固原市泾源县北部。

轻度热害区：主要分布在中卫市海原县南部，固原市原州区大部、西吉县大部、隆德县西部、泾源县大部以及彭阳县西部和北部。

无热害区主要在彭阳县中南部。

5.3.4　马铃薯高温热害防御对策

针对高温热害，可以通过栽培管理手段防御减轻其对马铃薯生长发育的影响，可概括为"避、改、抗"三类措施。

(1)避——避开高温时段或"躲避"太阳。调整播期，选择合适的播种时间，在避免受冻的情况下，使马铃薯开花期与当地夏季气温最高的时段尽可能少地重合。采取物理遮阴手段，减轻高温辐射的影响，如通过布设遮阳网等遮蔽部分阳光，降低植株温度。此外，利用秸秆覆盖地面，降温保湿。

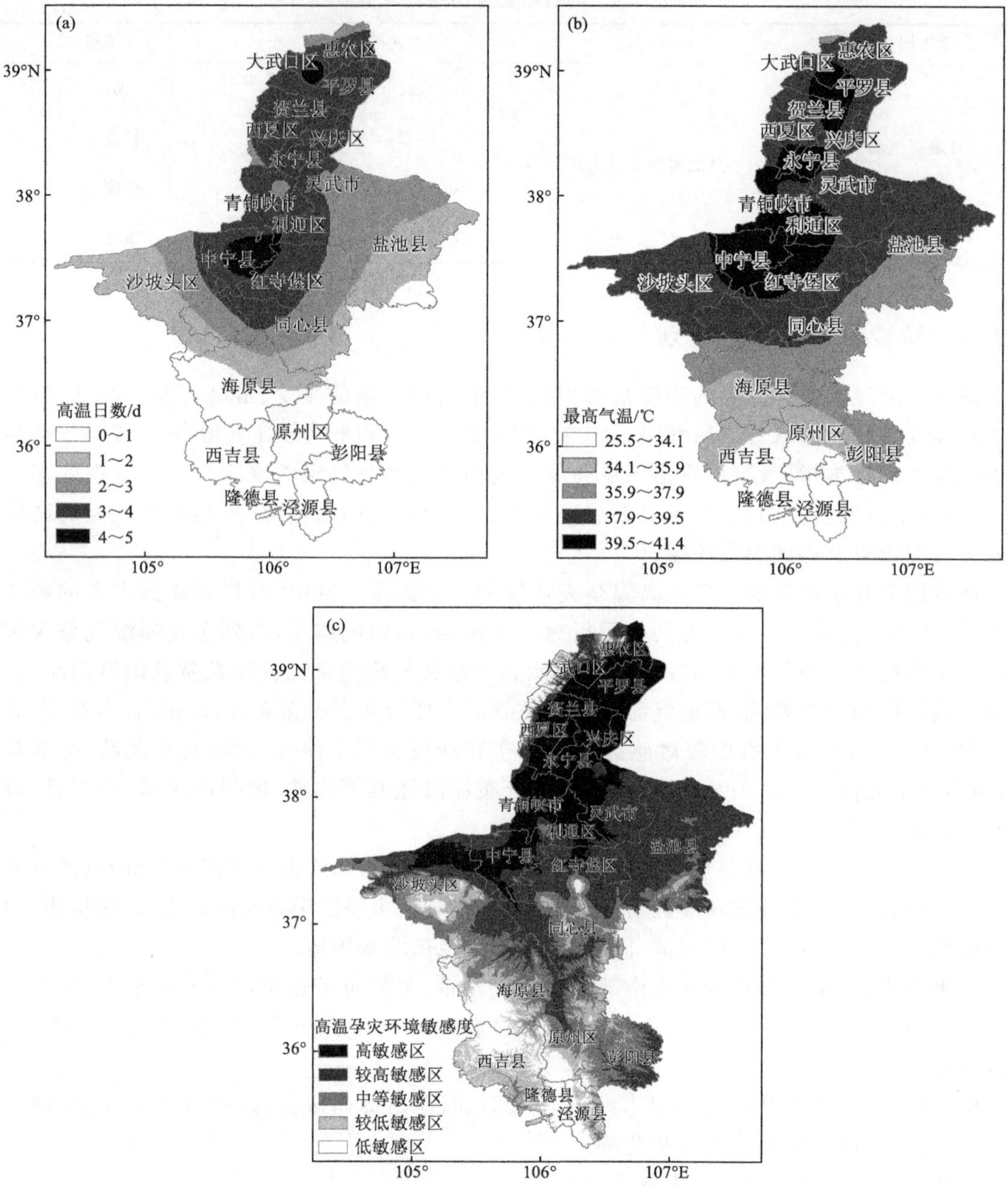

图 5.7　宁夏全区日最高气温≥35 ℃天数(a);最高气温(b);海拔(c)分布

(2)改——改变品种及环境。改用耐高温品种,改良土壤,增强土壤的保水性能,同时,修缮农田水利灌溉设施,夏季前做好窑窖蓄水工作。

(3)抗——高温期间采取抗御措施。及时打顶,防止植株徒长,减少营养物质损耗,促进马铃薯发育成熟。同时适量施肥,喷施叶面肥可以既降温又增肥。适时科学灌溉,维持土壤湿润度和营养水平,减轻高温对马铃薯植株造成的负担。

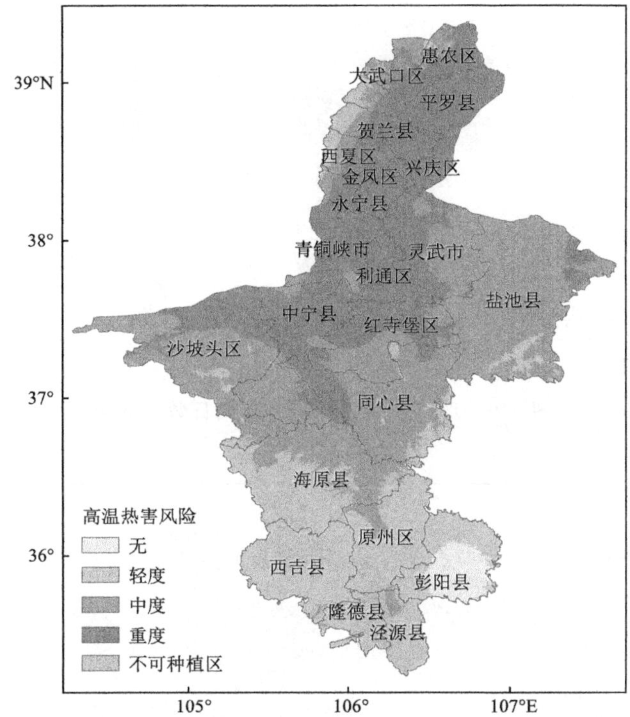

[彩]图 5.8　宁夏马铃薯高温热害风险区划

5.4　暴雨

暴雨是降水强度大的雨，一般指连续 12 h 降雨量 30 mm 以上，或连续 24 h 降雨量 50 mm 以上的降水。暴雨天气会导致马铃薯田间积水、土壤湿度上升，为马铃薯喜湿病害的发生发展提供有利条件，影响马铃薯最终产量和品质。

5.4.1　暴雨时空变化特征

宁夏暴雨具有明显的季节变化特征，由图 5.9 可知，暴雨主要发生在 7—8 月，6 月和 9 月明显偏少，5 月份只是偶尔会出现暴雨。宁夏暴雨具有明显的旬分布特征，最早出现于 5 月中旬，最迟结束于 9 月中旬，从 7 月上旬开始，暴雨发生次数明显增加，到 8 月上旬达到峰值，8 月中旬到 9 月上旬逐步递减，9 月中旬迅速减少。马铃薯的茎叶生长期在 6 月中、下旬，块茎形成在 7 月上旬—8 月上旬，淀粉积累期在 8 月中旬到 9 月中旬，故马铃薯块茎形成期和淀粉积累期出现暴雨的频率较高。

宁夏暴雨空间分布呈现南多北少、东多西少的特征，有 4 个暴雨易发中心（图 5.10），均位于宁夏东南部山区迎风坡或高原迎风坡一侧，分别为泾源县、原州区、海原县、盐池县。宁夏马铃薯主产区主要集中在中南部山区，多为暴雨高发区域。

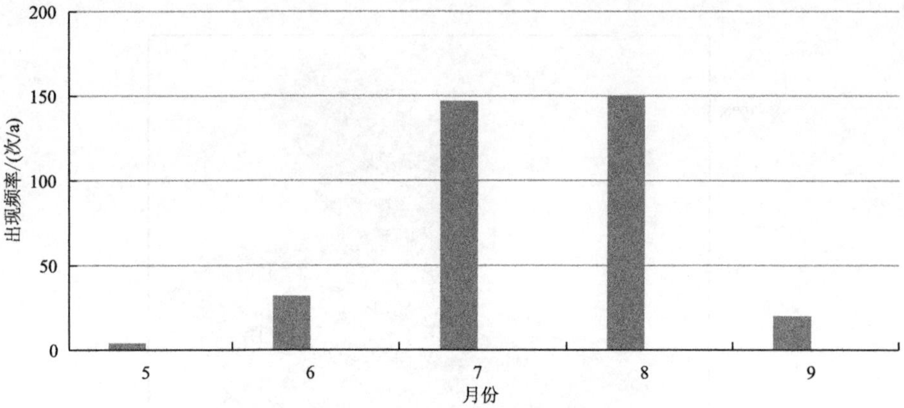

图 5.9　1961—2020 年宁夏暴雨日数月变化

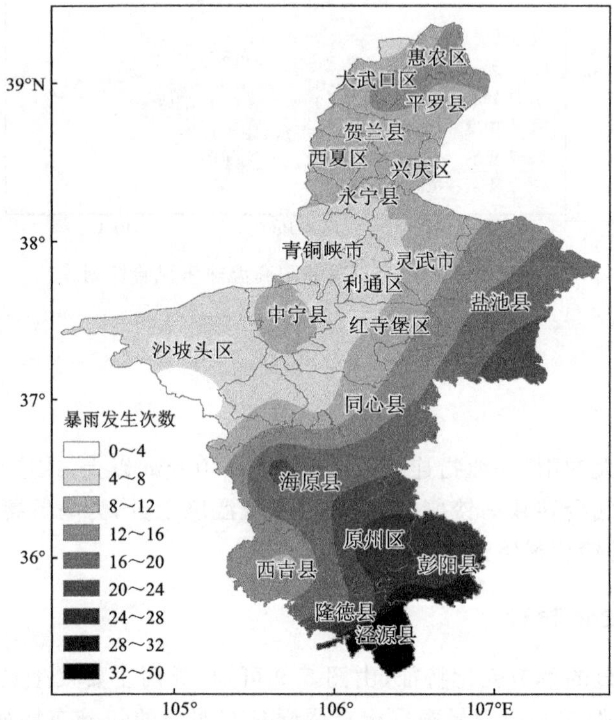

图 5.10　宁夏 1961—2020 年暴雨年平均发生次数空间分布

5.4.2　暴雨历史变化特征

由图 5.11 可知，1961—2020 年，暴雨发生次数呈多—少—多的特点。其中 20 世纪 60—70 年代宁夏年均发生暴雨次数约为 7 次/a；80 年代宁夏年均发生暴雨次数约为 3 次/a；20 世纪 90 年代和 21 世纪 00 年代宁夏年均发生暴雨次数约为 5 次/a；21 世纪 10 年代宁夏年均发生暴雨次数接近 8 次/a。

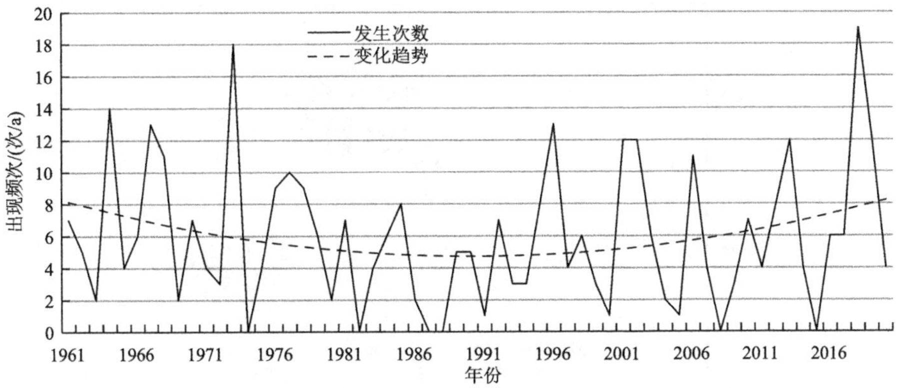

图 5.11　1961—2020 年宁夏暴雨日数年变化

5.4.3　宁夏暴雨灾害风险区划

宁夏暴雨落点分散、持续时间短、强度大、局地性强，危害程度严重。宁夏暴雨发生次数的区域性特点明显，南北差异较大，因此，暴雨造成的灾害分布也有明显的区域性特点(冯建民等，2011；邵建 等，2015)。根据宁夏暴雨发生次数的空间分布特点，并结合宁夏暴雨成灾规律以及不同区域的灾害主要表现形式，对暴雨灾害进行区划，共分为高风险区、中风险区和低风险区三个区。高风险区域主要分布在三个地区：(1)贺兰山沿山、石嘴山市北部地区，该地区为宁夏暴雨的相对高发中心，暴雨引发的山洪、泥石流对下游工农业生产和人民生命财产造成的损失较大；(2)吴忠市东部和东南部、中卫市海原县西南部，固原市原州区和彭阳县两地北部，该区是黄土高原的一部分，以农牧业为主，暴雨发生频率居中，暴雨引发的崩塌对农牧业生产和人民生命财产造成的损失较大；(3)固原市南部地区，该区主要是六盘山山区，为宁夏暴雨的高发中心，暴雨发生频率较高，是宁夏的主要农业生产区域，暴雨引发的山洪、泥石流、崩塌和山体滑坡对农业生产和人民生命财产造成的损失较大。中风险区域主要分布在银川市东部、吴忠市中部和南部、中卫市南部，该区域由黄河冲积平原、鄂尔多斯台地丘陵组成，地势较平坦，暴雨发生频率较低，以农业为主，暴雨灾害较轻。低风险区域主要分布在银川市南部、吴忠市西部和中卫市北部地区(图 5.12)。

5.4.4　暴雨对马铃薯生长的影响

马铃薯的快速膨大期是需水量最多的时期，约占总需水量的 50%左右，土壤含水量为田间持水量的 75%～80%比较适宜。结薯末期，土壤含水量为田间持水量的 60%为宜(金林雪等，2018)。此阶段若水分过多，会出现茎叶疯长、倒伏，还易引发病害。如 2013 年固原市马铃薯播种面积为 13.41 万 hm^2，晚疫病发生面积为 11.09 万 hm^2，占播种面积的 82.7%，产生原因是 2013 年 7 月 3—23 日，各马铃薯晚疫病监测点降水量为 181.4～228.4 mm，降水偏多，植株营养生长迅速，尤其是水肥条件好的田块，7 月下旬遇到暴雨和大风，感病品种整株匍匐在地面，茎秆及下部叶片感病严重，植株下部叶片发病严重甚至整株死亡，马铃薯晚疫病病情迅猛发展(张明红 等，2014)。

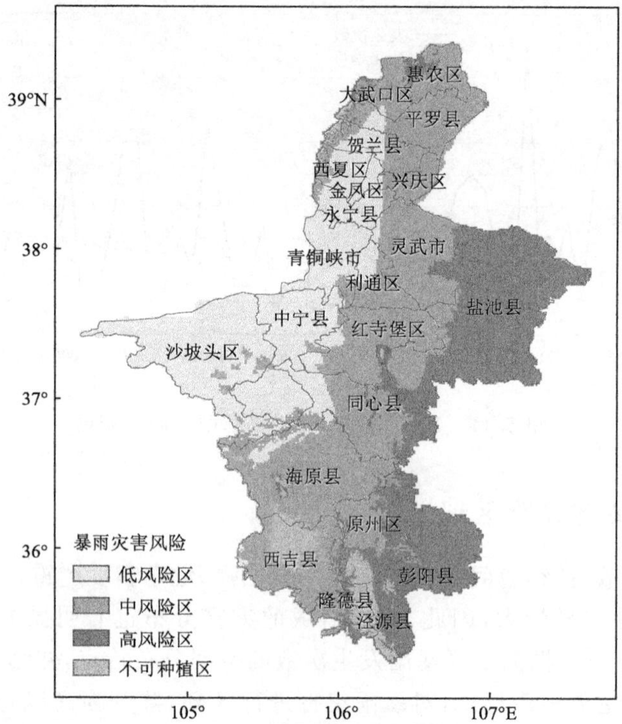

[彩]图 5.12　宁夏暴雨灾害风险区划图

5.4.5　暴雨防御措施

(1)根据积水情况和地势,采用排水机械和挖排水沟等方法,尽快把田间积水和耕层滞水排出去,减少田间积水时间。浅山种植区域容易出现山洪,将地块冲刷成沟壑,为此,应当及时补土填埋沟渠,防止根茎暴露,避免植株失水死亡。

(2)植株经过水淹根系受到损伤,容易倒伏,排水后及时扶正、培直,并洗(擦)去表面的淤泥,以利于光合作用,促进植株生长。

(3)排水后土壤板结,通气不良,水、气、热状况严重失调,要结合锄草进行中耕,以破除板结,防止沤根,同时进行培土,防止倒伏。一般要求中耕 1～2 次。

(4)灾后马铃薯根系吸收能力衰弱,及时追肥对植株恢复生长和增加产量十分有利。在植株恢复生长前,以叶面喷肥为主。每亩可用 30 g 磷酸二氢钾兑水 40 kg 喷施。植株恢复生长后,再进行根部施肥,以减轻涝灾损失。一般每亩追施尿素 5～10 kg,可采取沟施的方式结合第二遍中耕进行。

(5)涝灾过后,田间温度高、湿度大,植株生长衰弱,抗逆性降低,多种病虫害易发生,要及时进行调查和防治。可用多菌灵、福美双,或者 25%甲霜灵可湿性粉剂 600～800 倍液喷雾,或者 64%杀毒矾可湿性粉剂 500 倍液防治早疫病、晚疫病。10%的吡虫啉每亩 100 g,兑水 30～50 kg 防治蚜虫。

5.5　冰雹

冰雹作为宁夏地区最重要的灾害性天气之一，具有局地性强、历时短、年际变化大等特征（陶涛 等，2020）。每年 3—10 月都有不同程度地发生，尤以南部山区最为严重（杨侃 等，2012）。宁夏马铃薯主产区主要集中在南部山区，冰雹是制约该地马铃薯产业发展的主要气象灾害之一。马铃薯生长期遇冰雹，会折损茎叶，植株上出现破损口，使得病菌侵入，影响马铃薯最终产量和品质。冰雹过多造成地温大幅下降，可能会造成马铃薯块茎冻伤或糖化。

5.5.1　冰雹致灾因子特征分析

5.5.1.1　冰雹灾害时间特征分布

（1）冰雹日数年际变化特征

1978—2020 年，宁夏全区、引黄灌区、中部干旱带和南部山区年冰雹日数分别为 20.6 d、6.4 d、3.2 d 和 11.0 d。从年际变化看，宁夏全区、引黄灌区、中部干旱带和南部山区冰雹日数均呈减少趋势，减少速率分别为 7.2 d/(10 a)、2.2 d/(10 a)、1.0 d/(10 a)和 3.9 d/(10 a)。宁夏全区发生冰雹日数 40 d 以上的年份分别为 1983 年、1984 年、1985 年、1987 年和 2020 年，灌区年雹日极大值出现在 1984 年，中部干旱带出现在 1978 和 1990 年，南部山区出现在 1984 年。1978—1990 年、1991—2000 年、2001—2010 年、2011—2020 年宁夏年平均雹日数分别为 37.7 d、14.3 d、11.2 d、14.2 d。可以看出，1978—1990 年属于冰雹的高发期，1991—2020 年冰雹日数整体较 1991 年前明显降低，但 2011—2020 年较 2001—2010 年冰雹日数明显增多，灾害性随之增强（图 5.13）。

（2）宁夏各月冰雹日数分布特征

宁夏冰雹天气的发生具有季节性强、雹日高度集中的特点。由图 5.14 可知，宁夏地区冰雹一般出现在 3—10 月，集中出现在 5—9 月，其中 7 月出现次数最多，6 月次之，3 月最少。其中，北部引黄灌区分布在 3—10 月，集中出现在 6—8 月，7 月最多；中部干旱带分布在 4—10 月，集中出现在 5—7 月；南部山区出现在 3—10 月，集中出现在 5—9 月。总体上，冰雹出现在春夏秋三季，但多发期出现在春夏之交、夏季和夏秋之交。

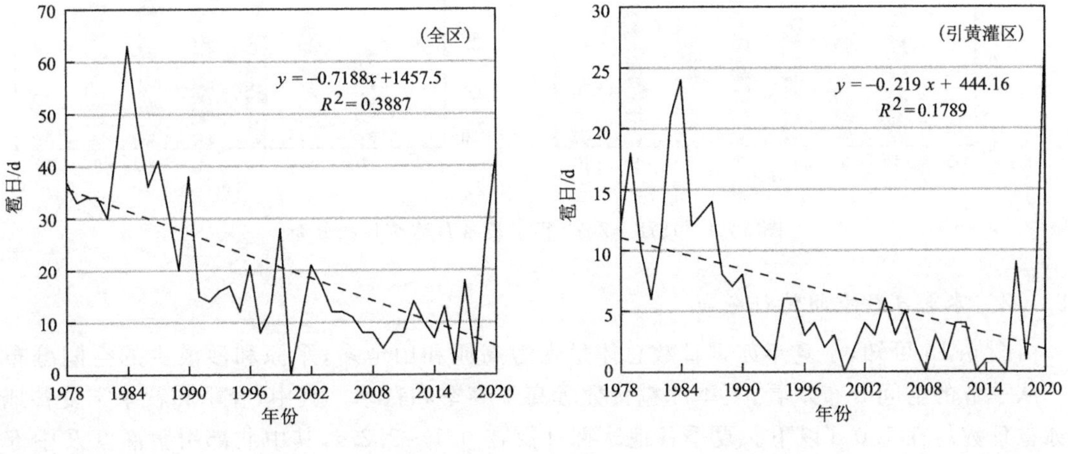

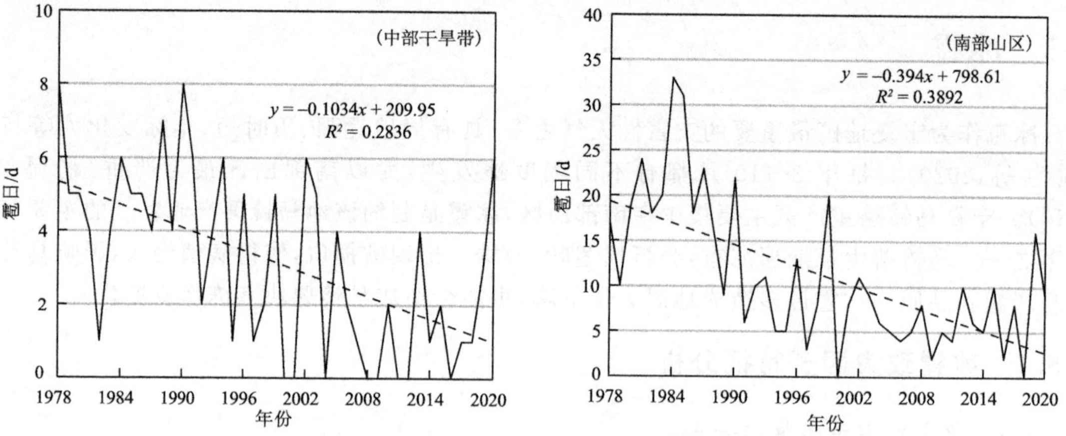

图 5.13　1978—2020 年宁夏地区年冰雹日数变化

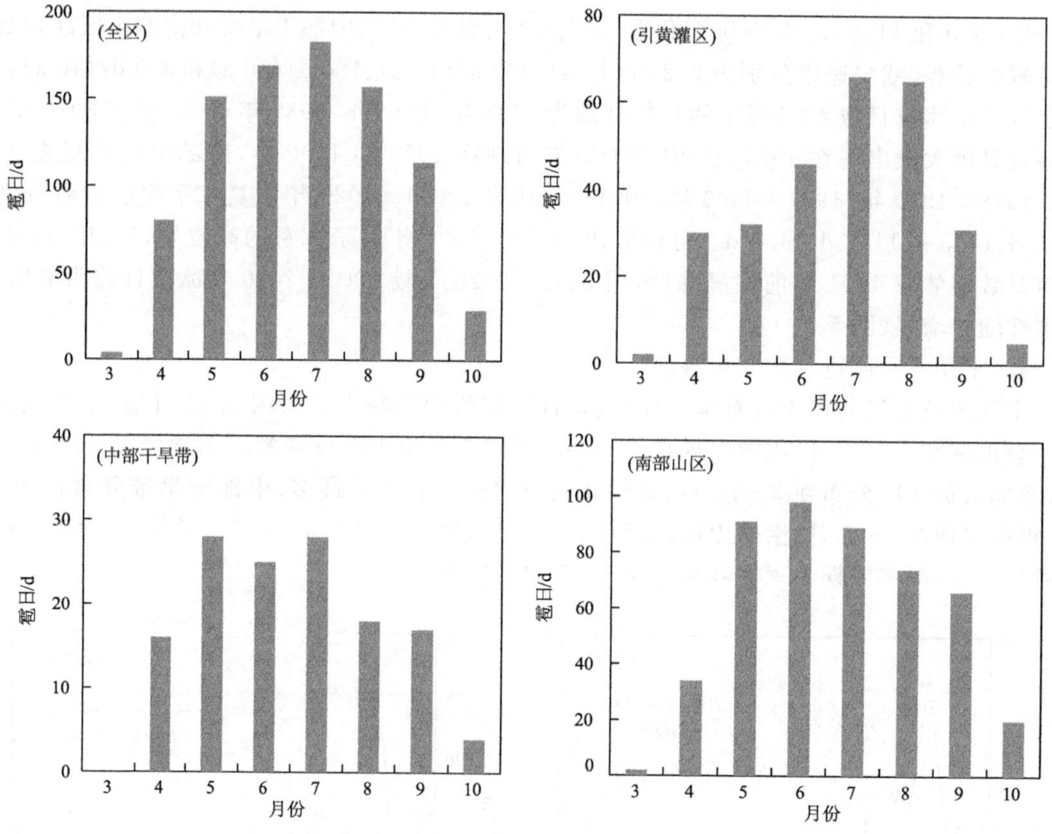

图 5.14　1978—2020 年宁夏各月冰雹日数分布

5.5.1.2　冰雹日数空间特征分布

由图 5.15 可知，宁夏年冰雹日数总体呈现为高原和山地多，平原和沙漠少的空间分布特征。从季节的空间分布来看，夏季冰雹日数远高于春季和秋季。其中，春季和秋季宁夏各地的年冰雹日数均在 1.0 d 以下。夏季各地冰雹日数在 0.1～2.2 d，其中北部引黄灌区及中部干旱带的大部区域为冰雹少发区，冰雹日数在 0.5 d 以下；贺兰山沿山和海原县的大部区域为 0.5～1.0 d；西吉县大部、原州区西南部在 1.0～1.5 d；贺兰山和六盘山周边区域超过 1.5 d 以上。

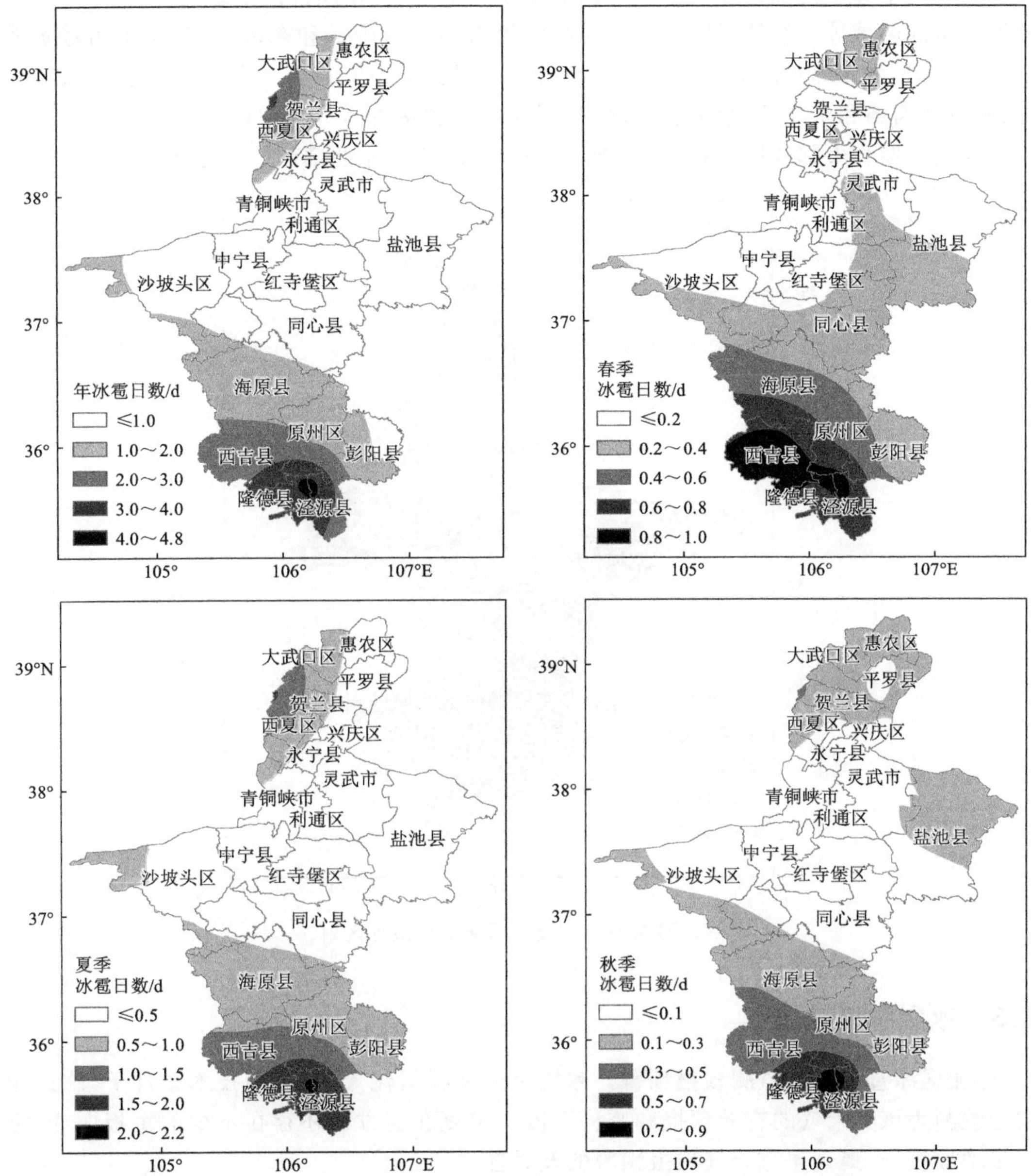

图 5.15　宁夏年冰雹日数及各季节冰雹日数空间分布

5.5.2　冰雹灾害风险区划

有研究表明，宁夏冰雹的源地和激发区主要分布在贺兰山上，沿西北—东南方向冰雹路径主要有 8 条(张晓煜 等，2022)。选取冰雹日数作为致灾因子、海拔作为孕灾环境开展冰雹灾害风险区划(图 5.16)。冰雹事件的发生与地形关系密切,高风险区主要分布在贺兰山、罗山、香山、麻黄山、六盘山等海拔较高的地区。较高风险区主要分布在石嘴山市西部及银川市西部靠近贺兰山沿山区域,吴忠市红寺堡区南部、同心县中北部和东部的大部区域、盐池县南部,中卫市沙坡头区中部和南部、海原县大部、固原市原州区大部、彭阳县西部和北部,西吉县大部以及泾源县东部区域等。较低风险主要分布在银川市灵武市中部和东部区域,中卫市沙坡头区西北部,中宁县西北部及南部、海原县东部,吴忠市青铜峡市东南部、利通区西南部、红寺堡区大部、同心县西部和东北部、盐池县大部,彭阳县东部和南部等。低风险区主要分布在石嘴山市惠农区及平罗县大部区域,银川市大部,中卫市沙坡头区东北部和中宁县北部。

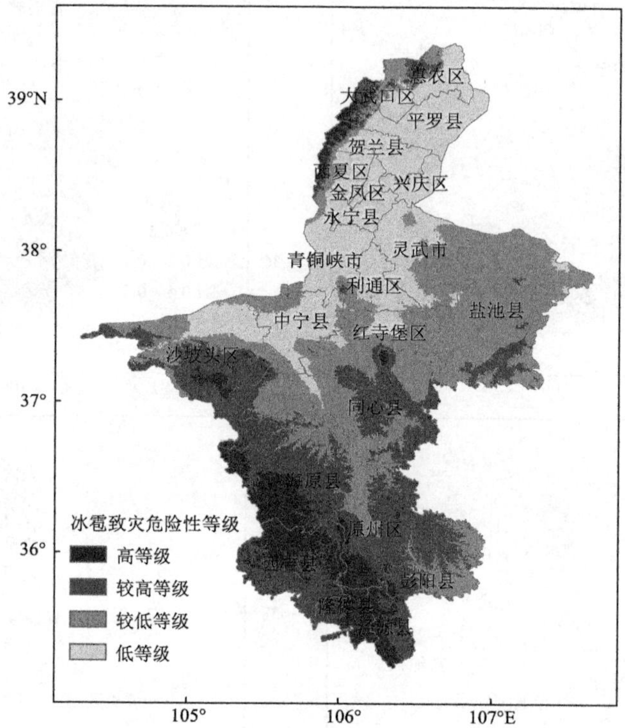

[彩]图 5.16　宁夏冰雹致灾危险性区划

5.5.3　冰雹防御措施

(1)加强冰雹天气的监测预报预警。冰雹为典型强对流天气,当前技术条件下,临近预报和雷达监测为该类天气的有效预报和监测手段。宁夏在这方面还存在不少的短板弱项,需要进一步增加投入,提升冰雹天气预报预警的及时性。

(2)积极开展人工防雹工作。成立专门防雹作业队伍,完善无缝防雹作业网络,提升精准防雹作业及指挥能力;强化多部门协调配合,提高空域申请管控效率。

(3)强化雹灾后田间管理。冰雹通常夹杂着强降水,对于降水量较大的低洼田地,若存在积水,需尽快排水;雹灾后不要人为对植株绑扶,让植株自行恢复,但可以及时剪去枯叶和受损严重烂叶,以促进新叶生长;灾后应尽快中耕松土,及时施肥,使马铃薯尽快恢复生长。

5.6 连阴雨

连阴雨指连续 3～5 d 以上的阴雨天气现象（中间可以有短暂的日照时间）。连阴雨天气的日降水量可以是小雨、中雨，也可以是大雨或暴雨。在全国马铃薯种植区内，连阴雨一年四季都有可能发生，对农业影响最大的是初夏和秋季连阴雨，持续低温、连绵阴雨、寡照天气，为马铃薯晚疫病的发生和流行提供了适宜条件。连阴雨不仅不利于马铃薯的生长，也给病害防治带来困难。持续阴雨、低温寡照不利于马铃薯块茎膨大，影响产量，且大薯率减少，影响商品性和产值（黄振霖，2013）。在甘肃临洮，连阴雨容易导致晚疫病的发生，晚疫病成为影响马铃薯产量的重要因素，发生频次高、危害大，而晚疫病的发生发展和气象条件息息相关，在 7 月高温高湿的条件下，晚疫病极易发生发展（郑喜云，2012）。另外，连阴雨可能导致田间积水，土壤湿度增大，诱发马铃薯癌肿病，导致马铃薯腐烂，不利于马铃薯淀粉积累，同时对马铃薯贮藏不利（陈勇梅，2018；汪宗成，2018）。在采收期遇到连阴雨天气时，不及时收获会造成马铃薯烂薯，尤其是覆膜的马铃薯，当马铃薯田间茎叶黄枯后块茎更容易腐烂。广西在 12 月可能出现连阴雨，造成冬种马铃薯霉烂变质，影响马铃薯品质（韦剑锋 等，2011）。

宁夏大陆性气候特征明显，一年中干季时间长，湿季时间短，降雨集中在 7—9 月，连阴雨天气也主要发生在湿季内，7—9 月出现连阴雨天气最多，约占全年连阴雨过程总数的三分之二，10 月次之。干季中发生连阴雨过程很少。一年中（3—10 月）至少有 4 次连阴雨过程发生，出现 5～6 次的概率最大，最多一年中发生 9 次连阴雨过程。冯建民等（2011）研究发现，宁夏连阴雨（雪）过程自北向南增加，夏季出现频次最多，冬季最少，1961—2010 年间，春、夏、秋三季的连阴雨（雪）过程呈下降趋势，冬季呈上升趋势。宁夏的降雨集中在 7—9 月，连阴雨天气也主要发生在湿季内，干季中发生连阴雨过程甚少。夏季连绵阴雨，往往伴有低温，对作物生长发育有一定影响。秋季连阴雨易导致作物出现瘪粒和霉烂，对作物的收获也造成影响。此外，秋季连阴雨给干旱的区域带来持续降水，增加土壤水分储量，是来年春播作物所必需的底墒，因而也具有有益于农业生产的方面（张智 等，2010）。在宁夏马铃薯农业气象服务中，没有单独设立马铃薯的连阴雨灾害指标。

宁夏全区性连阴雨长度（即持续天数）一般在 3～6 d，其中 3～5 d 的过程占过程总数的 83%，说明宁夏连阴雨时长一般都比较短。也有 8～9 d 以至更长的过程，最长的连阴雨过程持续 14 d。宁夏连阴雨平均过程雨量一般在 30 mm 以下，其中 30 mm 以下的连阴雨过程占了总过程数的 70%以上，10～30 mm 的过程占总过程数的 53%，而<10 mm 的过程占 20%。说明宁夏连阴雨的过程雨量一般都较小。超过 50 mm 以上的过程仅有 8 次，这些过程中大多伴有暴雨过程，最大一次平均过程雨量达 97.5 mm。

分析 1961 年以来连阴雨的情况，宁夏主要站共出现连阴雨（雪）过程 4573 站次，平均每站 4.8 次，自北向南逐渐增加，惠农出现最少，年平均为 2.0 次，隆德最多。为 12.3 次。从季节看，夏季出现最多，占总数的 41.8%，其次是秋季，占 27.2%。宁夏连阴雨过程的平均持续时间为 4.2 d，各地为 3.7～4.8 d，自北向南递增，最长的是泾源，为 4.8 d，最短的是惠农，为 3.7 d。近 50 a 来最长持续时间为 20 d，出现在泾源的 1975 年 8 月 25 日至 9 月 13 日。宁夏连阴雨过程平均降水量为 21.4 mm，各地在 16.1～29.8 mm，也呈自北向南增加的分布态势。50 年来连阴雨过程最大降水量为 188.8 mm，出现在固原的 1966 年 8 月 29 日至 9 月 2 日，降水强度为 37.8 mm/d。

5.6.1 宁夏马铃薯连阴雨灾害指标

不同地区连阴雨标准可能不同。如甘肃省的连阴雨指标为，轻度：3 d≤连阴雨天数<5 d；中度：5 d≤连阴雨天数<7 d；重度：连阴雨天数≥7 d。宁夏天气预报业务工作中，将连阴雨的指标规定为：全区自北向南 6 个站（石嘴山、银川、中宁、同心，固原和泾源）中有 4 个站或 4 个以上站出现连续 3 d 或 3 d 以上雨日（所谓“雨日”，是指日雨量≥0.1 mm，日平均总云量≥8 成，或者日雨量<0.1 mm，但日照时数<5 h），为一次全区性连阴雨过程，如果 3 d 中间 1 d 是非雨日，但该日的平均总云量≥8 成，亦称作一次连阴雨过程；连续 5 d 以上的过程，其中至少要有三个连续雨日，不允许有连续两个非雨日。由于以上规定是针对全区的一次连阴雨过程，针对某一站或者某一区域，我们认为，当连续 3 d 或 3 d 以上日降水≥0.1 mm，日平均总云量≥8 成，为一次连阴雨过程，如果 3 d 中间有 1 d 是非雨日，但该日的平均总云量≥8 成，也算一次连阴雨；连续 5 d 以上的，其中至少要有 3 个连续雨日，不允许有连续两个非雨日（冯建民等，2011）。

不同时期、不同状况下连阴雨对马铃薯的影响是不一样的。在宁夏，春季或者马铃薯出苗前，阴雨对于增加土壤水分、解除旱情以及马铃薯出苗都有利，不能算作灾害性天气。当前期土壤湿度已经较大时，连阴雨易导致农田积水，导致马铃薯腐烂。另外，研究发现，苗期至现蕾开花期的气温、降水、相对湿度、日照时数等气象条件是马铃薯晚疫病发生的决定性因素，在温度条件适宜的情况下，阴雨连绵、高湿情况下最有利于晚疫病的发生和流行（彭九慧 等，2009）。宁夏马铃薯出苗一般在 5 月中下旬，开花期一般在 6 月下旬到 7 月上中旬，开花结束后马铃薯处于块膨大期，直至 10 月上中旬收获。在开花前马铃薯处于苗期，连阴雨相对较少，7 月至 8 月上旬正值宁夏马铃薯开花期，是马铃薯晚疫病发生发展的关键期，期间连阴雨多发易引发晚疫病，对马铃薯生长发育影响较大，以 7—9 月发生连阴雨次数为连阴雨风险区划的指标，将连阴雨风险划分为三个等级，低风险、中风险和高风险（表 5.5）。

表 5.5 宁夏马铃薯连阴雨风险区划指标

统计时段	致灾指标	成灾等级
7—9 月	连阴雨过程次数≤1	低风险
	1<连阴雨过程次数≤2	中风险
	2<连阴雨过程次数	高风险

5.6.2 宁夏马铃薯连阴雨风险区划

按照宁夏马铃薯连阴雨风险区划指标对马铃薯连阴雨风险进行区划。由图 5.17 可见，宁夏连阴雨气象灾害风险等级整体呈现南高北低的分布特征，其中高风险区域主要集中在固原市原州区、隆德县、彭阳县和泾源县，高发中心位于南部地区六盘山东麓的泾源县，六盘山东麓泾源县连阴雨发生次数明显多于西麓隆德县，这是因为六盘山东南坡是暖湿空气进入宁夏的主要通道（张智 等，2010）。另外，海原县海城镇也是高风险区域，其原因可能是海原县海城镇距南华山较近，7—9 月连阴雨多发；中风险区域主要集中在西吉县西北部、海原县大部、同心县南部和盐池县南部麻黄山；较低风险区主要集中在石嘴山市全市、银川市全市、吴忠市利通区、青铜峡市、红寺堡区、盐池县大部和同心县中北部。

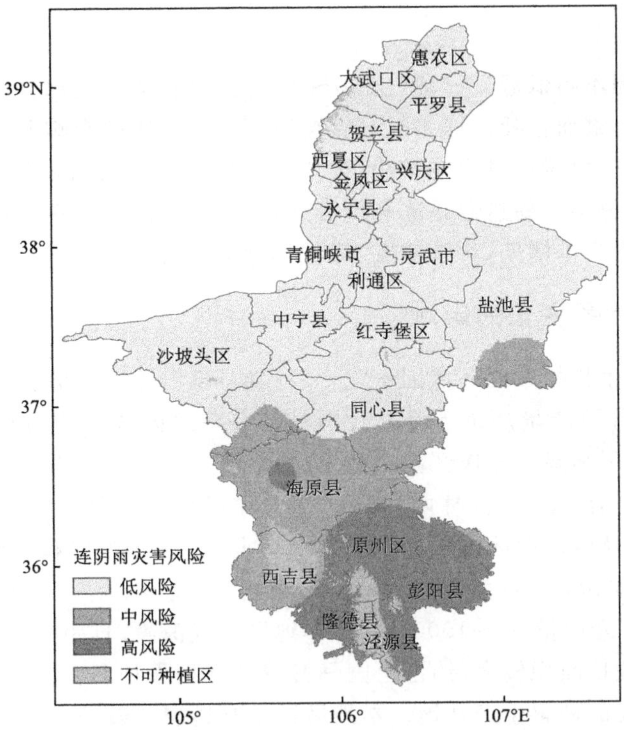

[彩]图 5.17 马铃薯连阴雨灾害风险区划

5.6.3 马铃薯连阴雨灾害防御

连阴雨本身对马铃薯生长发育有一定影响,过程期间降水量大,马铃薯植株生长旺盛,易徒长。另外,连阴雨易引发马铃薯茎腐病、晚疫病等病害,需重点防治。

(1)关注天气预报,雨前做好清沟排涝准备,雨后及时排涝。

(2)雨后种植户需加强田间巡检,发现病害及时防控。强化田间管理,保持通风透光和降低田间湿度。

(3)防治晚疫病。马铃薯晚疫病主要在于预防,特别是遇上连阴雨天气,选择合适的药剂进行防治,还需注意连阴雨造成难以下地、打不上药的状况出现。勤巡田,一旦发现马铃薯晚疫病中心病株,可拔除病株装入塑料袋带出田间,并及时采用化学药剂进行防治(张秀云 等,2021)。

(4)预防早疫病。一般在马铃薯盛花期后,田间下部叶片早疫病的病斑率达到 5%时,进行早疫病的初次用药,以后每隔 7～10 d 喷施一次,直至收获,喷药时需喷施到叶片的正反两面,以保证施药效果。在块茎发生早疫病较严重的地方,马铃薯收获后,用代森锰锌药液喷施块茎,可有效防止贮藏期块茎腐烂(夏善勇,2023)。

(5)降水量大的情况下,马铃薯植株生长旺盛,易徒长,可及时喷施控旺剂,少施氮肥,多施低氮高钾肥,促进膨果,提高产量。

5.7　霜冻

马铃薯喜冷凉，但不耐低温。一般气温 0～2 ℃时，马铃薯地上部分即可受冻，叶片和茎秆组织出现水浸状损伤，继而枯死。冻害对马铃薯不同发育阶段的影响不同。马铃薯苗期、薯块膨大中后期遭遇霜冻一般对产量影响较小，薯块形成期遭遇冻害将严重影响产量，甚至绝收。宁夏中南部地区马铃薯早春易遭遇霜冻和倒春寒，应选用耐冻或早熟品种，同时结合气候预测及田间实际情况，合理安排播期，科学避灾，降低低温冻害发生风险。

5.7.1　霜冻对马铃薯生长的影响

温度是影响作物生长的重要环境因子之一，特别是低温霜冻不但影响作物的生长发育，甚至造成作物的死亡，导致产量严重下降。我国马铃薯栽培区域划分为北方一作区，中原二作区，西南单、双季混作区和南方冬作区两个栽培区域(金黎平 等，2003；魏亮，2012)。其中北方一作区包括东北地区的黑龙江、吉林两省和辽宁省除辽东半岛以外的大部，华北地区河北北部、山西北部、内蒙古及西北地区的宁夏、甘肃、陕西北部，青海东部和新疆天山以北地区。本区气象特点是无霜期短，一般为 110～170 d，年平均温度为 －4～10 ℃，≥5 ℃积温为 2000～3500 ℃·d，年降雨量 50～1000 mm。本地区气候凉爽，日照充足，昼夜温差大，适于马铃薯生长发育，因而栽培面积较大，约占全国马铃薯总栽培面积的 50%以上，是我国马铃薯主要产区，成为我国重要的种薯生产基地。本地区种植马铃薯一般是一年只栽培一季，为春播秋收的夏作类型。每年的 4—5 月份播种，9—10 月份收获。北方一作区早春的晚霜、低温、突发性的寒流对马铃薯生长具有严重的影响，常常造成马铃薯的冻害，影响马铃薯的产量。发芽的种薯在土温低于 5 ℃时就停止生长，低温时间稍长则容易造成烂薯或“梦生薯”、不出苗或出苗不齐，出苗后遇到寒流，幼苗即受冻害，部分茎叶受冻变黑而干枯。马铃薯在各个生长时期都会遭遇霜冻，如果霜冻发生在最易受破坏的开花期后或组织建成期，马铃薯产量会严重下降(金黎平 等，2003)。Hijmans 等(1999)对秘鲁及玻利维亚高原地区种植的马铃薯进行了研究，平均每 3 年就有 25%种植面积的马铃薯遭受极端的低温霜冻(－2 ℃)危害。根据 2005 年南非农业风险专家统计，过去 8 年中由于低温霜冻导致马铃薯总产量损失了 10%，价值超过 400 万美元。近几年来，我国南方冬作区四川、贵州、广西、广东等地也相继发生了不同程度的低温霜冻，特别是 2008 年的特大低温霜冻灾害中南方各地的马铃薯受灾面积达到了 40.93 万 hm^2左右，造成直接经济损失 10 亿元左右，给马铃薯种植造成了严重的经济损失(李飞 等，2008)。

宁夏南部地处中国北方干旱与半干旱区、荒漠与草原的过渡地带，生态环境脆弱，气象灾害频发，常造成马铃薯产量低而不稳(Tao et al.，2008；杨建玲 等，2012；吴志岐 等，2023)。特别是山区马铃薯生长期间常遭受霜冻灾害的影响，造成马铃薯年际间生育进程、生长性状和产量出现剧烈波动，甚至个别年份出现绝产现象(武艳娟 等，2008)。马铃薯喜冷凉但不耐霜冻，国内外很多学者对此展开研究，刘浩等(2008)应用露地自然霜冻法，对宁夏西吉县几十种马铃薯主栽品种进行了耐霜冻田间实验，得出耐霜、中等耐霜品种，还没有发现强耐霜品种。丁红映等(2019)采用电导率法和田间自然霜冻法进行鉴定，用隶属函数法和聚类分析法对 103 份马铃薯种质资源的耐寒性进行分析，得到 16 份耐寒性较好的材料，半致死温度为－3～－2 ℃，为培育耐霜冻马铃薯提供技术支撑;胡晓黎等(2019)利用多年马铃薯生育期监测资料和气象观测资料对比分析,结合多元回归分析计算结果得到了春季晚霜冻指标。

5.7.2　马铃薯霜冻等级指标

作物霜冻害发生等级取决于最低气温、最低叶温和作物受害程度等因素[《作物霜冻害等级》(QX/T 88—2008)]。由于日最低气温(T_{min})与最低叶温、作物受害程度和减产率有密切的关系,而且该气象数据容易观测和获取,因此,采用日最低气温作物霜冻害的指标。宁夏马铃薯主要受晚霜冻灾害,所以主要考虑马铃薯的苗期霜冻。马铃薯苗期主要集中在 5 月上旬—下旬。当苗期最低气温低于−1 ℃时,马铃薯受到轻度霜冻灾害;当 $T_{min}<-3$ ℃时,马铃薯幼苗受到严重霜冻害影响,达重度霜冻。成灾等级从无至重度,分别对应成灾程度为无、轻度、中度、重度(表 5.6)。

表 5.6　马铃薯苗期霜冻害程度指标

致灾因子	统计时段	成灾指标	成灾等级
日最低气温 T_{min}/℃	5 月上旬至 5 月下旬	$T_{min}\geqslant-1$	无
		$-2\leqslant T_{min}<-1$	轻度
		$-3\leqslant T_{min}<-2$	中度
		$T_{min}<-3$	重度

5.7.3　马铃薯霜冻风险区划

霜冻害与低温日数和极端低温密切相关,某地低温日数的多少、极端低温的高低,都表征着其冷害程度。基于识别的马铃薯苗期霜冻灾害事件,确定霜冻灾害致灾因子为持续时间和强度,持续时间选取霜冻日数,强度选取霜冻过程极端最低气温和平均最低气温。因此选取 5 月上旬—下旬日最低气温≤−1 ℃天数和霜冻过程极端最低气温及平均最低气温作为致灾因子危险性分析的基本指标。

作为致灾因子危险性分析的基本指标(图 5.18),可以看出宁夏马铃薯苗期霜冻极端最低气温的空间分布整体呈现北高南低的特征,区域差异明显,霜冻过程极端低温低值区主要集中在贺兰山沿山和固原西南部,低于−6 ℃。灌区大部极端低温在−4 ℃以上,中部干旱带大部为−6～−4 ℃。南部山区大部都低于−4 ℃,仅彭阳南部高于−4 ℃。从多年霜冻过程平均最低气温可以看出,中北部大部平均最低气温均在 0 ℃以上,仅贺兰山沿山温度较低,低于 0 ℃。南部山区大部在 0 ℃以下,尤其西吉南部、隆德平均最低气温低于−1 ℃。

根据马铃薯苗期霜冻指标统计 1981—2020 年霜冻灾害过程(图 5.19),中北部大部累计霜冻日数低于 10 d,由于贺兰山是高山站,霜冻日数较多。中部干旱带沙坡头南部、同心南部、海原北部及麻黄山一带累计霜冻日数在 10～20 d;海原南部及固原市大部在 20 d 以上,西吉、隆德及泾源大部在 30 d 以上,西吉南部和隆德是马铃薯主要种植区霜冻累计日数高值区,达 40 d 以上。

统计了中南部山区 1981—2020 年马铃薯苗期霜冻过程气象要素(表 5.7),可以看出中南部山区马铃薯苗期霜冻日数的空间分布整体呈现南多北少、西多东少的特征,极端低温呈北高南低、西低东高的特点。霜冻日数多、低温程度重的区域主要在马铃薯种植集中区域,如兴仁、西吉、隆德等地。由于海拔对温度影响较大,海拔越高,气温越低。根据霜冻日数和低温程度

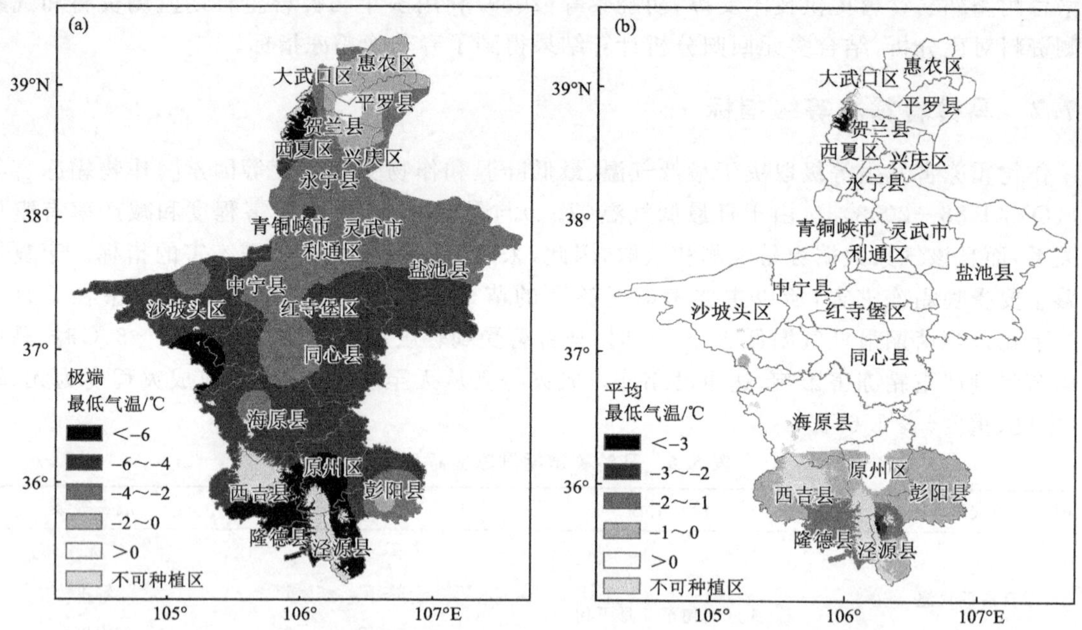

图 5.18　1981—2020 年马铃薯苗期极端最低气温(a)和平均最低气温(b)分布

图 5.19　1981—2020 年马铃薯苗期年平均霜冻日数

分布也可以看出，海拔越高霜冻日数越多、低温程度越重，海拔越低霜冻日数越少、低温程度越轻。在气候变暖背景下，春季温度偏高，马铃薯种植时间提前，相应苗期也提前，受霜冻风险会增加。

表 5.7　1981—2020 年中南部山区马铃薯苗期年平均霜冻日数及极端最低气温

站点名称	霜冻日数/d	极端最低气温/℃	平均最低气温/℃
同心	2	−3.1	0.3
韦州	5	−5.8	3.1
盐池	6	−3.8	2.2
麻黄山	12	−4.7	−0.1
兴仁	24	−7.5	1.6
海原	13	−3.6	1.5
固原	15	−6.4	1.4
彭阳	2	−1.5	−0.1
西吉	37	−6	−1.1
隆德	43	−7.4	−1.3
泾源	19	−5.7	0.0

利用霜冻日数、霜冻过程极端最低气温和平均最低气温归一化后的三个致灾因子指数，根据层次分析法和专家打分法分别确定权重系数，综合计算马铃薯苗期霜冻气象风险等级。由图 5.20 可以看出，灌区贺兰山沿山为低～高风险等级，海拔越高，风险等级越高，但此区域不种植马铃薯。中部干旱带中卫、兴仁、盐池、麻黄山、韦州、海原等为低风险等级。南部山区为马铃薯主要种植区，固原、彭阳大部为低风险等级，原州区南部及西吉、泾源大部为中风险等级，西吉南部、泾源北部和隆德大部为高风险等级。

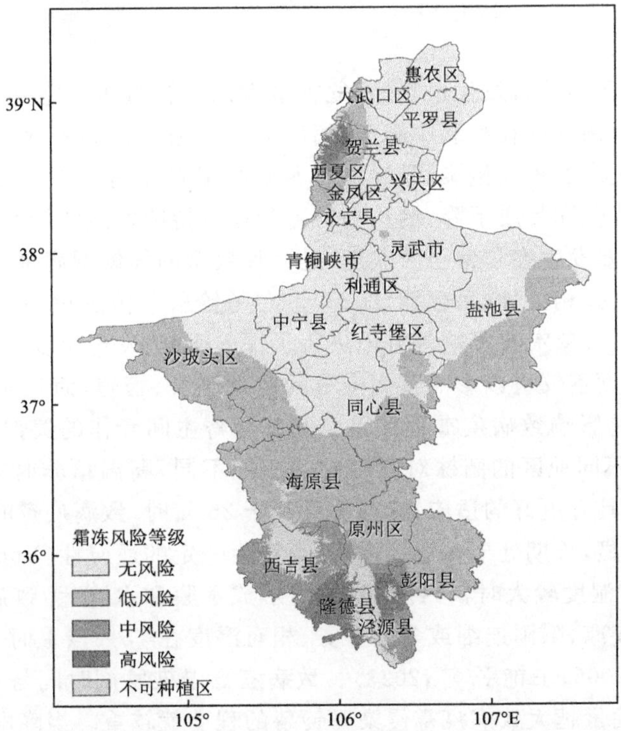

[彩]图 5.20　马铃薯苗期霜冻气象风险等级

5.7.4 马铃薯苗期霜冻防御对策

针对霜冻灾害,可以通过栽培管理手段防御减轻其对马铃薯生长发育的影响。

(1)合理安排播期。马铃薯喜冷凉,但不耐低温。一般气温低于 0 ℃时,马铃薯地上部分易受冻,叶片和茎秆组织出现水浸状损伤,继而枯死。冻害对马铃薯不同发育阶段的影响不同。因此,应依据气候预测情况,合理安排播期,科学避灾,降低冻害发生风险。

(2)做好冻害预防。根据天气预报,在低温来临前,可在田间采取灌水、覆盖、培土等措施,减轻低温危害。灌水,低温来临前一天在垄沟灌水约三分之二,利用水的比热提高田间温度。低温过后立即排水,以免造成渍害。有条件的地区建议改沟灌为喷灌;覆盖,低温来临前,可采用稻草、秸秆、地膜等进行覆盖;培土,低温来临前及时进行田间培土,覆膜马铃薯应在膜上覆土。同时可追施火土肥、草木灰等热性农家肥,提高防寒防冻能力;喷施防冻剂,低温来临前喷施适合的植物防冻剂溶液,增强植株耐冻性。

(3)加强冻后管理。冻害发生后,应及时采取措施,降低灾害损失。田间管理,受冻害较轻地块及时清除地上部分冻死枝叶,抢晴中耕,疏松土壤,提高地温,促进马铃薯生长发育。肥药管理,喷洒有效药剂,预防枝条腐烂及马铃薯晚疫病、黑痣病等病害发生。天气回暖后,每公顷追施 225 kg 尿素和 0.2%～0.5%的磷酸二氢钾 900～1200 kg,喷施浓度为 3～5 ppm(10^{-6},百万分之一)的农用赤霉素等灾后恢复剂(须按说明施用),促进新芽萌发生长。此外,现蕾或花期马铃薯遇到低温,如下部叶片受冻较轻,及时去掉上部冻死枝叶,每公顷叶面喷施 0.2%～0.5%的磷酸二氢钾 900～1200 kg,增强光合作用,延缓叶片衰老,尽量减少产量损失。

5.8 晚疫病

晚疫病是宁夏地区马铃薯发生最普遍、危害最大的一种病害。它是由致病疫霉引起的一种毁灭性病害,主要以菌丝体在种薯中越冬,病菌的菌丝随着带病种薯播种发芽而活动,逐步从病薯侵染幼芽,经过多次重复侵染,最终形成典型的田间发病中心,导致马铃薯茎叶枯死和块茎腐烂,造成产量降低和品质下降,制约马铃薯产业可持续发展和转型(王喜刚 等,2022)。

马铃薯晚疫病主要发生在孕蕾至收获期,是一种典型的气候型病害,与气象因子尤其是温度、湿度及降雨量具有强相关性(岳建娜,2023)。在马铃薯种植过程中,不少专家学者从马铃薯生长的气候适应性、气象灾害影响等方面进行了深入研究,发现温度和湿度是引发马铃薯晚疫病的主要原因。温度不仅可以影响致病疫霉的菌丝生长、繁殖,而且对其产袍能力、袍子萌发等均有较大影响,是影响致病疫霉生存繁殖及其与寄主间互作的关键因素(周阳 等,2014;Eyre et al.,2014)。不同地区的菌株对温度的适应性不同,高温培养时来自温暖地区的菌株比寒冷地区个体明显具有更好的适应性,当温度高于 25 ℃时,致病疫霉的菌丝生长变慢,且温度越高这种现象越明显,长期处于高温环境时,会产生一定的适应性(Yang et al.,2016;Wu et al.,2020)。空气相对湿度较大时,马铃薯叶片易形成水膜和水滴,为致病疫霉的生长和传播提供有利条件,日暖夜凉、阴雨连绵或多露多雾、相对湿度在 75%以上时,晚疫病容易侵入、传染、流行(丁海滨 等,2006;王艳平 等,2023)。致病疫霉侵染发病时间与年降雨量最大值出现的时间一致,并且降雨量越大致病疫霉侵染马铃薯的程度就越重。当降雨日数在 5 d 以上,并且相对湿度连续 6 d 以上超过 75%,一般会在 5～10 d 后会发生晚疫病,以此作为凉山地区马铃薯晚疫病防治的预警指标(曹艳秋 等,2008);当田间持续 5～7 d 相对湿度大于 85%以上,即可引起晚疫病发生(刘玉华 等,2007);在其他条件适宜时,通常连续 3～4 d 空气湿度超过 72%时,10 d 之内就可能在田间发现中心病株,同时发现降雨和雾露天气是增加和保持相对湿度的前提条件(谭宗九 等,2001)。贵州省的冬种马铃薯连续 3 d 及以上日平均气温≤18 ℃,且相对湿度>75%时,第 4 d 及以后,若日平均湿度>18 ℃、相对湿度>80%,晚疫病开始发生(蒋仕华 等,2022)。当温度低于 7 ℃时,晚疫病菌不能正常生长,即使相对湿度达到了其生长发育所必需的要求(RH>90%)也不会有晚疫病发生的可能。当温度偏高,相对湿度达到 90%以上的持续时间越长,晚疫病发生的程度越严重。例如,在湿润期间,当平均温度为 7 ℃时,只有当湿润期达到 16 h 30 min 以上才可能发生轻微的晚疫病侵害,湿润期持续的时间在 25 h 30 min 以上,即会发生极严重的晚疫病侵害,而当湿润期间的平均温度较高时,即使持续时间相对较短,也可以发生极为严重的晚疫病侵害(表 5.8)。

表 5.8　马铃薯晚疫病等级与相对湿度、气温关系

湿润期间平均温度/℃	7	8	9	10	11	12	13	14	15	16	17	18	晚疫病程度
湿润期(RH>90%)持续的时间/h	16.3	16	15.3	15	14.0	13.3	13.0	11.3	10.4				轻度
	19.3	19	18.3	18	17.3	17.0	16.0	15.0	14.0	13	12	11	中度
	22.3	22	21.3	21	20.3	19.3	19.0	18.0	17.0	16	15	14	重度
	25.3	25	24.3	24	23.3	22.3	21.3	21.0	20.0	19	18	17	特重

在具体的马铃薯晚疫病气象保障服务中,综合考虑了空气相对湿度和日平均气温两项指标,通过权重赋值获得综合等级判断模型:

$$G = 0.6G_{RH} + 0.4G_{T} \tag{5.5}$$

式中:G 为马铃薯晚疫病气象综合等级;G_{RH} 为平均相对湿度判别结果(等级);G_{T} 为日平均气温判别结果(等级)。

5.8.1　马铃薯晚疫病发生气象指标

马铃薯为喜凉作物,块茎形成期(孕蕾—开花期)对温度和湿度最为敏感,是决定结薯多少的关键(孙俊 等,2008)。马铃薯开花期的温度和水分条件基本决定着马铃薯晚疫病能否发生和蔓延,最低气温升高、温差变小,有利于真菌菌丝繁殖。研究发现,苗期至现蕾开花期的气温、降水、相对湿度、日照时数等气象条件是马铃薯晚疫病发生的决定性因素,在温度条件适宜的情况下,阴雨连绵或多雾、多露最有利于晚疫病的发生和流行(彭九慧 等,2009)。显然,晚疫病是一种典型的气候流行性病害,当可控条件一定时,温度、湿度等气象因子是马铃薯晚疫病发生发展的主导因素(汤阳 等,2023)。宁夏大部分地区气候冷凉干燥,7—8 月降水较多,与马铃薯需水高峰期相吻合,非常适合马铃薯对气候条件的需求(张晓煜 等,2022)。宁夏马铃薯开花期正值 7 月上旬至 8 月上旬,是马铃薯晚疫病发生发展的关键期,故将 7 月上旬至 8 月上旬日空气相对湿度和日平均气温作为气象条件的致灾因子,以此进行宁夏马铃薯晚疫病风险区划(表 5.9)。

表 5.9　马铃薯晚疫病风险区划指标

致灾因子	统计时段	致灾指标	成灾等级
日空气相对湿度(RH)/%	7 月上旬至 8 月上旬	$80<RH\leqslant 85$	轻度
		$85<RH\leqslant 90$	中度
		$RH>90$	重度
日平均气温(T)/℃		$10<T\leqslant 13$ 或 $24<T\leqslant 30$	轻度
		$13<T\leqslant 16$ 或 $20<T\leqslant 24$	中度
		$16<T\leqslant 20$	重度

从宁夏马铃薯晚疫病流行规律来看，流行与否主要取决于中心病株出现后的 7 月下旬和 8 月上、中旬降雨量的多少与分布情况。如果在此期降雨多，且分布均匀，则马铃薯晚疫病流行的可能性较大；降雨多，且集中，则发生较轻；降雨少，则发生轻。谢成君(1994)对宁夏马铃薯晚疫病流行研究较早，以西吉县 7 月下旬与 8 月上旬、中旬降雨量 3 个气象因子为预报因子，采用西吉县(1957—1964 年和 1980—1991 年)20 a 的马铃薯晚疫病发病和流行实况数据，利用模糊综合评判预报马铃薯晚疫病流行程度，建立了马铃薯晚疫病流行程度中长期预测模型，经 1 a 预测和 20 a 回测，其历史拟合率 100%。其研究成果在生产上取得一定应用价值。

5.8.2　马铃薯晚疫病风险区划

极高风险区：主要包括彭阳县大部、隆德县南部等地。轻度晚疫病每 5 a 发生 4 次以下，中度晚疫病每年发生 2～4 次，重度晚疫病每年发生 2～3 次。

高风险区：主要包括盐池县南部、同心县东南部、海原县中南部、原州区大部、西吉县大部、隆德县西部、泾源县大部等地。轻度晚疫病每 5 a 发生 2～8 次，中度晚疫病每年发生 2～3 次，重度晚疫病每 5 a 发生 2～5 次。

中风险区：主要包括灵武市大部、青铜峡市大部、利通区、中宁县、沙坡头区东部、红寺堡区、盐池县大部、同心县西北部、海原县北部等地。轻度晚疫病每 10 a 发生 1～3 次，中度晚疫病每年发生 1～2 次，重度晚疫病每 5 a 发生 2～5 次。

低风险区：主要包括石嘴山市、贺兰县、银川市区、永宁县、青铜峡市北部、灵武市西北部、沙坡头区大部等地。轻度晚疫病每 100 a 发生 12 次以下，中度晚疫病每 5 a 发生 1～5 次，重度晚疫病每 5 a 发生 1～4 次。具体见图 5.21。

5.8.3　马铃薯晚疫病防御

马铃薯一旦发生晚疫病，则会影响其产量和品质，轻则减产 10%，重则减产 50%，有的甚至绝收，严重影响种植户的效益。各级部门应对马铃薯晚疫病引起足够的重视，结合晚疫病气候风险区划及晚疫病发生气象条件等级预报预警，提前采取预防措施，减轻晚疫病对马铃薯的危害(田艳敏，2022)。一是品种优选。建议选种抗晚疫病的马铃薯品种，特别在山区，防治马铃薯晚疫病难度大，推广抗晚疫病品种是最经济有效的方法；二是实行品种多样化。即便是抗晚疫病的品种，也只能在一定时间内保持抗病能力。如果种植单一品种马铃薯，晚疫病容易产生新的病种群，从而导致抗晚疫病的马铃薯品种感染晚疫病；三是合理轮作。对土地进行倒茬轮作，可选择与胡萝卜、洋葱、甜菜等作物轮作，同时马铃薯与玉米间作也能降低晚疫病的发病

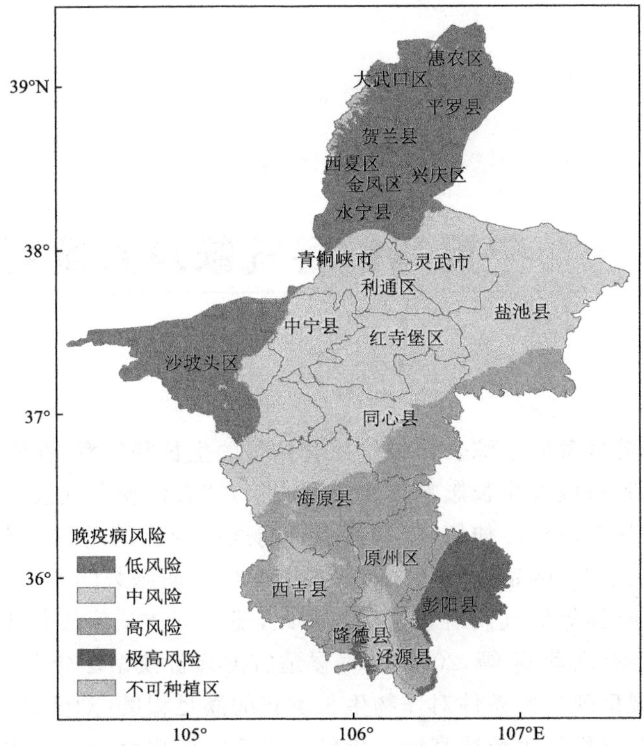

[彩]图 5.21　马铃薯晚疫病风险区划

概率,并延缓其发病时间;四是科学的田间管理,采用地膜覆盖栽培技术,并及时清沟排水,降低田间湿度。

第 6 章　宁夏马铃薯气候适宜度评价

温度、降水、日照等气象因子综合影响作用着作物的生长和发育，在农业发展中，气候条件的变化对于农作物的种植以及生长影响作用最为直接。“农作物—气候”这一过程反映了气候是否适宜农作物生长发育及程度如何，以及其随时间逐渐变化的过程。农作物的气候适宜度即把气候要素(光、温、水等)的定量变化通过模糊数学中隶属函数的方法转变为对农作物生长发育、产量形成、品质指标等的气候适宜程度。因此，建立气候适宜度模型是开展作物气候适宜度评估的前提和基础(高莉莉 等,2017)。气候适宜度评价模型综合考虑了光、温、水三要素对作物的影响，能客观反映气候条件对作物生长发育的满足程度(刘晓英 等,2016)。

目前，气候资源对农作物生长适宜性评价已逐步由定性化走向定量化(杨丽桃 等,2017)，有关学者结合当地实际情况，对气象条件适宜性评价模型作了分析研究，通过建立不同地区不同作物各生育期气候适宜度评价模型，计算作物各生育期气温、降水、日照及气候适宜度，并对作物生长期间气候适宜度特征及其变化趋势进行综合分析，并通过分析气候适宜度对作物各个生长阶段响应的成因，提出适用于作物种植的合理化意见，为地区农作物种植、种植布局调整提供科学有效的依据。

近年来，随着气候适宜度理论不断发展和完善，定量评价农作物生长发育的方法也日趋成熟。利用实时气象资料对农作物生长发育产生的影响进行定性评价，是目前农业气象业务服务的主要内容之一。马铃薯具有喜温凉湿润、喜光，不耐高温、干旱的特性。马铃薯的产量和品质受气候条件影响较大，并且每个生长阶段马铃薯对温度、光照、水分等气候条件的要求也不同。宁夏中南部山区处于我国西北的黄土高原，该地区十年九旱，气象灾害频繁，农业生产受气候影响很大，旱作马铃薯产量低而不稳，年际波动较大。

本章节利用评价模型对马铃薯生长期间气候适宜度特征及其变化趋势进行了综合分析，探究气候因素与马铃薯生产的关系，把握影响马铃薯生产的关键期，从而有针对性地为马铃薯生产管理适应气候变化提供决策依据，对马铃薯种植行业的可持性发展具有非常重要的意义。

6.1　资料和方法

6.1.1　资料来源

马铃薯农业气象观测报表资料：2009—2020 年西吉气象局、固原国家农业气象试验站马铃薯观测报表，包括马铃薯发育期、商品薯率、产量等资料。品种以宁薯 4 号和青薯 9 号为主，可形成长时间序列资料。

大田实验数据：在固原市长城梁特色农业气象科技小院开展了固原市马铃薯分期播种试验、品种筛选试验和不同栽培方式试验，在同心县豫旺镇开展了马铃薯不同覆膜方式、品种筛选和全膜覆盖密度试验，形成了不同地域、不同时间青薯 9 号、宁薯 4 号系列样本和多项栽培措施样本。

气象资料：宁夏中南部山区国家基本气象观测站 1954 年以来逐日平均气温、最高气温、最低气温、降水、日照时数、空气相对湿度等资料，以及 2007 年宁夏气象部门建成的区域自动气象站资料。

6.1.2　气候适宜度计算

6.1.2.1　温度适宜度

根据马树庆等(1994)、罗怀良等(2001)的研究，温度适宜度隶属函数如下：

$$P_{\mathrm{T}} = \frac{(t-t_1)(t_2-t)^{\left(\frac{t_2-t_0}{t_0-t_1}\right)}}{(t_0-t_1)(t_2-t_0)^{\left(\frac{t_2-t_0}{t_0-t_1}\right)}} \tag{6.1}$$

式中：P_{T}为温度适宜度；t_1为下限温度；t_2为上限温度；t_0为最适温度；t为某日的实际温度。马铃薯不同发育期界限温度主要参考《马铃薯栽培生理》(门福义，1995)，并结合宁夏中南部山区多年马铃薯农业气象业务服务中总结的生长发育指标综合确定(表 6.1)。

表 6.1　马铃薯不同生长阶段各界限温度指标　　单位：℃

发育期	t_1	t_0	t_2
苗期	5.0	16.5	29.0
分枝期—开花期	7.0	17.5	30.0
开花期—收获期	7.0	16.5	28.1

6.1.2.2　水分适宜度

以宁夏各地马铃薯正常生长的需水量作为马铃薯水分需求的适宜标准，在赵峰等(2003)研究的基础上，结合宁夏中南部山区土层深厚，土壤水分渗透性特点，参考中南部山区马铃薯观测报表，引入降水量(灌溉量)剩余量概念，同时参考柳芳等(2014)、刘可群等(2009)的研究，确定马铃薯降水消减系数[式(6.5)]，确定分阶段的宁夏中南部马铃薯水分适宜度的隶属函数[式(6.2)、式(6.3)]。

第一阶段，5 月 1 日—8 月 10 日：

$$P_{\mathrm{R}} = \begin{cases} 0 & ET_{\mathrm{c}} = 0 \\ \dfrac{R_i \cdot K_0 + r_i}{ET_{\mathrm{c}}} & (R_i \cdot K_0 + r_i) \leqslant 5ET_{\mathrm{c}} \\ \dfrac{ET_{\mathrm{c}}}{R_i \cdot K_0 + r_i} & (R_i \cdot K_0 + r_i) > 5ET_{\mathrm{c}} \end{cases} \tag{6.2}$$

第二阶段，8 月 11 日—10 月 10 日：

$$P_R = \begin{cases} 0 & ET_c = 0 \\ \dfrac{R_i \cdot K_0 + r_i}{ET_c} & (R_i \cdot K_0 + r_i) \leqslant 1.5ET_c \\ \dfrac{ET_c}{R_i \cdot K_0 + r_i} & (R_i \cdot K_0 + r_i) > 1.5ET_c \end{cases} \tag{6.3}$$

式中：P_R为水分适宜度，当水分适宜度计算值≥1 时，取值为 1；R_i为某日降水量（灌溉量）的剩余量，r_i为某日降水量与灌溉量的和；ET_c为某日需水量；K_0为某日降水的消减系数，表示土壤中所蓄积降水的蒸发损耗。R_i、K_0、ET_c的计算公式如下：

$$R_i = \begin{cases} R_{i-1} \cdot K_0 + r_{i-1} & R_i \geqslant 1 \\ 0 & R_i < 1 \end{cases} \tag{6.4}$$

式中：R_{i-1}为前一日降水量（灌溉量）的剩余量。

$$K_0 = \left(\frac{272}{273.2 + T}\right)^{i+B} \tag{6.5}$$

式中：T 为前一日的平均气温，当 $T<0$ ℃时，$T=0$ ℃；B 为参数，取值 1；i 为日数。

$$ET_c = K_c \cdot ET_0 \tag{6.6}$$

式中：K_c为作物系数，由联合国粮农组织（Food and Agriculture Organization，FAO）提供（表 6.2）。ET_0为参考作物蒸散量，本研究采用 FAO 推荐的 P-M（Penman-Monteith）公式作为 ET_0计算的标准方法（Allen et al.，1998）。

表 6.2　马铃薯作物系数

发育期	出苗—分枝	分枝—开花	开花后 1—50 d	开花后第 51 d—收获
参考日期/（月.日）	5.1—6.20	6.21—7.10	7.11—8.29	8.30—10.10
作物系数 K_c	0.30	0.30～1.15	1.15	1.15～0.75

分枝到开花 K_c计算：

$$K_c = 0.3 + 0.0425 i_{分} \tag{6.7}$$

式中：K_c为分枝到开花期间某日的作物系数；$i_{分}$为从分枝次日开始的日序。

开花后第 51 d 到收获 K_c计算：

$$K_c = 1.15 - 0.01 i_{花} \tag{6.8}$$

式中：K_c为开花后第 51 d 到收获期间某日的作物系数；$i_{花}$为从开花后第 51 d 的次日开始的日序。

6.1.2.3　日照适宜度

大多数文献研究认为，日照时数达到可照时数的 70%（日照百分率）为临界点。日照时数在临界点以上，作物对光照的反应达到适宜状态（马树庆，1994）。日照适宜度隶属函数如下：

$$P_S = \begin{cases} 1 & S > 0.7S_0 \\ \dfrac{S}{S_0} & S \leqslant 0.7S_0 \end{cases} \tag{6.9}$$

式中：P_S 为日照适宜度；S 为实际日照时数；S_0为可照时数。

6.1.2.4　光温水综合适宜度

将温度、水分、日照适宜度进行加权平均，得到宁夏中南部山区马铃薯综合适宜度公式：

$$P = P_T \cdot r_T + P_R \cdot r_R + P_S \cdot r_S \tag{6.10}$$

式中：P_T、P_R、P_S分别为温度适宜度、水分适宜度、日照适宜度；r_T、r_R、r_S分别为温度适宜度、水分适宜度、日照适宜度的权重系数。利用 1981—2018 年逐年温度、水分、日照适宜度指数与马铃薯气象产量进行相关分析，得到不同气候要素因子对产量的贡献率，进而得到评估综合适宜度各分量的权重系数，最终确定本研究中各权重系数的取值分别为 0.4、0.5、0.1。

马铃薯综合适宜度≥0.7 为最适宜，0.6～0.7 为适宜，0.4～0.6 为较适宜，<0.4 为不适宜。

6.2　马铃薯不同发育期气候适宜度评估

6.2.1　不同生育期气候适宜度指数

马铃薯从播种到收获分为 5 个生育阶段。第一阶段是播种至出苗，此阶段马铃薯薯块在土中解除休眠，芽眼处开始萌芽、抽生芽条，至幼苗出土这个过程叫发芽期，一般需要 20～30 d。此阶段土壤内的温湿度条件对马铃薯薯块发芽、扎根非常重要；第二阶段是出苗至花序形成，此阶段的马铃薯幼苗在种薯内营养供应的支持下，快速完成茎叶生长和根系发育，开始了匍匐茎的形成、伸长以及花芽的分化。此阶段要求有适宜的温度、土壤湿度以及良好的通气条件；第三阶段是花序形成至开花，马铃薯开花也是地下块茎形成生长时期，此阶段的气象条件对马铃薯的块茎形成和发育至关重要，随着块茎的形成和茎叶的生长，对土壤水分的需求量不断增加；第四阶段是开花至块茎膨大，块茎膨大期也叫块茎增长期，从开花历经盛花、收花，直到茎叶开始衰老为止。在这个阶段，马铃薯块茎由小逐渐膨大，是马铃薯产量形成的关键时段；第五阶段是块茎膨大至收获，此阶段也叫淀粉积累期，这一时期最大的特点是以淀粉转运积累为中心，虽然茎叶停止了生长，但光合作用仍在旺盛地进行，不断制造有机质，大量向块茎中转移。尽管块茎体积不再明显增大，但干物质重量显著增加，块茎总重量继续增加，直至可收。

根据历年马铃薯发育期观测记录，利用适宜度计算方法计算了历年马铃薯各生育阶段温度、水分、日照适宜度和光温水综合适宜度，以 2008—2017 年平均值比较各发育期气象条件的适宜性(图 6.1)。全生育期温度适宜度均在 0.8 以上，热量资源不是限制因素，其中花序形成前在 0.9 以上，之后逐渐下降，开花至块茎膨大阶段最低。日照适宜度为 0.7～0.8，花序形成前、开花至块茎膨大初期相对较高，花序形成期、块茎膨大中后期日照适宜度较低，这两个阶段日照刚达到适宜的下限。水分适宜度在花序形成前较差，仅为马铃薯需水量的 52%，随着现蕾、开花及块茎膨大，水分适宜度逐渐增大到接近 70%，各生育期均低于 70%，表明水分不足是限制马铃薯产量的主要因素。从光温水配比来看，综合适宜度均在 70%以上，表明宁夏中南部山区的气象条件基本适合马铃薯的生长发育，但营养生长期光温水条件配合不好，特别是水分不足，生殖生长期有所改善。

6.2.2　马铃薯气候适宜度年际变化规律

逐年计算 1981—2018 年宁夏中南部山区马铃薯生育期内温度适宜度(temperature suitability，TS)、日照适宜度(sunshine suitability，SS)、水分适宜度(water suitability，WS)、综合适宜度(comprehensive suitability，CS)等无量纲指数，分析各项适宜度指数的年际变化趋势和 10 a 适宜度指数平均值的变化趋势图(图 6.2)，并统计了各适宜度指数逐年气候统计量(表 6.3)。

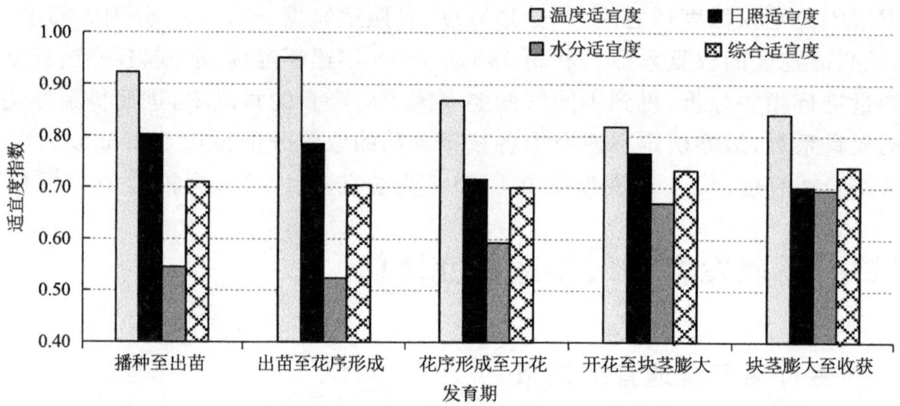

图 6.1　近 10 a 宁夏中南部山区马铃薯不同生育阶段气候适宜度对比

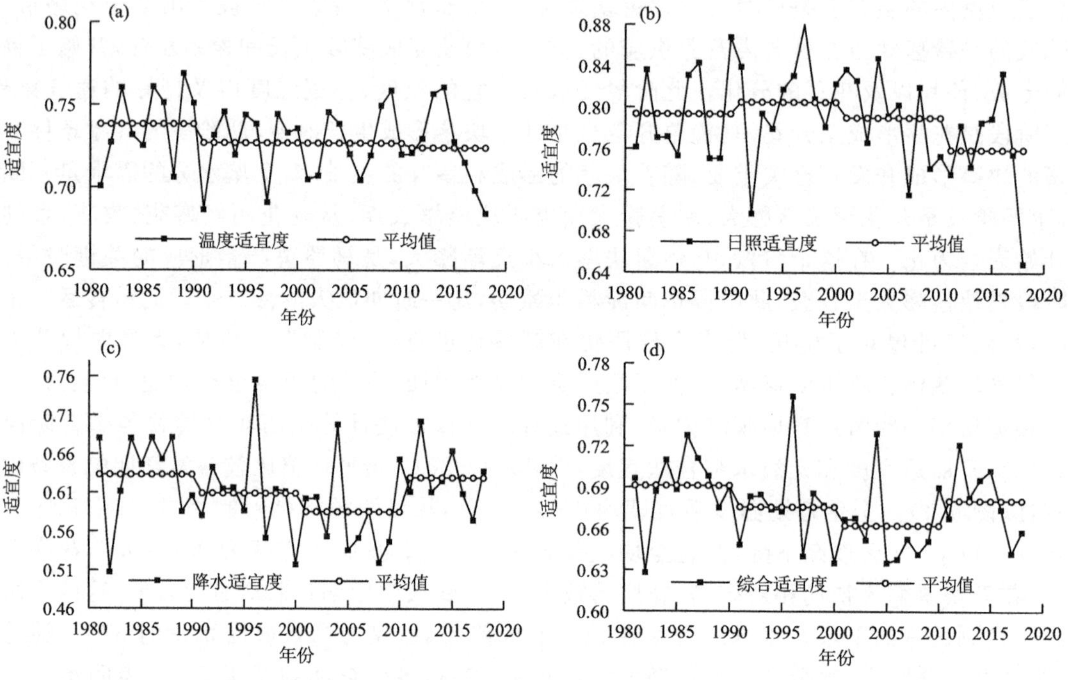

图 6.2　1981—2018 年宁夏中南部山区马铃薯气候适宜度年际变化

表 6.3　逐年气候适宜度统计量

适宜度	气候倾向率/a^{-1}	标准差	变异系数/%
TS	−0.0003	0.023	3.08
SS	−0.0011	0.049	6.18
WS	−0.0009	0.056	9.20
CS	−0.0006	0.030	4.41

可以看出，近 38 a 各气候适宜度年际间波动明显，整体均呈现弱的降低趋势，但变化速率不同，日照适宜度降低速率最快，温度适宜度降低速率最慢，综合适宜度呈现从高到低再略升高的趋势。

由图 6.2 可以看出，各适宜度指数差异较大，标准差能反映适宜度指数的变动程度，但不能很好地反映适宜度指数的相对变动程度，因此，用变异系数表征适宜度指数的稳定性更有代表性。中南部山区各气候适宜度年际变异系数为 3.08%～9.20%，水分适宜度稳定性最差，温度适宜度稳定性最好。

6.2.3　气候适宜度指数的年代际变化特征

按照 10 a 间隔，统计不同年代马铃薯不同发育期间的温度、水分、日照和光温水综合适宜度指数均值，见图 6.3。从马铃薯全生育期温度适宜度来看，出苗至花序形成阶段温度适宜度在生育期内最高，播种至出苗温度适宜度也较高，说明马铃薯花序形成前温度能满足马铃薯生长需要，马铃薯开花至块茎膨大和块茎膨大至收获两个生育阶段温度适宜度较低，表明马铃薯生育后期对温度偏低反应敏感。从不同生育阶段温度适宜度的年代际变化来看，播种至出苗阶段，20 世纪 50 年代、70—90 年代相对较低，20 世纪 60 年代、21 世纪 00—10 年代相对较高。出苗至花序形成阶段，温度适宜度均为全生育期最高，21 世纪 00 年代相对较低。花序形成至开花阶段，20 世纪 50 年代、21 世纪 00 年代较低，其他时段较高。开花至块茎膨大、块茎膨大至收获，这两个阶段温度适宜度较低，前者 20 世纪 50 年代最低，后者 20 世纪 60—70 年代最低。

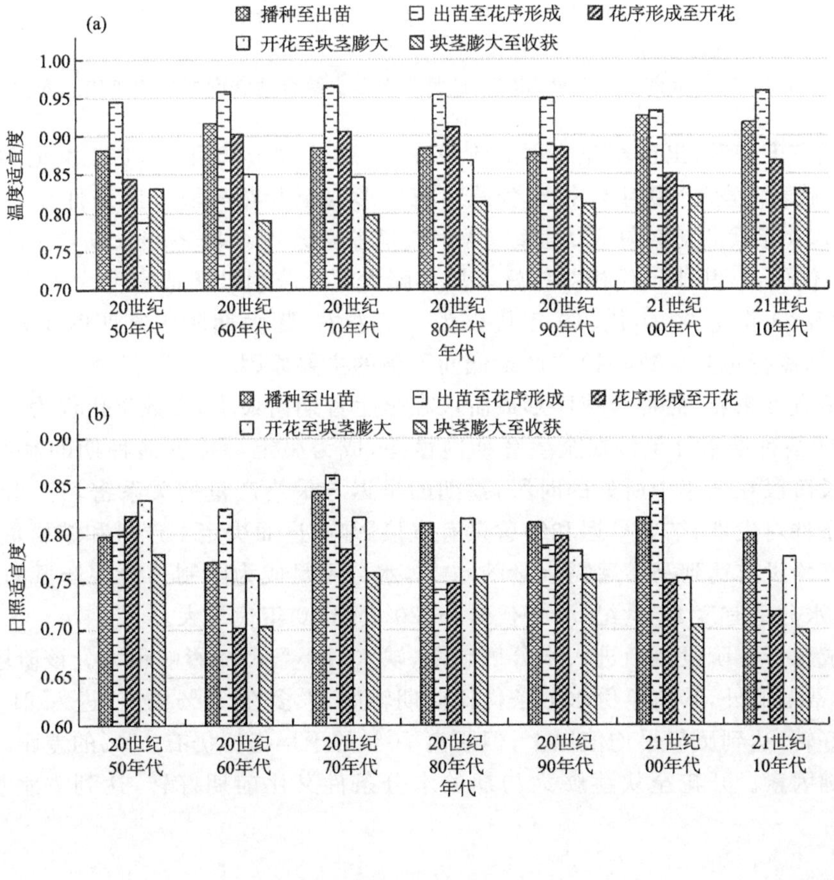

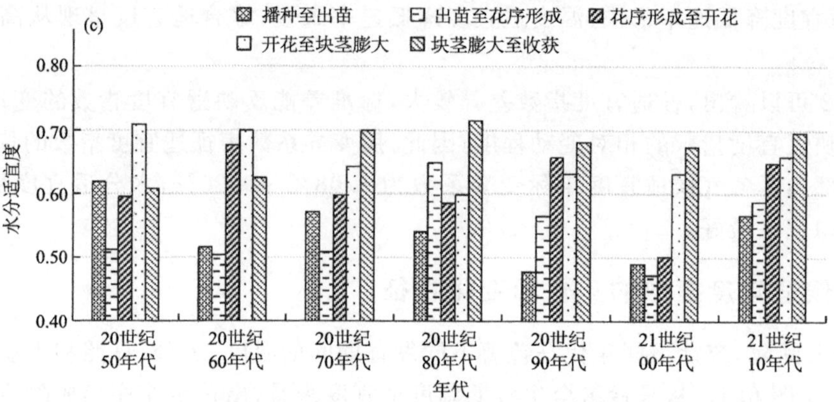

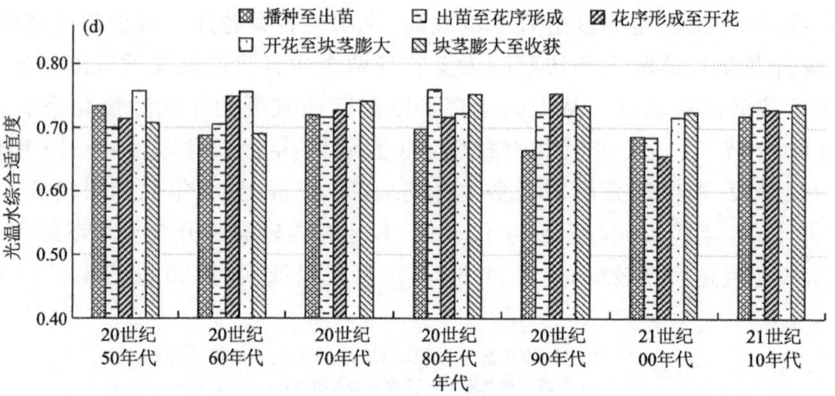

图 6.3　不同生育阶段温度、水分、日照及光温水综合适宜度指数的年代际变化

从日照适宜度来看，出苗至花序形成阶段在 20 世纪 60—70 年代和 21 世纪 00 年代较好，20 世纪 80 年代、21 世纪 10 年代相对较差。花序形成至开花阶段日照条件在 20 世纪 50 年代、70 年代和 90 年代相对较好，20 世纪 60 年代最差。开花至块茎膨大期，20 世纪 60 年代、21 世纪 00 年代最差，其他年代相对较好。块茎膨大至收获期日照适宜度为全生育期最差，20 世纪 60 年代及 21 世纪 00 年代、10 年代仅为 0.7 左右，膨大期阴雨寡照除了影响光合积累外，造成晚疫病流行也是导致马铃薯产量低而不稳的主要原因。

从水分适宜度来看，播种至花序形成阶段在全生育期内最小，多数年代仅为马铃薯需水量的 50%。表明播种期水分条件在全生育期内最差，成为决定马铃薯播种期的制约因素，进而决定了各生长阶段在全年中所处的时段，播期的早迟与最终产量的关系密切。出苗至花序形成期的水分条件对发棵、结薯早迟和结薯量有直接影响，进而决定了产量和结薯量。该阶段历年水分适宜度均没有达到马铃薯需水量的 60%，水分不足成为限制马铃薯产量的最主要制约因素。其中，水分适宜度 21 世纪 00 年代最小，20 世纪 80 年代最大。

花序形成至开花阶段逐渐进入水分敏感期，缺水对小薯形成影响很大。该阶段除了 21 世纪 00 年代异常偏低外，其他年份水分条件比前期转好，大多在 60%以上，进入 21 世纪以来水分条件趋于好转，达到历年平均值以上，但距离 70%的干旱指标仍有 12%的差距，干旱仍是制约结薯的关键因素。开花至块茎膨大初期的水分条件又比前期好转，达到需水量的 60%～

70%。20 世纪 80 年代最差。块茎膨大至成熟阶段水分适宜度能接近 70%的干旱线，在全生育期中水分条件最好，但各年代平均仍在干旱指标以下，旱情仍然是制约增产的主要因素。其中，20 世纪 50 年代、60 年代水分条件较差，20 世纪 90 年代、21 世纪 00 年代居中，20 世纪 70 年代、80 年代和 21 世纪 10 年代相对较好，个别年份秋雨过多，导致晚疫病流行而减产。

从光温水综合适宜度来看，在播种至出苗期 20 世纪 90 年代最低，20 世纪 60 年代和 21 世纪 00 年代次低，其他时段较好。出苗至花序形成期 21 世纪 00 年代最低，20 世纪 80 年代最高，20 世纪 90 年代、21 世纪 10 年代相对处在较高的水平。花序形成至开花期间的综合适宜度 21 世纪 00 年代最低，20 世纪 60 年代、90 年代最高，21 世纪 10 年代居中。开花至块茎膨大初期综合适宜度指数自 20 世纪 80 年代以来略有下降，块茎膨大至成熟期间的综合适宜度 20 世纪 60 年代最低，20 世纪 80 年代最高。从不同年代各发育期综合适宜度匹配来看，21 世纪 10 年代不同发育期间的平均综合适宜度指数较均衡，其次为 20 世纪 70 年代，其他年代各生育期间的适宜度指数差距较大，总有一个或以上的阶段适宜度较低，光温水配合不佳，是造成年代际产量波动剧烈的气候原因。

6.2.4　马铃薯气候适宜度空间变化规律

将各地 38 a 来马铃薯发育期内的温度、水分、日照和综合适宜度指数均值，利用 ArcGIS 推算到面上，分析适宜度的空间变化规律(图 6.4)。马铃薯日照适宜度呈现从南向北递增的趋势，其他适宜度变化趋势与之相反。结合光温水条件来看，综合适宜度的最适宜区在西吉县、海原县大部、彭阳县西部以及原州区、隆德县、泾源县境内除海拔较高的六盘山脊外的大部地区，这些地区温度不是太高，降水条件较好，日照虽然略差也可以满足马铃薯生长所需；适宜区在彭阳县东部、同心县大部，这些地区降水制约了马铃薯生长，且夏季温度较高，气候资源不如极适宜区；较适宜区在盐池县南部，该区域降水较少，经常受到干旱的困扰；盐池县北部和六盘山山脊一带为不适宜区域。

不同气候适宜度的面积及比例见表 6.4，可以看出，近 38 a 宁夏中南部山区温度、日照、水分基本上处于较高水平，温度、日照、水分的最适宜面积比例分别为 47.3%、45.2%、45.3%。总的来看，固原市大部和中卫市海原县大部是马铃薯综合适宜度的高值区，而不适宜马铃薯生

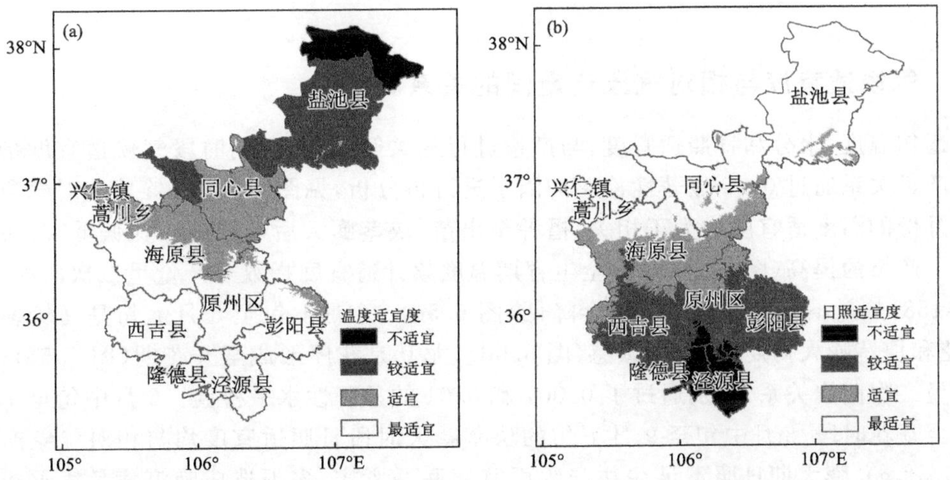

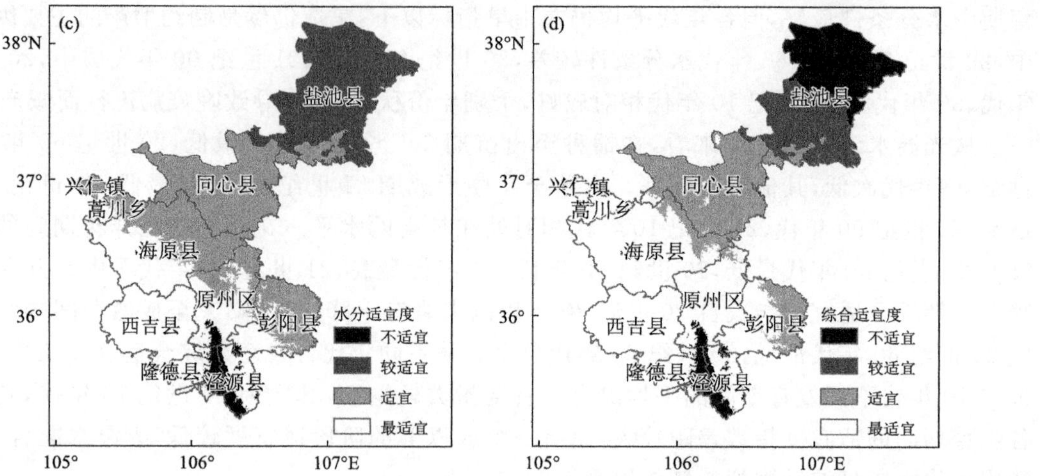

[彩]图 6.4　1981—2018 年宁夏中南部山区马铃薯生育期内气候适宜度空间分布

长的有两个地区,一个是盐池地区,该地区温度偏高、日照充足,降水少,不能满足马铃薯生长的水分和热量需求。另一个地区是六盘山山脊一带,该地区降水过程较多,容易诱发马铃薯晚疫病,且热量条件不足,导致马铃薯难以成熟。

表 6.4　1981—2018 年宁夏中南部山区气候适宜度面积及其比例

适宜度	温度适宜度		日照适宜度		水分适宜度		综合适宜度	
	面积/km^2	比例/%	面积/km^2	比例/%	面积/km^2	比例/%	面积/km^2	比例/%
不适宜	1849.29	6.82	1861.35	6.87	939.37	3.46	4236.27	15.63
较适宜	6269.51	23.13	6842.26	25.24	6200.21	22.87	3107.49	11.46
适宜	6182.55	22.80	6167.66	22.75	7693.66	28.38	6076.66	22.41
最适宜	12809.45	47.25	12239.60	45.15	12277.55	45.29	13690.38	50.50

6.3　气候适宜度与产量的关系

6.3.1　气候适宜度与相对气象产量间的关系

对逐旬温度、水分和日照适宜度,与产量进行相关筛选,对不同时段气候适宜度指数与相对气象产量关系通过 0.05 显著性检验的因子进行再分析,见图 6.5。马铃薯相对气象产量与 5 月、9 月份的温度适宜度均为正相关,播种至出苗、块茎膨大后期温度往往偏低,两头热量不足限制了产量的提高(图 6.5a,b)。全生育期温度累计适宜度指数与产量呈二次曲线关系,最适值为 158,热量不足或过多产量均会降低(图 6.5c)。6 月下旬至 8 月上旬是马铃薯花序形成、开花和块茎膨大初期,对水分敏感(图 6.5d),尤其是花序形成至开花期(图 6.5e),二者与产量均呈二次曲线关系,分别通过了 0.001 和 0.01 的显著性水平检验。6 月中旬至 7 月中旬的现蕾至开花时段、8 月中旬至 9 月下旬的块茎膨大时段日照适宜度均与相对气象产量正相关(图 6.5f,g),膨大期日照不足往往与阴雨寡照联系紧密,多雨造成晚疫病危害严重。5—9

月份累计日照适宜度与产量也呈二次曲线关系($R>R_{0.01}$)，累计日照适宜度在 11 以上时，随着适宜度指数的增加，产量上升。7—9 月份和全生育期光温水综合适宜度与产量均呈二次曲线关系，分别通过了 0.001 和 0.01 的显著性水平检验，随着综合累计适宜度指数的增大，产量提高。

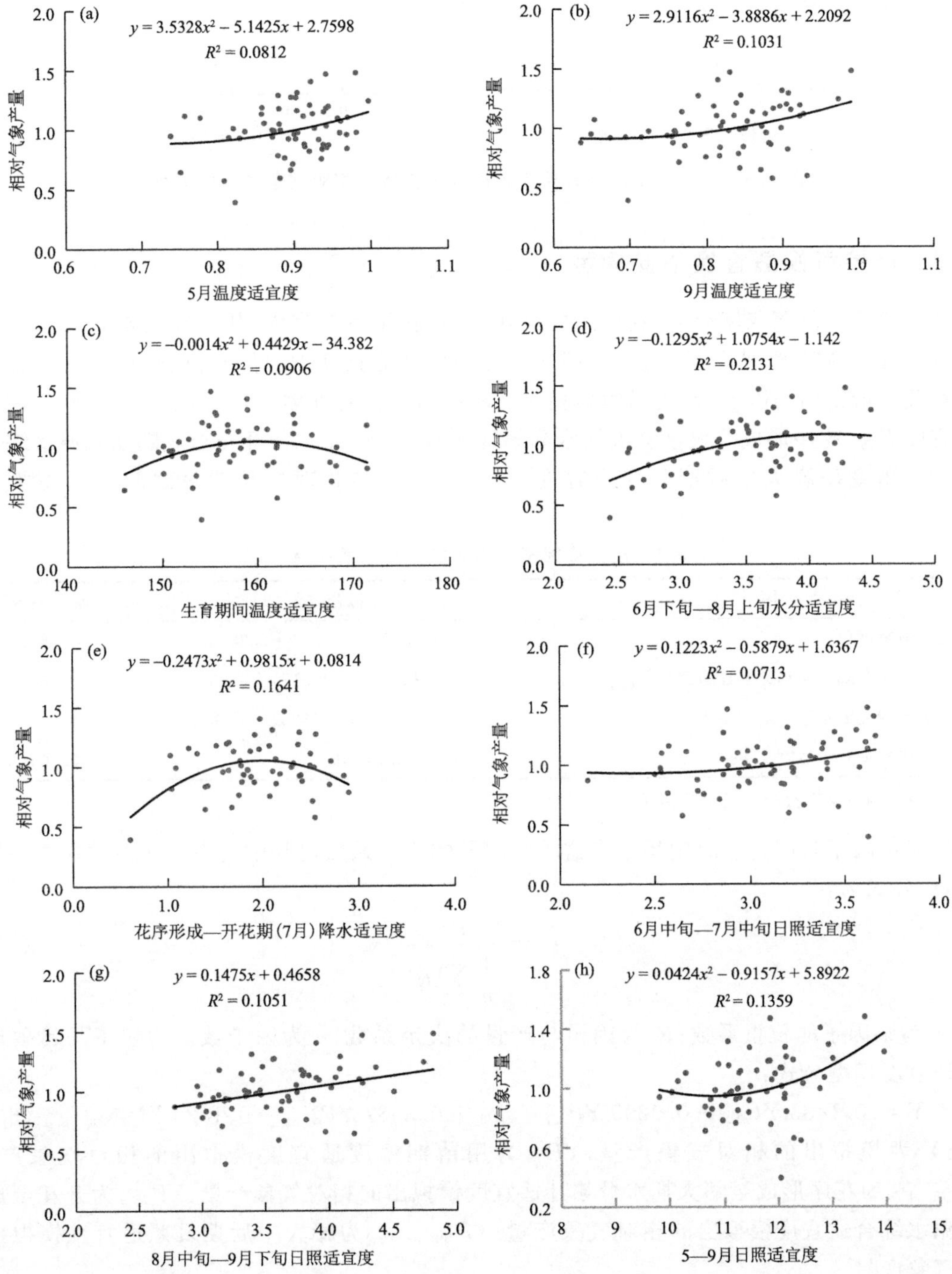

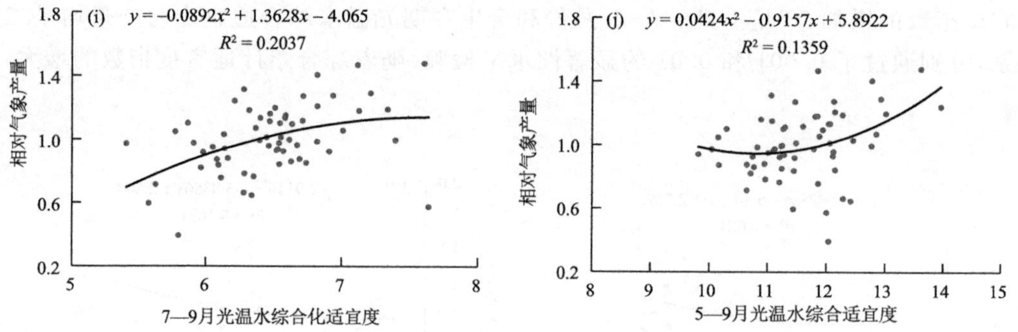

图 6.5 中南部山区马铃薯气候适宜度指数与相对气象产量的关系

6.3.2 产量气候适宜度估测模型

在马铃薯出苗至花序形成、花序形成至开花、开花至块茎膨大、块茎膨大至收获这四个生育阶段的温度适宜度、水分适宜度、日照适宜度和综合适宜度中，每个阶段选出一个和相对气象产量关系最密切的因子，作为马铃薯相对气象产量的适宜度因子，这四个因子分别是苗期温度适宜度 P_{T5}、花序形成至块茎膨大期水分累计适宜度 $P_{R下/6—上/8}$、开花至成熟期光温水综合适宜度 $P_{7—9}$ 和薯块膨大中后期日照适宜度 $P_{S中/8—下/9}$，其与相对气象产量之间的相关关系见表 6.5。

表 6.5 适宜度因子与相对气象产量的关系方程

因子	拟合方程	决定系数
苗期温度适宜度(P_{T5})	$y=3.5328x^2-5.1425x+2.7598$	0.0812
花序形成至块茎膨大期水分累计适宜度 $P_{R下/6—上/8}$	$y=-0.2473x^2+0.9815x+0.0814$	0.1641
开花至成熟期光温水综合适宜度 $P_{7—9}$	$y=-0.0892x^2+1.3628x-4.065$	0.2037
薯块膨大中后期日照适宜度 $P_{S中/8—下/9}$	$y=0.1475x+0.4658$	0.1051

注：y 为相对气象产量；x 为适宜度因子。

按照单因子与产量的决定系数在这 4 个因子的决定系数之和中所占的比值的加权平均作为权重，公式为：

$$r_i = \frac{R_i^2}{\frac{1}{n}\sum_{i=1}^{n} R^2} \tag{6.11}$$

式中：r_i 为某因子的权重系数；R^2 为因子与产量的决定系数；n 为因子数。构建了马铃薯产量气候适宜度模型公式：

$$Y = 0.1433\, YP_{T5} + 0.3205\, YP_{R下/6—上/8} + 0.3537\, YP_{7—9} + 0.1825\, YP_{S中/8—下/9} \tag{6.12}$$

式中：Y 为模拟出的相对气象产量；YP_{T5} 为用苗期温度适宜度模拟出的相对气象产量；$YP_{R下/6—上/8}$ 为花序形成至膨大期水分累计适宜度模拟出的相对气象产量；$YP_{7—9}$ 为开花至成熟期光温水综合适宜度模拟出的相对气象产量；$YP_{S中/8—下/9}$ 为膨大中后期日照适宜度模拟出的相对气象产量。

模型回代效果见图 6.6，气候适宜度模型对产量的模拟基本能反映产量变化趋势，但极值年模拟效果一般，峰值体现不出来，高值年模拟的产量升幅不及实际升幅，低值年模拟的产量降幅不及实际降幅，可能与气候适宜度计算时将高温、低温的不利影响不计在内有关。

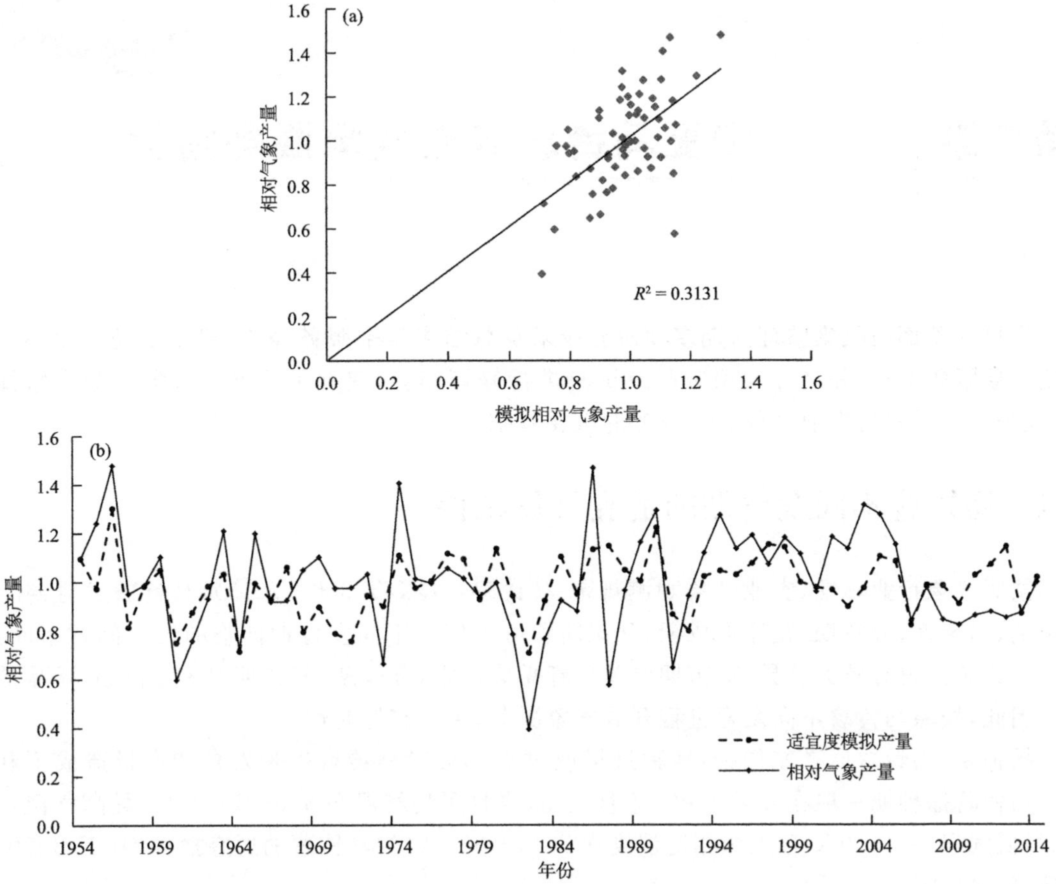

图 6.6　气候适宜度模型回代检验(a)及历年模拟效果(b)

6.3.3　影响马铃薯产量的关键气候适宜度因子指标

按照产量丰歉的划分标准，以相对气象产量±5%为正常年份，高于 5%为丰产年，低于 5%为歉产年。以气候适宜度指数估测模型为基础，在固定其他因素不变的条件下，单纯调试某个气象因子，使产量达到±5%的界限，确定某个因子的界限指标，见表 6.6。

表 6.6　影响马铃薯产量的关键气候适宜度因子指标

气候适宜度因子	歉	平	丰
苗期温度适宜度	<0.554	0.555～1.17	>1.171
开花至成熟期光温水综合适宜度	<5.297	5.298～7.555	>7.556
花序形成至块茎膨大期水分适宜度	<2.63	2.631～4.335	>4.336
薯块膨大中后期日照适宜度	<1.764	1.765～5.48	>5.479

第 7 章 宁夏马铃薯农业气象服务指标

宁夏气象部门收集整理前期多项研究成果及总结多年来服务经验，建立了马铃薯不同发育期气象服务指标，并结合大田观测及试验进行修订完善，建立了马铃薯气象服务专家知识库，成为开展马铃薯农业气象业务服务的重要基础。

7.1 马铃薯不同发育期的适宜气象条件

按照气象行业标准《农业气象观测规范 马铃薯》(QX/T 300—2015)，马铃薯发育期分为播种期、出苗期、分枝期、花序形成期、开花期和可收期。不同发育期面临的气象问题不同，需要的气象条件也有较大差异，如苗期要关注春霜冻危害，分枝期、开花期要关注高温、干旱的影响。因此，按照马铃薯不同发育进程开展气象服务，更具有针对性。

播种期：马铃薯属喜凉作物，播种过早或过晚都会对马铃薯生长发育和产量造成不利影响。马铃薯播种期一般在 4 月上旬—5 月上旬，当日平均气温在 5.0～13.0 ℃、最高气温＜26 ℃、最低气温＞－3.0 ℃且土壤相对湿度在 55%～65%时为马铃薯的适宜播种期(王超，2023；李建 等，2021)。

出苗期：马铃薯幼苗露出土壤表面的时期称为出苗期。马铃薯出苗期一般在 5 月中旬—5 月下旬。马铃薯出苗期适宜生长的平均气温为 8.0 ～20.0 ℃、最高气温＜24 ℃、最低气温＞8.0 ℃且土壤相对湿度为 60%～80%。气温过低不利于马铃薯块茎萌发。当气温＜12 ℃时，出苗缓慢，当气温＜8 ℃时，无法正常出苗(李建 等，2021；乌兰 等，2015)。

分枝期：当马铃薯幼苗基部叶腋间生出侧芽，长约 10 cm 时进入分枝期，马铃薯分枝期一般在 6 月上旬—6 月中旬。马铃薯分枝期适宜生长的气象条件为平均气温 17.0～24.0 ℃、最高气温＜29 ℃且最低气温＞7.0 ℃、土壤相对湿度为 60%～80%。马铃薯分枝期出现干旱对马铃薯生长不利，气温＞24 ℃出现茎叶徒长，连阴雨和高温易造成马铃薯晚疫病的发生，夜间温度过低会影响花序形成(齐月 等，2023；姚玉璧 等，2001)。

花序形成期：在马铃薯主茎顶部叶腋间开始出现第一轮花序，花蕾长约 2 mm 时进入花序形成期。花序形成期一般在 6 月中旬—6 月下旬。此期间适宜的气象条件为平均气温 18.0～22.0 ℃、最高气温＜29 ℃、最低气温＞10.0 ℃、土壤相对湿度为 60%～80%(姚玉璧 等，2010)。

开花期：当马铃薯主茎顶部的花开放时，进入开花期。开花株数第一次大于或等于 10%

时为开花始期，大于或等于 50％时为开花普遍期，大于或等于 80％时为开花末期。开花期主要在 6 月下旬—7 月下旬。马铃薯开花期适宜生长的平均气温为 18.0～22.0 ℃，土壤相对湿度为 60％～80％，降水为 10～20 mm。当温度低于 5 ℃或高于 38 ℃时马铃薯不开花。当日平均气温在 10.0～25.0 ℃，空气相对湿度≥90 ％连续出现 4～5 d，同时田间有较大露水或降雨时，马铃薯易发生晚疫病（谭月 等，2023；郑方 等，2020）。

可收期：当马铃薯茎叶开始凋萎，且基部叶子干枯变为褐色时，马铃薯进入可收期。马铃薯可收期适宜生长的平均气温为 12.0～14.0 ℃，土壤相对湿度为 50％～60％。当土壤相对湿度超过 80％时会对植株生长不利，尤其是土壤水分过多或积水超过 24 h 易造成块茎腐烂，积水超过 30 h 块茎大量腐烂，超过 42 h 将全部烂掉。当日最低气温下降到－2～0 ℃、地面最低温度下降到－3 ℃以下时，马铃薯叶片会全部冻死，干枯以后会呈焦黑色，影响产量。当在采收期遇到连阴雨天气时，马铃薯不及时收获会造成烂薯，尤其是覆膜的马铃薯，当马铃薯田间茎叶黄枯后块茎更容易腐烂（康波，2017；张璟瑜 等，2024）。

窖藏期：马铃薯成熟收获后的贮藏阶段。马铃薯在贮藏窖内，适宜环境温度为 2～4 ℃，空气相对湿度在 65％～70％为宜，且应避光贮藏。若贮藏温度低于 1 ℃，马铃薯易受冻变质；超过 4 ℃时，马铃薯芽易萌动，会降低食用价值，且利于滋生病菌。当空气湿度过高时，马铃薯块茎容易腐烂（张璟瑜 等，2024）。

7.2　宁夏马铃薯主要农事活动气象服务指标

7.2.1　播种期

宁夏马铃薯适宜播种期预报是基于地面基本气象要素、数值天气预报结果和适宜播种的积温指标来实现的。临近马铃薯播种期，每天根据模型判断，实现格点化区域的马铃薯适宜播种期预报。

日最低气温连续 3 d 稳定通过 5 ℃的日期为露地栽培马铃薯的适宜播种期指标（表 7.1）。利用宁夏中部干旱带马铃薯播种期各地测定上报的 0～30 cm 土壤相对湿度，结合当前 5 d 滑动平均气温和近 5 d 数值天气预报中平均气温，计算 5 d 滑动平均气温。按照指标判断山区各县（市、区）是否进入马铃薯适宜播种期，或预测未来 5 d 是否能进入适宜播种期。基于前 5 d 的日最低气温，结合未来 7 d 数值天气预报的日最低气温，计算日最低气温稳定通过 5 ℃的日期。

表 7.1　马铃薯适宜播种期气象服务指标

日最低气温	土壤相对湿度
日最低气温连续 3 d 稳定通过 5 ℃的日期	55％～65％

7.2.2　喷药期

根据马铃薯生产管理需求，气象部门提供完整、准确的马铃薯喷药农事活动气象预报，为农业生产提供指导性建议。在马铃薯开花期，每天 17 时提取马铃薯种植区域未来 3 d 天气预报，利用相关气象要素判断该区域内的马铃薯是否适合喷药（表 7.2）。

表 7.2　马铃薯喷药气象服务指标

适宜气象等级	判断指标	
	风力	天气状况
适宜	＜3 级	晴或晴间多云
较适宜	3～4 级	阴或多云间晴
不适宜	≥5 级	小雨或中雨或大雨或暴雨
备注	适宜、较适宜等级须同时满足所有指标，不适宜只需满足其中一个指标	

7.2.3　施肥(培土、锄草)期

通常马铃薯出苗后喷施锄草剂，开花之前培土和施肥等农事活动，适宜的天气条件并参考土壤相对湿度，对促进马铃薯生长及保障作业有利(表 7.3)。

表 7.3　马铃薯施肥(培土、锄草)气象服务指标

适宜气象等级	判断指标		
	风力	天气状况	土壤相对湿度
适宜	＜3 级	晴或晴间多云或多云间晴或阴	＜60％
较适宜	3～4 级	小雨	60％～90％
不适宜	≥5 级	中雨或大雨或暴雨	≥90％
备注	适宜、较适宜等级须同时满足所有指标，不适宜只需满足其中一个指标		

7.2.4　收获期

马铃薯适时收获，合理贮藏，对保持食用、加工或种用的品质十分重要。一般在马铃薯植株生长停止，茎叶大部分枯黄时收获。充分考虑野外作业适宜的天气状况，可保证薯块在贮藏期间不发病、不腐烂，以及减少其他原因引起的损耗等，收获期气象适宜度指标见表 7.4。

表 7.4　马铃薯收获期气象服务指标

适宜气象等级	判断指标	
	风力	天气状况
适宜	＜6 级	晴或晴间多云或阴或多云间晴
不适宜	≥6 级	小雨或中雨或大雨或暴雨
备注	适宜、不适宜等级须同时满足所有指标，不适宜只需满足其中一个指标	

7.2.5　秋覆膜

马铃薯秋覆膜实现了最佳养分利用效率和作物生产力之间的平衡，实现高产和高养分利用效率的同步，是提高养分利用效率的最有效种植措施，有利于提高旱地农业马铃薯产量，其服务指标见表 7.5。

表 7.5　马铃薯覆膜气象服务指标

适宜气象等级	判断指标
不适宜	干旱时 0～50 cm 土壤相对湿度<45%
适宜	多雨时 0～50 cm 土壤相对湿度≥45%或 10 月份(秋覆膜)出现一场≥10 mm 降水

7.2.6　贮藏休眠期

通过走访区内外马铃薯种植大户及相关科研单位，以及 18 个马铃薯合作社用户反馈，总结了马铃薯贮藏休眠期气象服务指标(表 7.6)。

表 7.6　马铃薯贮藏休眠期气象服务指标

等级	日平均气温 T/℃	空气相对湿度
最适宜	$1<T\leqslant 3$	
适宜	$3<T\leqslant 5$	80%～85%
较适宜	$-2<T\leqslant 1$	

7.3　马铃薯农业气象灾害指标

根据宁夏气象科研所、固原市农业技术推广服务中心相关成果，以及相关的行业标准和地方标准，总结了马铃薯晚疫病、马铃薯高温危害、马铃薯霜冻指标和马铃薯干旱气象服务指标(表 7.7—表 7.10)。具体灾害与生产对策详见附表 1。

表 7.7　马铃薯晚疫病气象等级划分指标

晚疫病危害等级	等级描述	日相对湿度 RH/%	日平均气温 T/℃
0	不适宜	$RH<80$	$T<13$ 或 $T>30$
1	基本适宜	$80\leqslant RH\leqslant 85$	$10<T\leqslant 13$ 或 $24<T\leqslant 30$
2	适宜	$85<RH\leqslant 90$	$13<T\leqslant 16$ 或 $20<T\leqslant 24$
3	极适宜	$RH>90$	$16<T\leqslant 20$

表 7.8　马铃薯高温热害气象服务指标

发育时段	致灾因子	致灾等级	等级描述	指标/℃·h
播种期	播种当天地面温度≥29 ℃的小时温度总和	0	轻度	29～79
		1	中度	80～179
		2	重度	≥180
花序形成期	日最高气温、地面最高温度及浅层地温线性之和	0	轻度	800～1149
		1	中度	1150～1899
		2	重度	≥1900

续表

发育时段	致灾因子	致灾等级	等级描述	指标/℃·h
开花期	日最高气温、地面最高温度及浅层地温线性之和	0	轻度	640～859
		1	中度	860～1699
		2	重度	≥1700
块茎膨大期	日最高气温、地面最高温度及浅层地温线性之和	0	轻度	620～839
		1	中度	840～1679
		2	重度	≥1680

表 7.9　马铃薯初、终霜冻服务指标

致灾因子	发育时段	致灾等级	等级描述	指标/℃
日最低气温	出苗—分枝期	0	轻度	−0.5～0.0
		1	中度	−2.0～−0.6
		2	重度	≤−2.0
	淀粉形成—可收期	0	轻度	−0.4～0.0
		1	中度	−0.9～−0.5
		2	重度	≤−1.0

表 7.10　马铃薯干旱灾害指标

生育期	等级	等级描述	0～20 cm 耕层土壤重量含水率/%	干土层厚度/cm	作物可能出现的现象
发芽期	1	轻度	11.3～12.5	5～7	出苗缓慢不齐，但探墒深播可基本出苗。
	2	中度	10.0～11.3	7～8	土壤不能满足出苗，但播种后进行适度镇压，促进土壤和种薯紧密接触，争取出苗率达到 80%以上，对应的产量损失为受灾。
	3	重度	8.8～10.0	8～10	播种困难，即使深播镇压也只能使出苗率达到 70%，实行整薯播种并镇压保墒提墒，可望使出苗率达到 80%以上，对应的产量损失为成灾。
	4	特重	<8.8	>10	播种困难，整薯播种出苗后也严重萎蔫，对应的产量损失为成灾。
幼苗期	1	轻度	9.5～10.5	7～9	幼叶中午卷曲，夜晚可恢复，对应的产量损失为受灾。
	2	中度	8～9.5	9～11	白天大部分叶片卷曲，少部分出现萎蔫现象，夜晚部分叶片可恢复。对应的产量损失为受灾。
	3	重度	6.5～8	11～13	叶片失水、变黄、严重萎蔫，夜间也难以恢复。对应的产量损失为成灾。
	4	特重	<6.5	>13	叶片严重萎蔫，补水后也难以恢复。对应的产量损失为成灾，甚至绝产。

续表

生育期	等级	等级描述	0～20 cm 耕层土壤重量含水率/%	干土层厚度/cm	作物可能出现的现象
块茎膨大期	1	轻度	12.5～13.5	5～8	部分叶片中午卷曲但夜晚可以恢复。根系生长缓慢，块茎发生和膨大速度减缓。减产 10%以下。
	2	中度	11.5～12.5	8～10	植株生长缓慢，白天大部分叶片卷曲，少部分出现萎蔫现象，夜晚部分叶片可恢复。早熟品种块茎数减少，晚熟品种叶面积指数下降。可减产 20%～30%。
	3	重度	10～11.5	10～12	叶片失水、变黄、严重萎蔫，茎细弱，植株倒伏，夜间也难以恢复，块茎数量减少，小薯增多。对应的产量损失为受灾。可减产 30%～50%。
	4	特重	<10	>12	植株矮小、倒伏，叶片严重萎蔫，全株陆续枯死。形不成商品薯，全部为小薯、畸形薯。可减产 50%以上。

7.4 马铃薯全生育期气象服务要点

播种期：马铃薯在播种至出苗期，若土壤水分过大，往往导致烂薯，尤以全膜双垄侧播马铃薯烂薯严重。马铃薯播种前 10 d 或后 10 d 旬降水量>50 mm 时，地膜马铃薯的种薯易腐烂。当马铃薯播种前 10 d 或后 10 d 旬降水量≥100 mm 时，未覆膜的马铃薯的种薯和覆膜的马铃薯种薯 90%腐烂，导致缺苗严重。干旱季节，因干旱往往导致马铃薯不能出苗，30 g 的切块种薯在土壤干旱(0～10 cm 土壤相对湿度≤30%)持续 30 d 时，种薯失去活力无法出苗，导致缺苗断垄严重。因此，在干旱年份，要大力推广整薯或大于 80 g 的种薯块穴播、黑膜全覆盖双垄侧播等抗旱栽培技术。

出苗期：马铃薯出苗后要进行除草，清除好幼苗间杂草，让土壤变得疏松。马铃薯需肥量大，所以施肥是生产时的重点，也是全面提升马铃薯产量的主要手段。施肥时，通常在离幼苗 5 cm 的地方，挖深度约 3 cm 的坑，各坑里均匀放 4～5 g 氮磷钾复合肥，追肥后要迅速把肥料盖上，促使养分能充分地吸收。通常情况下，每公顷地尿素、磷酸二铵施用量各为 75 kg。宁夏马铃薯出苗期通常在 5 月中、下旬，仍然有遭受晚霜冻的风险，根据天气预报情况，对马铃薯苗期遭受霜冻的气象等级进行预测，指导种植户及时防霜，避免或减轻霜冻造成的损失。

分枝期：马铃薯分枝期需做好干旱监测和预报预测；马铃薯晚疫病发生气象等级监测及预报预测等工作。

花序形成期：马铃薯植株现蕾时地下块茎开始膨大，而到了盛花期以及浆果的形成期地下块茎的膨大速度会达到最快，马铃薯浆果的形成会消耗大量的养分，因此，给马铃薯植株摘花摘蕾可以让养分集中供应给薯块膨大，可以有效地避免浆果与块茎争夺养分(植株上浆果越多，对块茎产量影响越大)。马铃薯摘花摘蕾易在晴天进行，这样有利于伤口快速愈合，摘花摘蕾时可以用剪刀快速修剪，通过摘花摘蕾可以使产量提高 20%以上。另外，花序形成期是马铃薯一生中对土壤水分最敏感的时期，要求土壤疏松、通气良好，未覆膜的大田马铃薯要在此时段及时中耕松土。

开花期:在开花期可以进行叶面追肥,喷施“土豆膨大素”、尿素及磷酸二氢钾。同时铲除杂草,多层培土,追控化肥,病虫防治。早、晚疫病防治:70%代森锰锌可湿性粉剂 2.6～3.4 kg/hm^2,兑水后叶面喷洒。如果未及时喷药,发现晚疫病植株,需要用瑞毒霉(也称雷多米尔、甲霜灵)之类的药剂进行防治,同时及时拔除田间病株,带出田间深埋。蚜虫防治:用敌杀死、速灭杀丁等药剂防治蚜虫。当预计或发生干旱、连阴雨或高温时,针对主要天气过程及时编发马铃薯风险预警产品;根据天气情况,及时开展病虫害发生发展趋势预报,提前对晚疫病发生的气象等级进行预测,指导种植户及时开展防治工作,避免或减轻病害损失。当在开花期发生干旱、连阴雨或高温等农业气象灾害时,及时进行观测和调查,准确提供受灾情报。当灾害发生后及时进行观测,从马铃薯花期受害开始至受害症状不再加重为止。调查时主要记载实际出现使马铃薯花期受害的天气气候情况、受害症状、受害程度、灾后采取的主要措施。其中,受害症状主要描述花的受害部位,并指出其形态、颜色变化。

可收期:收获时进行马铃薯产量结构分析,收获前在观测地段取样,连续取 10 株。按行业标准《农业气象观测规范 马铃薯》(QX/T 300—2015)依次计算株薯块重、屑薯率、理论产量、鲜蔓重、薯蔓比。

其中,株薯块重(g/株):称取样本薯块总重,其与样本株数的比值。

$$\text{株薯块重}=\frac{\text{样本薯块重}}{\text{样本株数}} \tag{7.1}$$

屑薯率(%):直径≤2 cm 的屑薯重与样本薯块总重的比值。

$$\text{屑薯率}=\frac{\text{屑薯重}}{\text{样本薯块总重}}\times 100\% \tag{7.2}$$

理论产量(g/m^2):株薯块重与每平方米马铃薯株数的乘积。

$$\text{理论产量}=\text{株薯块重}\times\text{每平方米马铃薯株数} \tag{7.3}$$

鲜蔓重(g/m^2):将取样的所有株鲜蔓重求其平均,乘以可收期测定的每平方米株数。

薯蔓比:

$$\text{薯蔓比}=\frac{\text{样本薯块总重}}{\text{样本鲜蔓总重}} \tag{7.4}$$

在收获期,提前进行马铃薯收获期农业气象条件分析,提醒种植户及时关注临近天气预报,指导种植户及时开展田间工作,避免或减轻天气影响带来的损失。当在收获时发生连阴雨、霜冻等农业气象灾害时,及时进行观测和调查,准确提供受灾情报。调查时主要记载实际出现使马铃薯受害的天气气候情况、受害症状、受害程度、灾后采取的主要措施等。

窖藏期:马铃薯贮藏窖需挂防透光的帘子,避免光照影响马铃薯的品质;当白天气温过高时,可在晴朗无风的中午打开窖口,通风透气;若遇强降温,气温过低时,要加强防冻,以免马铃薯冻伤。在马铃薯贮藏过程中,若发生强寒潮、强降温、降雪等灾害天气,要及时编发相关农用天气预报,提醒种植户采取防寒等措施,避免或减轻天气影响带来的损失。

全生育期气象服务指标具体内容详见附表 2。

第 8 章　宁夏马铃薯气候变化适应对策

早在 20 世纪 90 年代，学者们就开展了粮食作物对气候变化适应性方面的研究，毕伯钧(1991)认为，为适应气候变化，东北地区需要做到开展农业生态环境动态监测；防止气候恶化，保护生态环境；趋利避害，减轻气候变暖对农业的影响以及开发"空中水库"，积极开展人工增雨的研究。马树庆(1996)采用作物生长发育和产量形成对气温、降水等资源环境条件的反应函数，建立气候变化条件下粮食产量变率理论推算模式，分析了主要作物生长季气温升、降和降水增、减等组合下东北地区粮、豆产量的变化，提出调整农作物品种布局和种植结构防御旱涝灾害；保护生态环境；加强作物病虫害防治等气候变化的适应性对策。李阳等(2020)分析了宁夏中南部山区马铃薯气候适宜度时空变化特征，认为宁夏同心县大部、彭阳县东部、盐池县南部的温度偏高，降水偏少，气候资源略差，马铃薯种植可采用稀植或渗水地膜技术。雷俊等(2023)利用农田土壤水分控制试验场，开展块茎膨大期马铃薯产量、光合生理指标及生物量等对水分胁迫的响应试验，结果显示，受水分胁迫下马铃薯产量、叶片光合生理及干物质积累均下降。学者们更是着眼于未来气候变化对农业生产的影响，李剑萍等(2009)研究发现，2020—2089 年西北区域马铃薯单产呈减少趋势，未来气候变化将使宁夏地区马铃薯生育期内蒸散量降低。未来气候变化对农牧交错带地区马铃薯产量和水分利用效率具有积极影响，农牧交错带地区更适宜灌溉马铃薯的生产(唐建昭 等，2020)。未来气候变化情景下，南方冬作区和西南混作区应通过优化管理措施降低升温对马铃薯的负效应，如调整播期(Haverkort et al.，2015)、选育耐高温品种(Hijmans et al.，2003)和合理灌溉(Raymundo et al.，2018)等适应措施。

8.1　资料和方法

8.1.1　资料来源

田间试验资料：2016—2017 年在原州区长城梁特色农业气象科技小院开展的马铃薯分期播种试验、品种筛选试验和不同栽培方式试验资料；2016—2017 年在同心县豫旺镇开展的马铃薯不同覆膜方式、品种筛选和全膜覆盖密度试验资料；2016 年西吉县吉强镇分期播种试验资料，形成了不同地域、不同时间青薯 9 号、宁薯 4 号系列样本和多项栽培措施样本。

农业气象观测报表资料：2009—2017 年西吉气象局、固原农业气象试验站马铃薯观测报表,包括马铃薯发育期、商品薯率、产量等资料。资料时间序列长,品种以宁薯4号和青薯9号为主,可形成序列。

气象资料:宁夏中南部山区国家气象观测站1954年以来逐日平均气温、最高、最低气温、降水、日照、空气相对湿度等资料。2007年以来,原州区长城梁特色农业气象科技小院、西吉县吉强镇、同心县豫旺镇试验点自动气象站资料。

8.1.2 技术方法

8.1.2.1 气象资料合成

按照宁夏调查总队农业调查队马铃薯1954—2017年各县(市、区)产量调查数据,包括固原、海原、西吉、隆德、泾源、彭阳、盐池和同心县历年马铃薯种植面积、单产和总产数据。以历年种植面积与区域马铃薯总面积的比为权重,形成宁夏贫困区马铃薯1954—2017年区域平均气候资料序列。

8.1.2.2 气候变化对马铃薯生育期关键气象因子及产量、商品性状的影响

根据1954—2017年宁夏马铃薯主产区各县逐日气象资料,按照第3章中所确定的关键期、关键气象因子建立逐年各关键气象因子序列,研究各关键因子的年际变化以及不同年型的变化规律。根据第3章所建立的关键气象因子模型,利用多年气候资料反演贫困区历年马铃薯产量、商品薯率,进行序列重建,研究马铃薯产量、商品性状的气候倾向率等的规律,揭示气候变化对马铃薯产量、商品性状的影响。

8.2 宁夏马铃薯主产区气候变化事实

8.2.1 气温的变化

全年气温的变化:自1961年以来,宁夏马铃薯主产区年平均气温、年平均最高气温和年平均最低气温均有不同程度的升高(图8.1)。其中,年平均最高气温升高幅度较小,气候倾向率为0.27 ℃/(10 a),年平均气温升高幅度较大,气候倾向率为0.40 ℃/(10 a),年平均最低气温

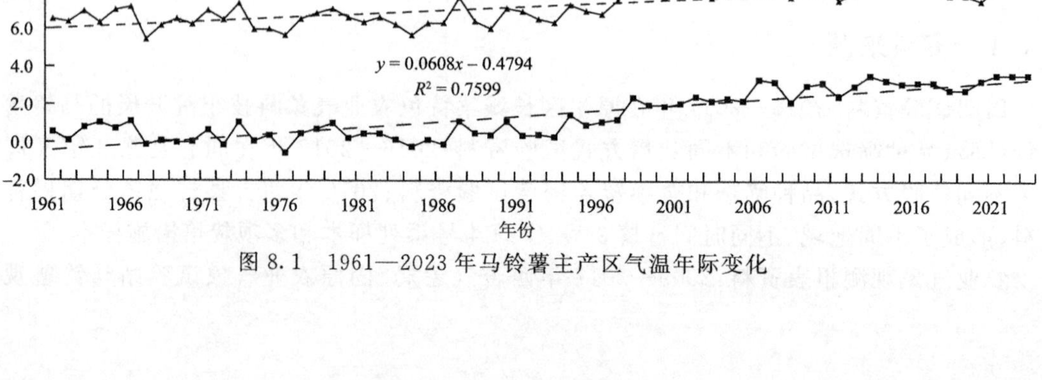

图8.1 1961—2023年马铃薯主产区气温年际变化

升高幅度最大，气候倾向率为 0.51 ℃/(10 a)。年平均气温、平均最高气温和平均最低气温其显著性水平检验均达到了 0.001(表 8.1)。

表 8.1　马铃薯主产区年气温随时间变化的趋势方程

要素	拟合方程	决定系数
平均气温	$y=0.0393x+5.9665$	0.6114
最高气温	$y=0.0267x+12.467$	0.3458
最低气温	$y=0.0608x-0.4794$	0.7599

注：y 为年气温要素，单位：℃；x 为年序。

生育期内气温的变化：按照宁夏马铃薯主产区马铃薯报表，以每年 4 月 21 日至 9 月 30 日这一时段作为马铃薯生育期，分析马铃薯生育期内气温的年际变化。

1961 年以来，马铃薯主产区生育期内气温的变化规律与年平均气温的变化规律基本一致(图 8.2)。生育期平均气温、平均最高气温和平均最低气温均呈升高趋势，其中，平均最低气温升高幅度最大，平均升高 0.55 ℃/(10 a)，平均气温次之，平均升高 0.42 ℃/(10 a)，平均最高气温升高幅度最小，升高了 0.30 ℃/(10 a)，生育期内气温的增幅均通过了 0.001 的显著性水平检验(表 8.2)。

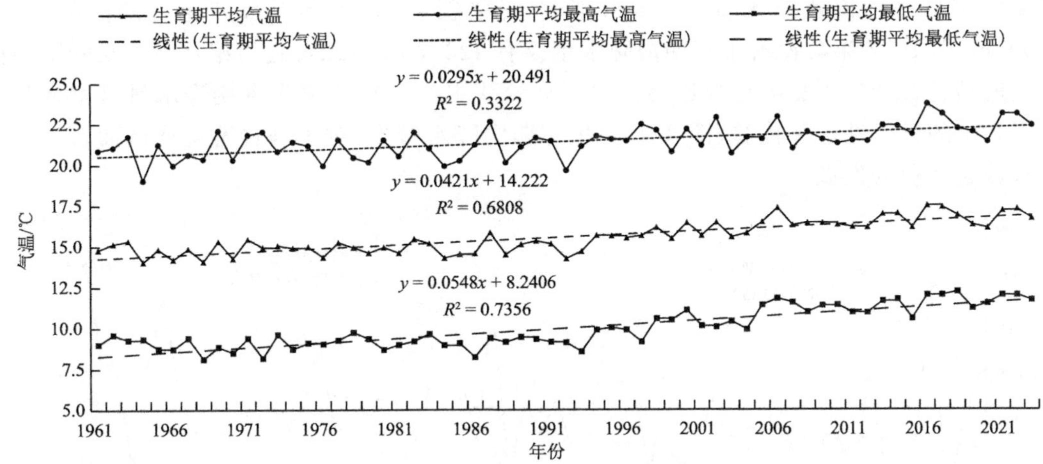

图 8.2　1961—2023 年马铃薯主产区生育期气温年际变化

表 8.2　马铃薯主产区生育期内气温随时间变化的趋势方程

要素	拟合方程	决定系数
平均气温	$y=0.0421x+14.222$	0.6808
最高气温	$y=0.0295x+20.491$	0.3322
最低气温	$y=0.0548x+8.2406$	0.7356

注：y 为年气温要素，单位：℃；x 为年序。

8.2.2　降水量的变化

年降水量的变化：1961—2023 年马铃薯主产区多年平均降水总量为 427.2 mm/a，图 8.3 反映了 63 a 降水总量的变化情况，降水量的年际变化很大，年降水总量最大值出现在 2013

年，达到 711.6 mm，年降水总量最少的年份是 1963 年，仅有 240.6 mm。从变化趋势来看，整体上呈现较弱的增多趋势，增加 22 mm/(10 a)，通过了 0.01 的显著性水平检验。

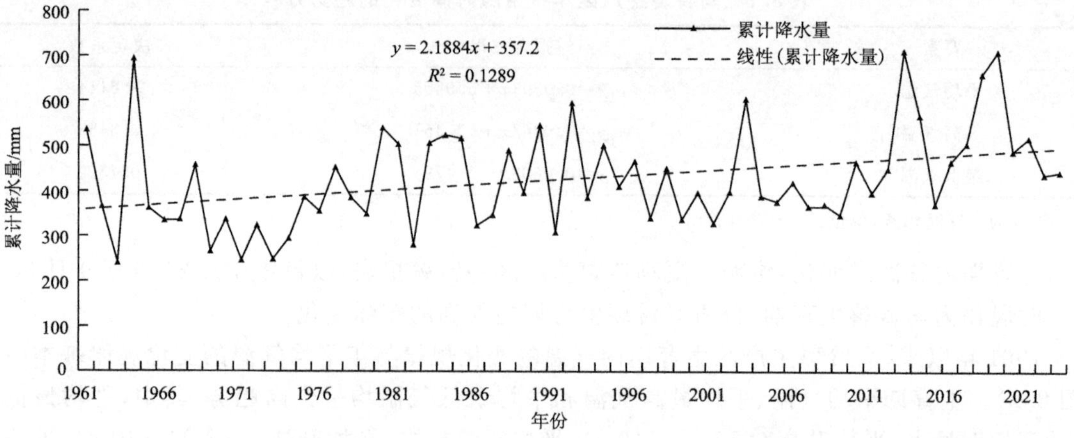

图 8.3　1961—2023 年宁夏马铃薯主产区降水年际变化

生育期降水量的变化：宁夏马铃薯主产区降水主要集中在夏秋季节，在马铃薯生育期内。生育期内多年平均降水量为 330.1 mm，降水变率较大，2019 年马铃薯生育期内降水量达 628.3 mm，而 1972 年马铃薯生育期内降水量仅有 123.7 mm，二者之间相差 504.6 mm。这可能是当地马铃薯产量不稳的重要原因。宁夏马铃薯主产区马铃薯生育期降水量呈增多趋势，通过了 0.1 的显著性水平检验(图 8.4)。生育期内降水增多，对于马铃薯主产区而言，十分有利于马铃薯产业的发展。

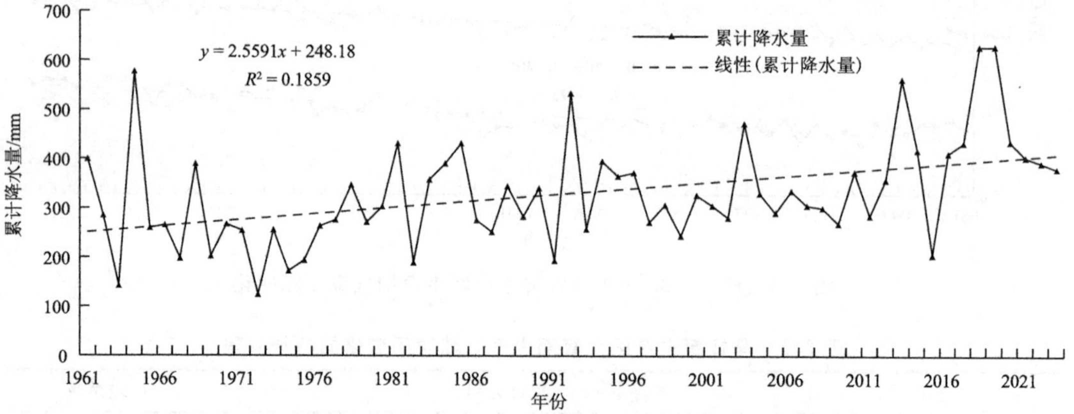

图 8.4　1961—2023 年宁夏马铃薯主产区马铃薯生育期内降水量年际变化

8.2.3　日照时数的变化

年平均日照时数：1961—2023 年，按平均到逐日统计计算，年平均日照时数为 6.9 h，年平均日照时数最小值为 6.0 h(2020 年)，最大值为 7.6 h(1995 年)。从 1961 年开始日照时数逐渐增大，到 1988 年前后到达最大值，之后又开始逐渐减少，呈开口向下抛物线形变化，通过了 0.01 的显著性水平检验(图 8.5)。

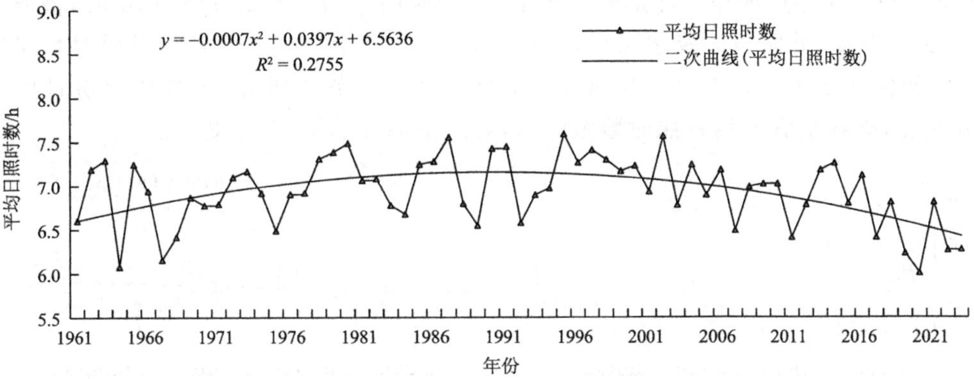

图 8.5　1961—2023 年宁夏马铃薯主产区日照时数的年际变化
(平均到逐日)

生育期平均日照时数:生育期内平均日照时数为 7.3 h,比年平均日照时数多 0.4 h。生育期平均日照时数最小值为 6.0 h(1964 年),最大值为 8.4 h(1997 年)。从 1961 年开始生育期日照时数逐渐增大,到 1991 年前后到达最大值,之后又开始逐渐减少,呈开口向下抛物线变化,通过了 0.05 的显著性水平检验(图 8.6)。

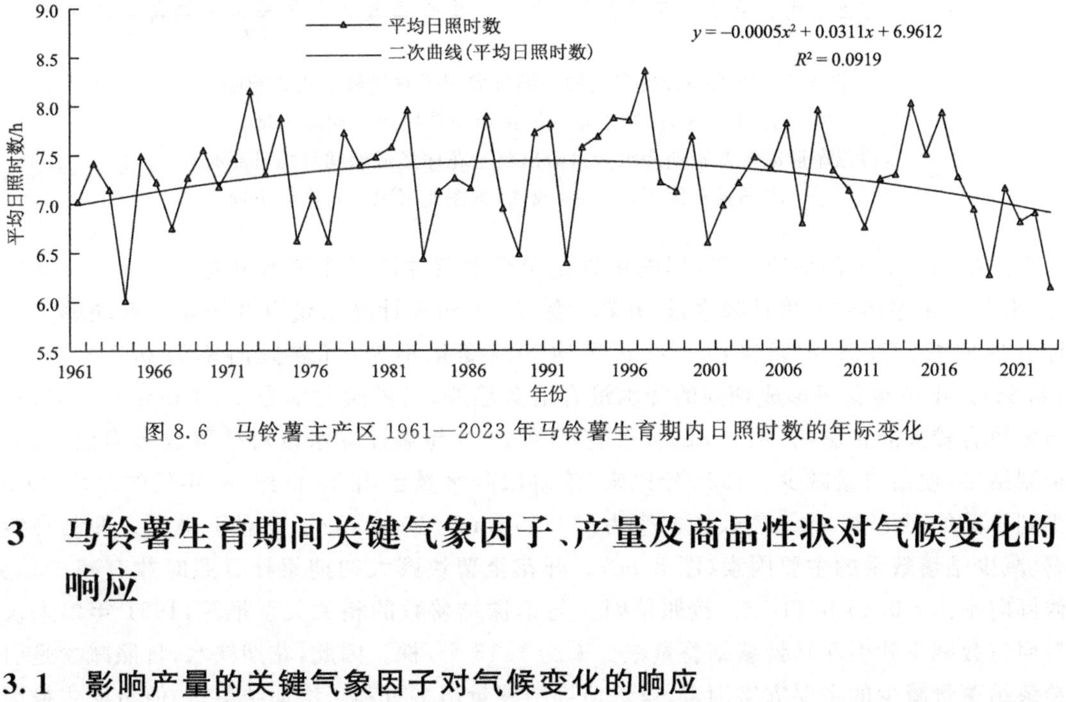

图 8.6　马铃薯主产区 1961—2023 年马铃薯生育期内日照时数的年际变化

8.3　马铃薯生育期间关键气象因子、产量及商品性状对气候变化的响应

8.3.1　影响产量的关键气象因子对气候变化的响应

根据本书第 3 章 3.3 节的研究结果,马铃薯鲜食产量与播前(3—4 月)降水量、出苗至花序形成期降水量、花序形成至开花期降水量以及出苗至花序形成期间日均日照时数关系密切。

1961 年以来,宁夏中南部山区马铃薯播前 3—4 月份降水量呈增多趋势,气候倾向率为 0.98 mm/(10 a),对增产有利(图 8.7a)。出苗至花序形成阶段是马铃薯苗期发棵,搭好丰产架子的主要时期,期间的降水量总体呈增多趋势,气候倾向率为 2.54 mm/(10 a),对产量形成有利(图 8.7b)。花序形成至开花期的降水量,气候倾向率为-1.17 mm/(10 a),该阶段是小薯形成的关键时期,此阶段的降水减少,对产量影响较大(图 8.7c)。日均日照时数呈缓慢减少趋势,气候倾向率为-0.08 h/(10 a),但根据 3.3.1.1 节的研究,大多数年份日照时数在 7.5 h/d 左右,处在适宜日均日照时数范围内,对产量的影响不大(图 8.7d)。

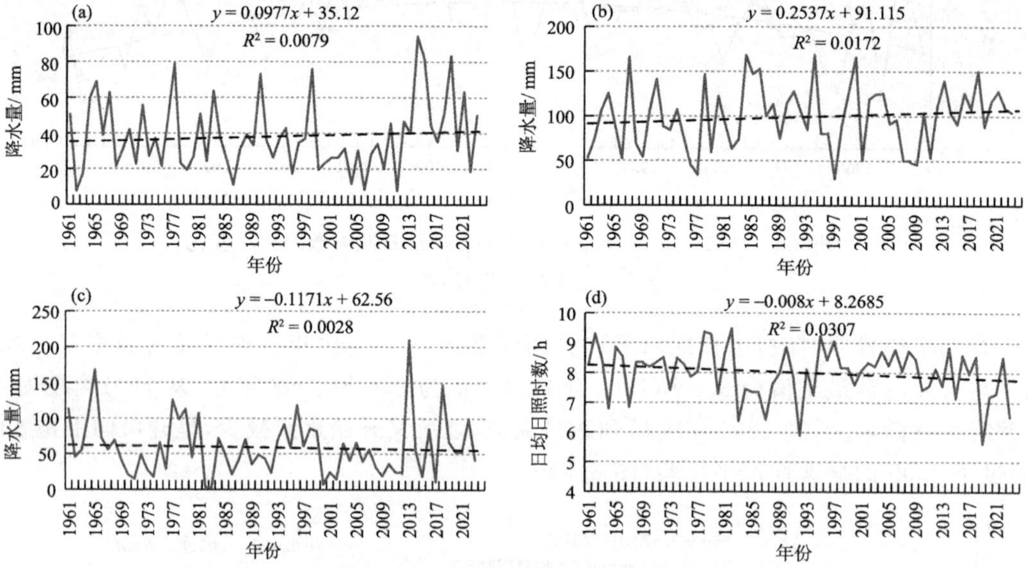

图 8.7 影响马铃薯产量的关键气象因子对气候变化的响应

(a)播前(3—4 月)降水量;(b)出苗至花序形成期降水量;

(c)花序形成至开花期降水量;(d)出苗至花序形成期间日均日照时数

(——本图要素因子;----线性(本图要素因子);本章下同)

根据本书 3.3 节的研究结果,影响单株结薯数的气象因子主要有开花后第 1—50 d 平均气温、出苗至花序形成期累计降水量、开花后第 1—3 旬累计降水量以及开花至薯块膨大初期累计日照时数。1961 年以来,1—50 d 平均气温变化不大,气候倾向率为 0.2 ℃/(10 a)(图 8.8a)。出苗至花序形成期间的降水量有增多趋势,气候倾向率为 2.54 mm/(10 a),对单株结薯数有较大的正影响(图 8.8b)。开花后第 1—3 旬累计降水量对结薯数影响很大,干旱会抑制结薯,使结薯量减少。1961 年以来,该阶段降水量已由 20 世纪 60 年代的平均 30 mm 减少到目前的不足 20 mm,气候倾向率为-3.55 mm/(10 a),花期高温干旱成为抑制马铃薯结薯、减少结薯数量的主要因素(图 8.8c)。开花至薯块膨大初期累计日照时数有减少趋势,气候倾向率为-0.45 h/(10 a),按照单因子与单株结薯数的相关关系推算,1961 年以来仅花期日照时数减少就引起马铃薯结薯量减少率为 1.15 个/株。因此,花期缺水,日照减少是引起马铃薯结薯量减少的主要灾害因素,虽然苗期结薯量增多有利于增加结薯量,但负面主控因子多,在因子气候变化的共同作用下,使马铃薯单株结薯量呈显著减少的趋势(图 8.8d)。

8.3.2 影响马铃薯商品性状的关键气象因子对气候变化的响应

根据本书第 3 章 3.3 节的研究结果,影响商品薯率的因子有块茎膨大期日均降水量、开花后第 4 旬平均气温以及播种前 2 个月日均降水量。

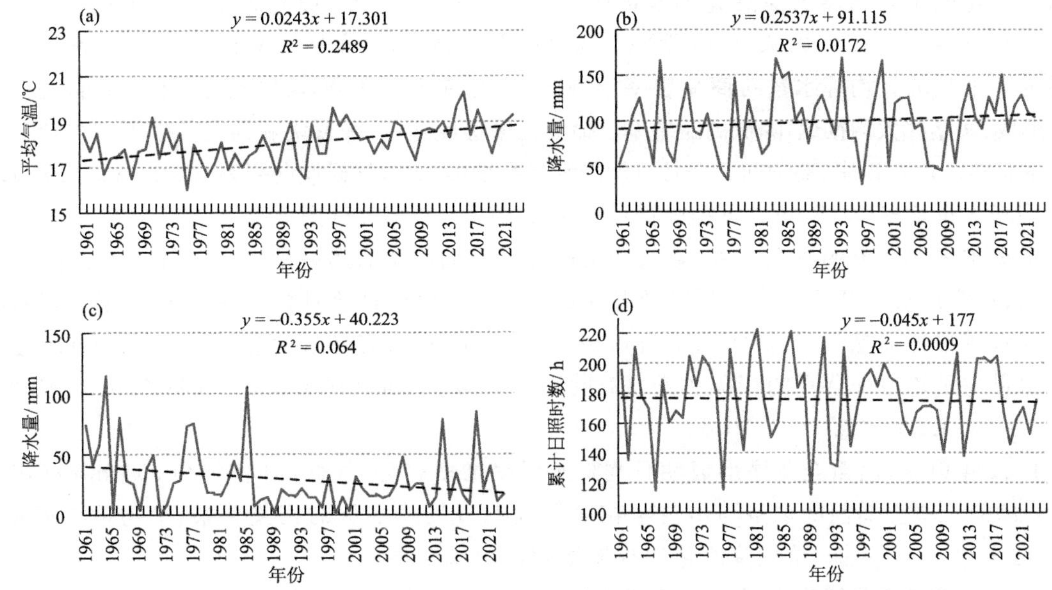

图 8.8　影响马铃薯平均单株结薯数量的关键气象因子对气候变化的响应

(a)开花后第 1—50 d 平均气温；(b)出苗至花序形成期累计降水量；

(c)开花后第 1—3 旬累计降水量；(d)开花至薯块膨大初期累计日照时数

马铃薯块茎膨大期日均降水量呈减少趋势，气候倾向率为－0.046 mm/(10 a)，1961 年以来膨大期日均降水量已减少 0.29 mm/d，按照薯块膨大期平均 80 d 估算，膨大期累计降水量减少了 23.2 mm，造成商品薯率下降(图 8.9a)。开花后第 4 旬一般在 8 月上旬，多数年份，从 8 月中旬开始气温逐渐下降，马铃薯进入淀粉积累期。根据单因子与商品薯率的相关关系，开

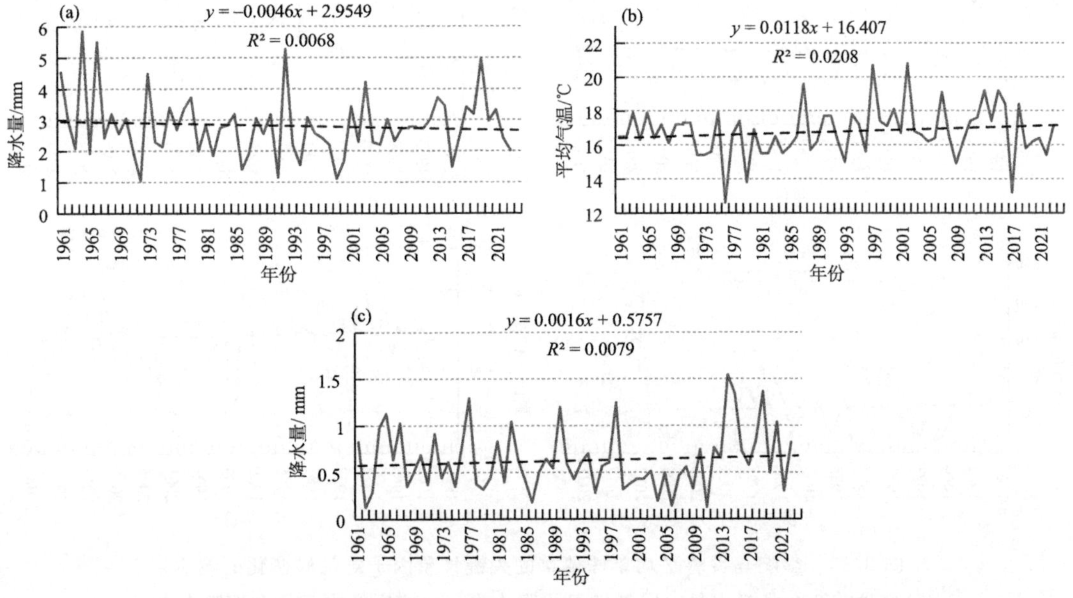

图 8.9　影响马铃薯商品薯率的关键气象因子对气候变化的响应

(a)块茎膨大期日均降水量；(b)开花后第 4 旬平均气温；(c)播种前 2 个月日均降水量

花后第 4 旬的平均气温与商品薯率呈负相关，气温每升高 1 ℃，商品薯率下降 4.0%～5.5%(参见第 3 章)。1961 年以来，该阶段平均气温有上升趋势，对商品薯率有不利影响(图 8.9b)。播种前 2 个月的日均降水量对商品薯率影响较大，播前干旱少雨，难以及时下种，出苗、发棵迟，小薯形成、块茎膨大均推迟，降低商品薯率。播前土壤湿度适宜，种薯块顺利发芽生根，对马铃薯商品薯率有利。1961 以来，播种前 2 个月日均降水量有增多趋势，气候倾向率为 0.016 mm/(10 a)，播前累积降水量增多 6.15 mm，可提高商品薯率 1.96%～6.88%(图 8.9c)。

根据本书 3.3 节的研究结果，影响平均单株薯重的因子有播种前 2 个月降水量、苗期日均降水量、花序形成至开花期降水量以及开花后 1—50 d 累计日照时数。1961 年以来，播种前 2 个月降水量呈增加趋势，气候倾向率为 0.98 mm/(10 a)，播前降水量增多了 6.15 mm，根据播前降水量与平均单株薯重的相关关系，21 世纪 10 年代平均单株薯重比 20 世纪 60 年代增重了 22.97～44.85 g/株(图 8.10a)。

1961 年以来，出苗至花序形成期日均降水量呈增多趋势，气候倾向率为 0.04 mm/(10 a)(图 8.10b)。根据播前降水量与出苗至花序形成期日均降水量的相关关系，平均单株薯重每 10 年可增加 4.42 g/株，苗期降水量对提质增效的效果明显。

花序形成至开花期降水量是保证营养生长转向生殖生长的关键。1961 年以来，花序形成至开花期降水量、呈减少趋势，气候倾向率为 －1.17 mm/(10 a)，花期降水量减少了 7.94 mm，导致平均导致薯重降低了 19.29～51.13 g/株(图 8.10c)。

开花后 1—50 d 的累积日照时数呈减少趋势，气候倾向率为 －2.12 h/(10 a)。块茎膨大期持续阴雨寡照天气增多，日照减少导致平均单株薯重下降(图 8.10d)。

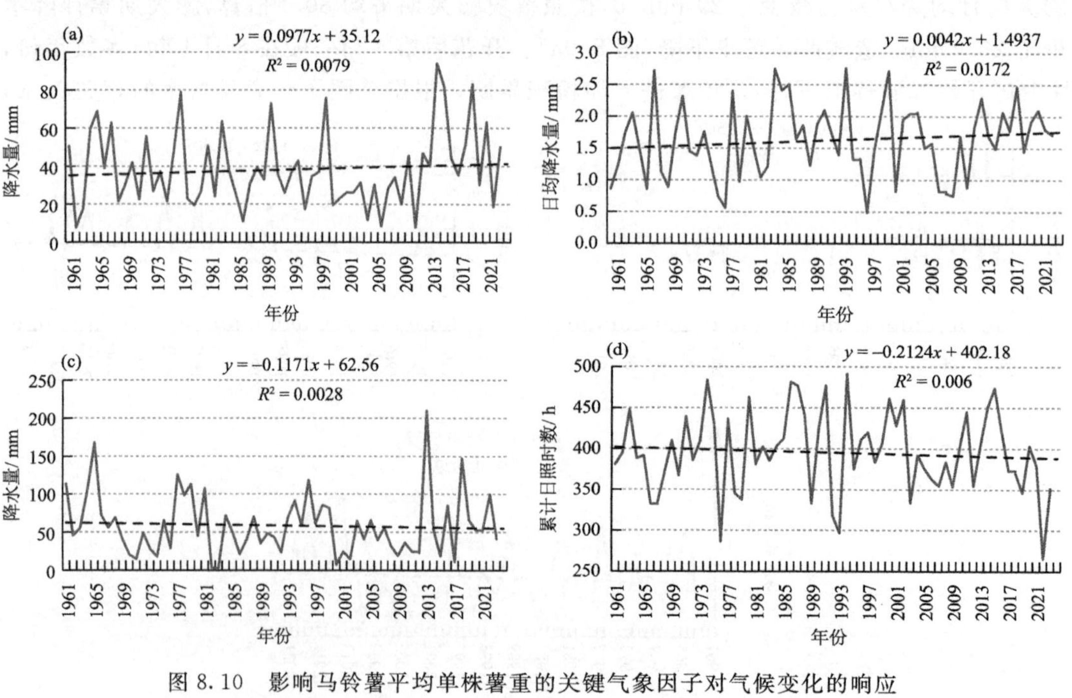

图 8.10　影响马铃薯平均单株薯重的关键气象因子对气候变化的响应

(a)播种前 2 个月降水量；(b)苗期日均降水量；(c)花序形成至开花期降水量；

(d)开花后 1—50 d 累计日照时数

8.3.3　马铃薯产量、商品性状对气候变化的响应

综合上述因子对马铃薯产量和商品性状的定量评估，以第 3 章中的权重合成模拟方程反演了历年马铃薯鲜薯产量和商品性状对气候变化的响应，结果见图 8.11。

总体来看，马铃薯鲜薯产量随着气候变化有增产趋势，气候倾向率为 84.31(kg/hm^2)/(10 a)，气候的作用使马铃薯增产 525.5 kg/hm^2。平均单株结薯数随着气候变化有减少趋势，气候倾向率为－0.09 个/株/(10 a)。1961 年以来气候变化导致平均单株结薯数减少 0.57 个/株。商

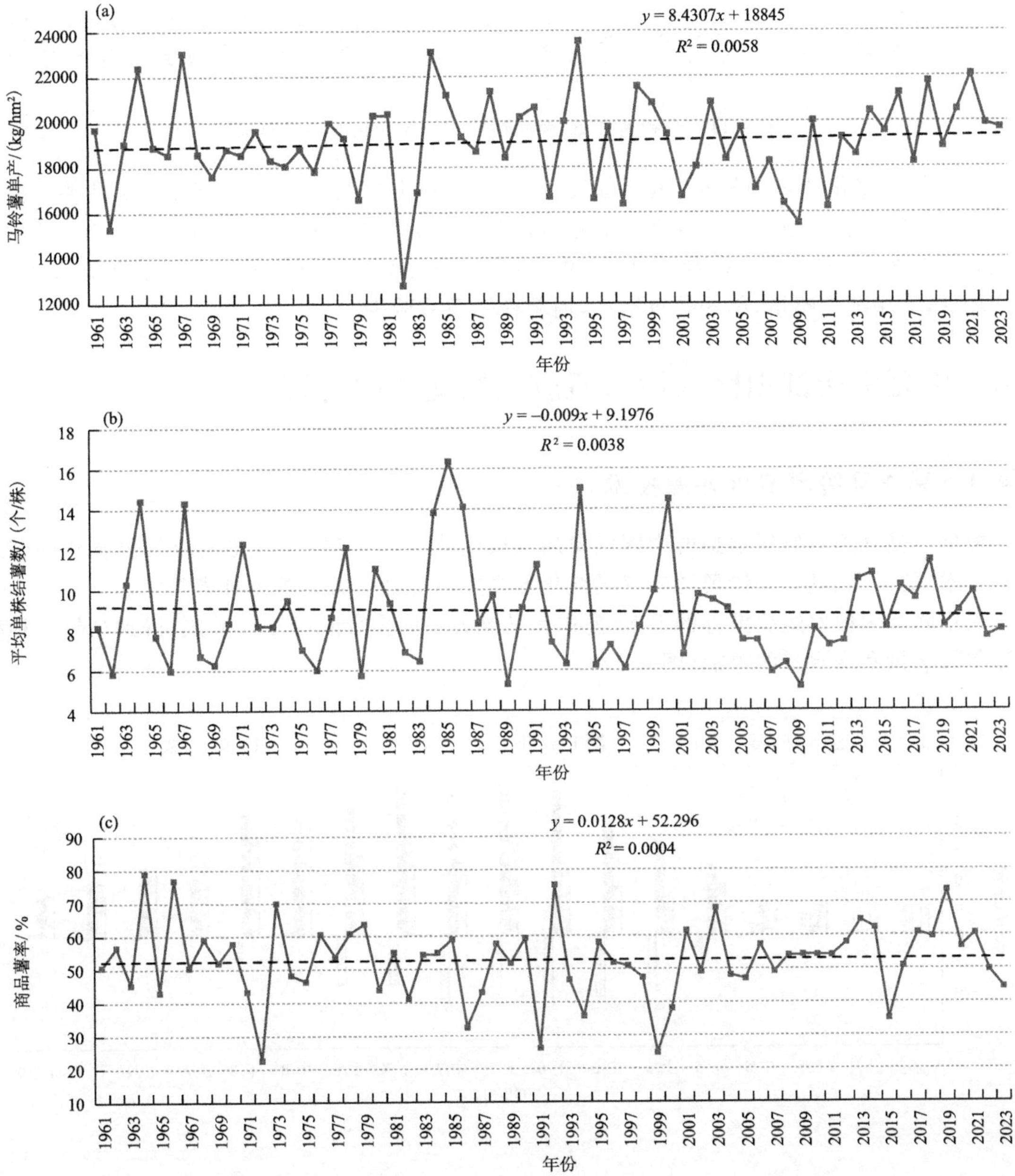

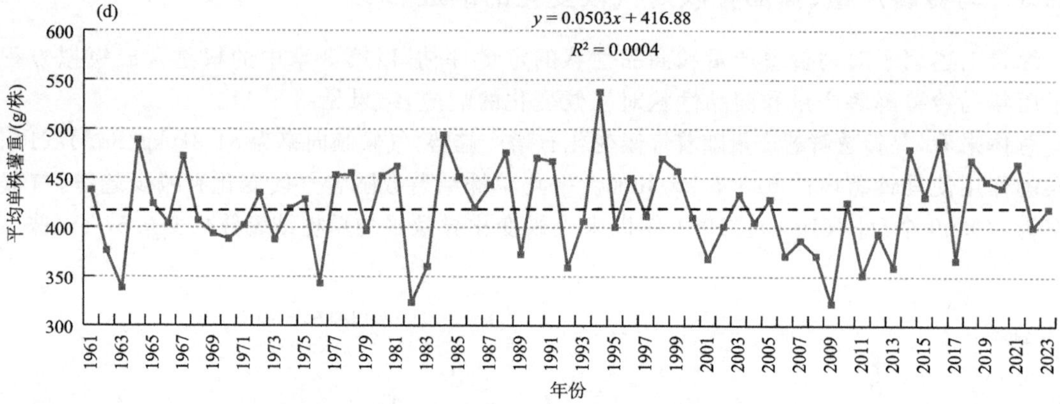

图 8.11　马铃薯产量、商品性状对气候变化的响应模拟

品薯率受气候变化的影响较小，呈弱的正趋势，气候倾向率为 0.13%/(10 a)，商品薯率提高 0.81%。平均单株薯重随着气候变化而略有增加，气候倾向率为 0.50(g/株)/(10 a)，单株薯重提高了 3.34 g/株。总体来看，宁夏气候变化使宁夏中南部山区马铃薯生产情况趋于改善，单产增加，大中薯率略增，单株薯重增加，但单株结薯数减少。

8.4　宁夏中南部山区马铃薯适应气候变化的对策

8.4.1　旱作马铃薯节水补灌技术

根据宁夏气象科研所承担的中国气象局气候变化专项“宁夏马铃薯适应气候变化的节水抗旱技术”的研究表明，马铃薯适应气候变化的主要措施之一就是节水补灌技术。

采用联合国粮农组织推荐的 P-M 公式和马铃薯不同生育阶段作物系数，得到马铃薯种植区逐旬需水量和降水量的差额(图 8.12)。

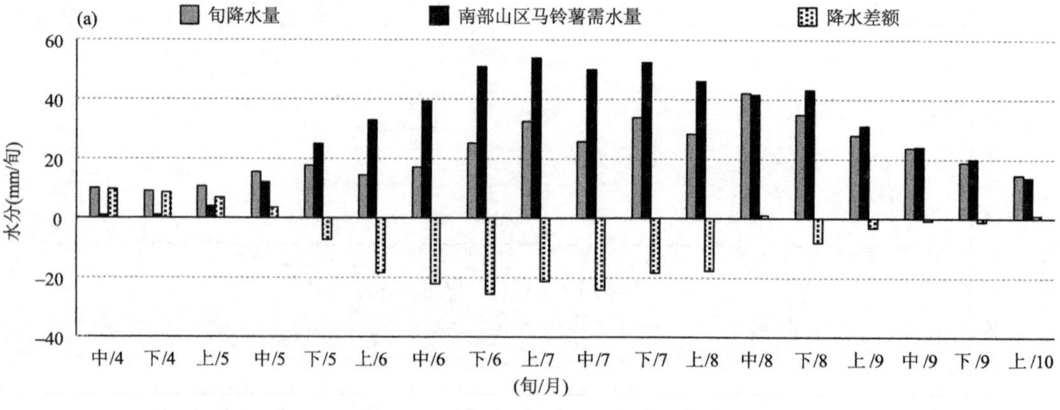

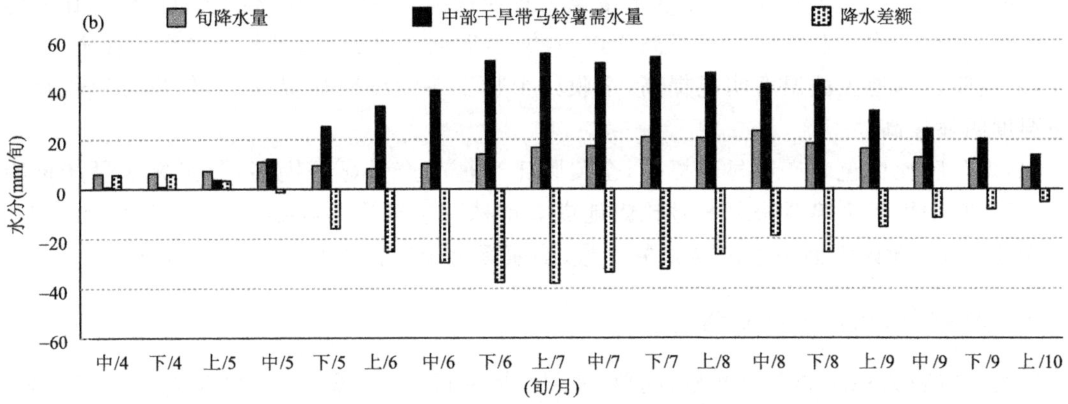

图 8.12　南部山区(a)和中部干旱带(b)马铃薯需水量和降水量的差额

马铃薯逐旬需水差额表明,马铃薯出苗后不缺水,需水量来自于土壤底墒,自 5 月下旬开始,随着马铃薯需水量的逐渐增加,水分差额逐渐增加,至 7 月中下旬,水分差额达到最大,其中中部干旱带水分差额最大,达到－37.8mm,南部山区较小,为－25.6,而此时中部干旱带和南部山区的平均降水量分别为 16.7mm、50mm,不能满足马铃薯需水量的增加。8 月开始,降水量逐渐增大,马铃薯得以恢复生长,随着马铃薯需水量的逐渐减小和秋季降水量的增加,水分亏缺差额逐渐减小。在马铃薯整个生育期间,南部山区有 7 个旬水分亏缺＞10 mm,中部干旱带 12 个旬水分亏缺＞10 mm,宁夏中南部山区水分亏缺从南到北逐渐严重。按照累计水分亏缺控制在 20%以内的原则,得到中部干旱带和南部山区马铃薯补灌定额(表 8.3)。

表 8.3　旱作马铃薯灌溉方案和定额　单位:mm

旬/月	下/5	上/6	中/6	下/6	上/7	中/7	下/7	上/8	中/8	下/8	上/9	中/9	下/9	合计
南部山区		50			50									100
中部干旱带		80		100		100		100		45				425

按照灌溉定额和水分差额,南部山区只要在 6 月上旬和 7 月上旬分别补灌 50 mm,但中部干旱带需要灌溉 5 次,总补灌量达到 425 mm,而中部干旱带大部分地区并不具备这样的补灌条件,因此,中部干旱带不适合种植马铃薯。

8.4.2　马铃薯秋覆膜蓄水保墒技术

根据 2016—2017 年在同心县豫旺镇开展的马铃薯不同覆膜方式、品种筛选和全膜覆盖密度试验资料,我们了解到不同膜色、不同覆膜方式等栽培措施对不同品种马铃薯在发育进程、土壤水分利用和产量方面的影响,得出以下结论。

(1)覆膜可集雨保墒,提高地温。全膜出苗较快,其次是半膜,露地最慢。其中白色全膜出苗最早,比露地提前出苗 3 d,且出苗整齐,出苗率高,但黑色全膜成熟最晚,生育期延长有利于增产。

(2)全膜、半膜和露地之间的土壤水分差异非常显著,但白色膜和黑色膜之间土壤含水量差异不明显。全膜 0～100 cm 土壤含水量全生育期最高，苗期比半膜高 1 个百分点，比露地栽培高 2 个百分点，水分利用效率黑膜高于白色膜、全膜高于半膜、冀张薯 8 号高于虎头。

(3)覆膜比露地土壤温度明显提高，全膜比半膜土壤温度明显提高，白色膜与黑色膜相比土壤温度明显偏高。

(4)黑色膜比白色膜产量显著提高，全覆膜比半覆膜产量显著提高，冀张薯 8 号产量明显高于虎头，其中黑色全膜冀张薯 8 号比露地虎头单株薯重高出 488 g，亩产量高出 1087.4 kg，增产 306.5%。建议大面积推广冀张薯 8 号，滴灌黑色全膜覆盖栽培增产 3 倍以上。

8.4.3 马铃薯新品种的筛选

选用性状较为稳定的青薯 9 号、陇薯 14 号、晋薯 16 号、宁薯 18 号以及大西洋作为对照，2019—2020 年在原州区长城梁特色农业气象科技小院和原州区张易陈沟村开展了马铃薯品种的试验，通过对收获的马铃薯产量、商品薯率、大薯率数据分析(表 8.4)，确定了马铃薯主产区适宜的品种。

表 8.4 不同品种的马铃薯产量、商品薯率、大薯率

地段	品种	理论产量/(kg/m^2)	实际产量/(kg/m^2)	果实个数/个	商品薯率/%	大薯率/%	坏果率/%
长城梁科技小院	青薯 9 号	4.188	4.185	12.4	59.7	24.2	0.9%
	大西洋	1.772	1.772	9.2	78.3	32.6	1.2%
	陇薯 14 号	3.275	3.277	8.8	70.6	20.5	1.5%
	晋薯 16 号	2.631	2.633	7.6	60.5	23.7	2%
	宁薯 18 号	2.923	2.925	7.2	69.4	44.4	2%
张易陈沟村	青薯 9 号	4.544	4.542	13.6	67.1	39.4	1%
	大西洋	2.071	2.072	9.8	80.6	31.7	1%
	陇薯 14 号	3.972	3.974	9.3	72.9	24.9	1%
	晋薯 16 号	3.013	3.015	8.1	61.8	27.1	3%
	宁薯 18 号	3.378	3.380	7.9	73.9	49.2	5%

注：商品薯的定义为单薯质量＞50 g，大薯的定义为单薯质量＞150 g。

通过在长城梁特色农业气象科技小院与固原张易陈沟村进行的马铃薯品种试验，对比分析各品种马铃薯的产量及商品性状的结果表明：

青薯 9 号在两个地段产量、性状及产量指标均为 5 个品种最佳的品种，陈沟村产量较科技小院偏多 3574.5 kg/hm^2，结薯个数为 12.4～13.6 个/株，商品薯率达 59.7%～67.1%，大薯率达 24.2%～39.4%，坏果率仅为 0.9%～1.0%，综合来说，结薯率高、产量大、薯块大小均匀，坏薯或烂薯少，薯型为纺锤状，综合现状较为稳定。

陇薯 14 号的表现也较为稳定，产量仅次于青薯 9 号，薯型为扁圆形、淀粉含量较高。

晋薯 16 号介于中间，产量水平较好，但晚疫病、软腐病明显，属菜用型，淀粉含量较低，薯块为圆形。宁薯 18 号，产量与陇薯接近，结薯个数相对较少，单薯重量较大，但晚疫病、软腐病明显。

大西洋属中熟品种，不耐旱，需种植在进行人工灌溉或降水较多的区域，宁夏主产区产量较低。

8.4.4 马铃薯适宜播期

选择宁夏马铃薯主产区适宜品种青薯 9 号和陇薯 14 号为对象，通过分期播种试验，确定最佳播期。不同播期下的小区产量和商品薯率见表 8.5。

表 8.5 不同播期的马铃薯产量、商品薯率、大薯率

播期	小区产量/[kg/(33 m^2)]				商品薯率/%	大薯率/%
	Ⅰ	Ⅱ	Ⅲ	平均		
1	98.4	110.5	117.6	108.8	68.7	10.2
2	114.8	116.3	96.2	109.1	70.2	10.5
3	152.6	135.3	143.5	143.8	71.1	12.9
4	125.6	136.8	123.7	128.7	78.7	13.1
5	100.8	123.6	154.2	126.2	71.5	5.0

通过青薯 9 号马铃薯 5 期分期播种试验结果表明，马铃薯主产区青薯 9 号不同播期对马铃薯的产量及商品性状产生较大的影响，产量在 108.8～143.8 kg/(33 m^2)，商品薯率在 68.7%～78.7%，大薯率在 5.0%～10.2%，5 月 3 日播种产量最高，5 月 15 日播种商品薯率及大薯率最高，建议青薯 9 号播种期以 5 月上中旬播种为宜。

8.4.5 马铃薯双垄全膜覆盖沟播适宜密度

马铃薯双垄全膜覆盖沟播技术是一项突破性的旱作节水农业新技术，集垄面集流、覆膜抑蒸、垄沟播种于一体，使土壤生态环境发生了较大变化。为了探究双垄全膜覆盖沟播技术下，宁夏马铃薯适宜播种密度，2016—2017 年在同心县豫旺镇开展了马铃薯双垄全膜覆盖沟播适宜密度的试验(表 8.6)。

表 8.6 不同密度的产量表现

处理	播种期（日/月）	出苗期（日/月）	开花期（日/月）	成熟期（日/月）	单株结薯数/个	单株薯重/g	折合单产/(kg/hm^2)
22500 株/hm^2	5/5	5/6	2/7	14/9	4.87	572	12870.0
30000 株/hm^2	5/5	5/6	2/7	13/9	4.42	546	16379.4
37500 株/hm^2	5/5	5/6	3/7	13/9	4.07	408	15299.3
45000 株/hm^2	5/5	5/6	4/7	11/9	4.03	332	14939.1
52500 株/hm^2	5/5	5/6	4/7	10/9	4.1	281	14751.8

从表 8.6 中可以看出，不同密度出苗到现蕾生育进程没有差异，开花期随着密度增大，发育期提早。随着密度的增加，各项农艺性状指标逐渐减小，密度越大，植株田间长势越弱。产量由高到低依次为 30000 株/hm^2、37500 株/hm^2、45000 株/hm^2、52500 株/hm^2 和 22500 株/hm^2。适当密植均比传统密度增产，说明中部干旱带马铃薯全膜双垄覆盖栽培下适宜密度应增大到 30000 株/hm^2，可增产 20%以上。

8.4.6 马铃薯晚疫病监测、预报、预警、信息发布及防治一体化技术

宁夏气象部门与宁夏回族自治区农业技术推广总站合作，共同完成了宁夏马铃薯晚疫病监测、预报、预警及防治一体化技术研发。将马铃薯晚疫病长期趋势预报模型、比利时CAR-AH马铃薯晚疫病监测预警模型纳入了马铃薯晚疫病监测预警及防治决策系统平台。利用筛选出的种薯处理、苗期防治农药品种及农药配方组合等技术措施开展马铃薯晚疫病监测预警及综合防控工作。采用模糊综合评判方法建立的马铃薯晚疫病流行程度长期预测模型进行长期预报，预报准确率达到90%以上，利用“宁夏马铃薯晚疫病监测预警综合防控技术模式”进行药剂拌种和田间药剂防治，药剂拌种防治效果达到70%以上。技术集成创新与转化能力强，技术普及率高，同时构建了宁夏马铃薯晚疫病监测预警体系，实现晚疫病防控技术决策智能化、用药精准化。马铃薯晚疫病监测、预报、预警、信息发布及防治一体化技术集成优化了马铃薯晚疫病综合防控技术模式，实现了晚疫病防控标准化。

第 9 章　宁夏马铃薯智能化农业气象业务服务系统介绍

随着现代农业的发展，农业生产过程中的需求结构、供给模式、资源配置、经营模式均发生了明显变化。特别是近年来我国现代农业发展体现出明显的多元化特征，即产品和产业结构多元化、经营模式多元化、经营主体和经营方式多元化。传统农业气象服务产品与服务方式已不能满足新形势下气象为农服务的需求。2016 年中央 1 号文件提出“大力发展智慧气象服务”。2016 年全国气象局长会议更是明确要求“发展基于‘互联网＋’的智慧农业气象服务，提高面向新型农业经营主体的直通式、个性化服务水平”。依托气象现代化建设成果，利用大数据、云计算、WebGIS、互联网＋、移动互联网等现代 IT 新技术，发展智慧农业气象，实现气象为农服务信息全面互联、集约共享、协同高效，是当前和未来农业气象业务与服务现代化建设的一项重要内容。

宁夏马铃薯智能化农业气象业务服务系统的研发是新时期农业气象发展的新要求，系统建设对提升农业气象业务服务产品的制作效率、时效性，提升气象为农服务能力，提高服务针对性、指导性具有重要意义。宁夏马铃薯智能化农业气象业务服务系统是在宁夏智能化农业气象业务服务系统的基础上，为实现“一县一品”“一业一策”精细化业务服务而开发的针对马铃薯全程农业气象服务的智能化业务服务系统。

9.1　系统研发目标内容及预期成效

9.1.1　系统研发目标

完成宁夏马铃薯基础信息一张图绘制，实现数据一张网和产品一张图的整体系统开发设计要求。

9.1.2　主要研发内容

开展业务服务产品的研发，实现业务产品 1 km×1 km 格点自动化生成和服务产品的智能化制作。目前已完成马铃薯晚疫病监测、马铃薯土壤水分动态监测、马铃薯晚疫病评估、马铃薯气候适宜度评价、马铃薯适宜播种期预报、马铃薯施肥气象条件适宜性预报、马铃薯晚疫病气象等级预测、马铃薯喷药气象条件适宜性预报、马铃薯单产预报、马铃薯收获气象适宜度预报等业务产品自动生成和服务产品智能化制作。

9.1.3 系统研发预期成效

实现区、市、县三级一体化马铃薯全程气象业务服务材料的自动和智能制作及发布,并在示范种植园区开展服务,成为宁夏马铃薯气象服务中心的核心业务支撑系统,开展宁夏的马铃薯气象业务服务。

9.2 系统整体框架设计

该系统主要由四个子系统组成,包括基础数据管理子系统、业务产品自动生成子系统、服务产品智能制作子系统和管理子系统,见图 9.1。

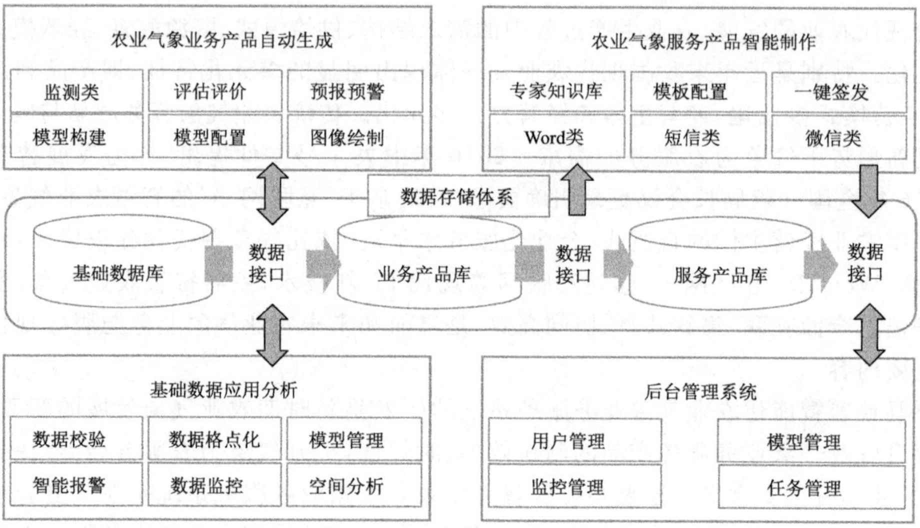

图 9.1 宁夏马铃薯智能化农业气象业务服务系统的基本架构

9.3 基础数据管理子系统简介

基础数据管理子系统主要提供气象基础数据的采集、加工、分析以及存储等功能,数据包括基础气象数据、农业气象数据、地理信息数据、马铃薯农田小气候监测以及实景监测数据(图 9.2)。涉及数据格点化、数据无缝连接以及多源数据融合等关键技术。

(1)数据格点化:基础气象数据、农业气象数据等均为站点数据,通过数据插值计算可获得全区范围内的格点化数据;

(2)数据无缝连接:根据业务要求,格点化观测数据和格点化预报预测数据应保证连续的时间序列,不能存在时间重叠和时间中断的情况。因此,通过数据管理技术,以详尽的观测、预测时间分隔点信息,形成连续的格点化观测、预测数据的时间序列,是马铃薯气象数据的基础;

(3)多源数据融合:将格点化气象数据、农业气象数据、地理信息数据等多源数据进行融合,建立准确的对应关系,对于精准化监测、预测以及服务,有着重要的实际意义。

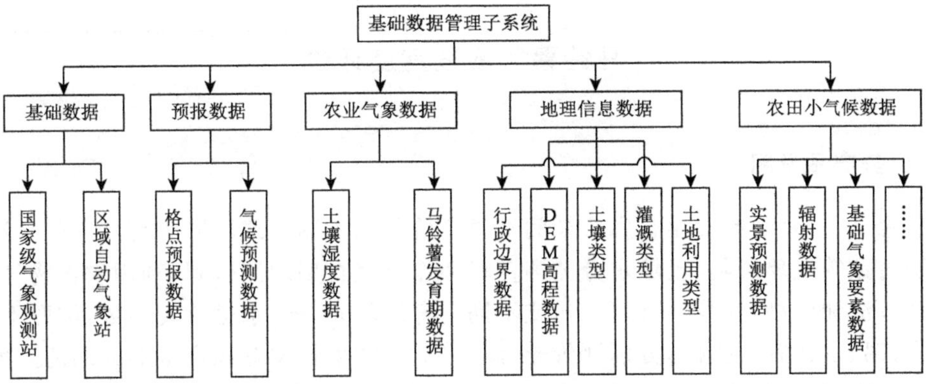

图 9.2　基础数据管理子系统的基本架构

9.4　业务产品自动生成子系统简介

围绕马铃薯晚疫病监测、马铃薯土壤水分动态监测、马铃薯晚疫病评估、马铃薯气候适宜度评价、马铃薯适宜播种期预报、马铃薯施肥气象条件适宜性预报、马铃薯晚疫病气象等级预测、马铃薯喷药气象条件适宜性预报、马铃薯单产预报、马铃薯收获气象条件适宜性预报开展业务产品的研发，实现以上各业务产品 1 km×1 km 格点的自动化生成，具体的业务产品见表 9.1。

表 9.1　马铃薯农业气象业务产品

产品分类	产品名称
监测类	马铃薯晚疫病监测 马铃薯土壤水分适宜度动态监测
评估评价类	马铃薯晚疫病评估 马铃薯气候适宜度评价
预报预警类	马铃薯适宜播种期预报 马铃薯施肥气象条件适宜性指数预报 马铃薯晚疫病发生气象等级预测 马铃薯喷药气象条件适宜性指数预报 马铃薯单产预报 马铃薯收获气象条件适宜性预报

该子系统主要是通过指标、计算模型和任务调度，对马铃薯生长期各业务产品的指标进行后台调取及计算处理等，实现业务产品的自动化制作，并存储业务产品到业务产品库中；该功能主要是在宁夏智能化农业气象业务服务系统的整体框架下，根据业务产品模板进行开发制作，并将业务产品设计分类为监测、评估评价和预报预警三类。

业务产品功能需求书模板由八大模块组成，依次是产品说明、数据源、计算模型、指标模型、统计分析、产品的表现形式、触发机制和参数配置组成。以“马铃薯气候适宜度评价业务产品”的功能需求书设计为例进行说明，详见示例 1。

示例 1：

马铃薯气候适宜度评价

1　业务产品说明

产品意义：宁夏马铃薯生长发育期间气候评价是基于逐旬或不同生育期间的气温、降水量和日照时数等气象资料、土壤水分监测资料和作物生育期观测资料，利用农作物气候适宜度的计算方法和模型，计算马铃薯逐旬或不同生育阶段光、温、水适宜度指数，按照不同生育阶段的光、温、水适宜度指标，分别评价光、温、水对作物生长发育和产量形成的适宜度，然后按照综合适宜度模型，给出综合适宜度，实现全生育期内任意生育阶段的气象适宜度的动态评价。

主要功能：结果存储部分是将运算的结果存放于服务器上，供形成各类服务产品使用，各地可调阅结果形成自己的产品。产品智能化制作部分会形成纸质、网络和手机客户端产品，存放于服务器的服务产品库内，供各地调阅。

2　数据源

观测资料：各站点实时基本气象资料，包括日平均气温、日降水量、日照时数。农业气象实时数据，包括各站马铃薯发育期资料。各土壤水分自动站 0～50 cm 土壤湿度、容积含水量实时数据。

预测资料：各站点未来 10 d 的日平均气温、日降水量、日照时数预测值。各土壤水分自动站 0～50 cm 土壤湿度、容积含水量预测值。

3　计算模型

3.1　气候适宜度指数计算

(1)马铃薯光温水宜度指数的计算见表 1。

表 1　马铃薯气候适宜度计算方法

气象要素	适宜度公式	公式说明
温度适宜度 P_T	$P_T=\frac{(t-t_1)(t_2-t)^{(\frac{t_2-t_0}{t_0-t_1})}}{(t_0-t_1)(t_2-t_0)^{(\frac{t_2-t_0}{t_0-t_1})}}$	式中：t_1 为下限温度；t_2 为上限温度；t_0 为作物的最适温度；t 为某旬的平均气温。
旬降水适宜度 P_R	$P_{R(4-8)}=\begin{cases}0 & ET_c=0\\ \frac{R_i\cdot K_0+r_i}{ET_c} & (R_i\cdot K_0+r_i)\leqslant 5ET_c\\ \frac{ET_c}{R_i\cdot K_0+r_i} & (R_i\cdot K_0+r_i)>5ET_c\end{cases}$ $P_{R(8-10)}=\begin{cases}0 & ET_c=0\\ \frac{R_i\cdot K_0+r_i}{ET_c} & (R_i\cdot K_0+r_i)\leqslant 1.5ET_c\\ \frac{ET_c}{R_i\cdot K_0+r_i} & (R_i\cdot K_0+r_i)>1.5ET_c\end{cases}$	式中：$P_{R(4-8)}$ 为 4 月 8 日—8 月 10 日降水适宜度；$P_{R(8-10)}$ 为 8 月 11 日—10 月 10 日降水适宜度；R_i 为某旬降水量(灌溉量)的剩余量；r_i 为某旬降水量与灌溉量的和；ET_c 为某旬需水量；K_0 为某日降水的消减系数，表示土壤中所蓄积降水的蒸发损耗。各旬的 ET_c 缺省值取值见表 4；k 为水分消减系数，取值 0.5(可配置)。

续表

气象要素	适宜度公式	公式说明
某旬日照适宜度 P_S	$P_S = \begin{cases} 1 & S_i > 0.7S_0 \\ \frac{S_i}{S_0} & S_i \leqslant 0.7S_0 \end{cases}$	式中：S_i 为 i 旬日照时数；S_0 为对应的旬可照时数。
综合适宜度 P	$P = P_T \cdot r_T + P_R \cdot r_R + P_S \cdot r_S$	式中：P_T、P_R、P_S 分别为旬温度适宜度、降水适宜度、日照适宜度；r_T、r_R、r_S 分别表示温度适宜度、水分适宜度、日照适宜度的权重系数，分别为 0.4、0.5、0.1。

(2)马铃薯不同生长时段上下限温度和适宜温度指标见表 2。

表 2　马铃薯不同时段各界限温度指标　　单位：℃

时段(日/月)	t_1	t_0	t_2
17/6 及以前	5	16.5	29
18/6—17/7	7	17.5	30
18/7 以后	7	16.5	28

3.2　马铃薯需水量的估算

宁夏中南部山区作物生长期间土壤水分适宜度是评价作物长势和提供决策建议的关键因素。表 1 中土壤水分适宜度评价需要估算作物阶段需水量。

$$ET_c = K_c \cdot ET_0 \tag{1}$$

式中：K_c为作物系数，由联合国粮农组织提供(表 3)；ET_0为参考作物蒸散量，由联合国粮农组织的简易估算公式计算：

$$ET_0 = 1.2086 \times [C_0(T_{max} - T_{min})^{0.5} \times (T + 17.8)R_a] - 0.6352 \tag{2}$$

式中：C_0为转换系数，取值为 0.000939；T_{max}为日最高气温；T_{min}为日最低气温；T 为日平均气温；R_a为天文辐射，单位：MJ/(m^2 · d)，可通过天文历查询。

表 3　联合国粮农组织推荐的马铃薯作物系数

发育期	出苗—分枝	分枝—开花	开花后 1～50 天	开花后第 51 天—收获
参考日期/(月.日)	5.31—6.20	6.21—7.10	7.11—8.29	8.30—10.8
作物系数	0.30	0.30—1.15	1.15	1.15—0.75

为了业务运行方便，估算了 1991—2010 年各站逐旬平均需水量，在无法计算或获取马铃薯需水量时，参考表 4 作为马铃薯的水分评价指标。

表 4　1991—2010 年各站马铃薯逐旬平均需水量　　单位：mm/旬

月	旬	盐池	海原	兴仁	同心	固原	韦州	西吉	隆德	泾源
4	1	0.05	0.05	0.05	0.05	0.05	0.05	0.05	0.05	0.05
4	2	0.39	0.38	0.40	0.42	0.35	0.42	0.31	0.31	0.32
4	3	0.45	0.43	0.46	0.46	0.39	0.46	0.34	0.34	0.36

续表

月	旬	盐池	海原	兴仁	同心	固原	韦州	西吉	隆德	泾源
5	1	4.50	4.37	4.85	4.99	3.91	4.99	3.59	3.45	3.60
5	2	14.26	13.41	14.58	15.24	12.06	15.24	11.21	10.81	11.08
5	3	29.62	27.00	29.95	30.98	25.01	30.98	22.88	21.42	22.66
6	1	39.71	36.80	40.14	42.14	33.09	42.14	30.07	28.14	29.38
6	2	50.45	46.45	51.31	52.94	42.01	52.94	38.06	36.79	37.93
6	3	62.24	58.59	62.94	64.92	52.47	64.92	47.15	44.49	48.36
7	1	62.96	58.06	63.12	66.73	53.14	66.73	48.90	45.24	47.88
7	2	61.44	55.59	60.90	65.46	50.54	65.46	46.16	44.39	44.69
7	3	65.03	59.81	66.16	68.54	53.50	68.54	49.68	47.72	47.51
8	1	54.40	51.13	58.17	60.23	46.55	60.23	43.88	42.82	41.37
8	2	49.66	45.95	51.31	53.73	41.91	53.73	39.40	37.92	37.15
8	3	49.79	48.47	53.47	55.50	42.73	55.50	40.19	39.45	38.57
9	1	37.19	34.36	38.04	39.90	31.15	39.90	29.16	28.66	28.81
9	2	29.50	27.94	31.00	32.92	23.98	32.92	22.46	21.96	21.73
9	3	23.04	22.29	25.02	25.71	19.27	25.71	17.29	17.50	18.05
10	1	17.31	16.69	18.36	19.23	14.07	19.23	12.77	13.12	13.63

4 指数模型

马铃薯气象条件综合适宜度分级指标见表 5，分为 4 级。

表 5 马铃薯生长发育气象适宜度指标

适宜度范围	等级	评述
$P \geqslant 0.7$	4	最适宜
$0.6 \leqslant P < 0.7$	3	适宜
$0.4 \leqslant P < 0.6$	2	较适宜
$P < 0.4$	1	不适宜

5 计算步骤

马铃薯光温水适宜度指数的计算步骤按照下列 4 步逐步进行。

(1)调取逐日平均气温、日照时数资料，根据不同作物的温度、日照适宜度公式，分别计算马铃薯逐日温度、日照适宜度数值和综合适宜度数值；

(2)按照作物需水量的估算方法估算上一旬马铃薯旬参考作物蒸散量，根据作物当前发育期从 K_c表中(表 3)选择相应的 K_c系数估算马铃薯旬需水量，代入估算旬水分适宜度指数。

(3)分别计算旬累积温度、日照适宜度指数，求算平均值，结合旬水分适宜度指数，构建旬综合适宜度指数，得到平均温度、水分和日照旬平均适宜度指数和综合适宜度(0～1 之间)。

(4)按照表 5 判断某旬某作物的温度、水分和日照适宜度等级和综合适宜度等级。

6　判断步骤

(1)资料的调取:调用全区各格点自马铃薯播种开始的旬气象资料,作为估算触发起始旬,自播种后的次旬开始计算,一般选 5 月上旬。

(2)估算逐日温度、水分、日照适宜度指数:自作物播种当旬开始,逐日计算至旬末逐日温度和日照适宜度指数;次旬逢 1 日、11 日和 21 日,利用上一旬末和本旬末的 0～50 cm 土壤容积含水量,用土壤水分计算方法估算该旬作物需水量,作为表 1 中水分适宜度计算所用的作物旬需水量,利用表 1 估算马铃薯旬水分适宜度指数。

(3)作物旬温度、日照适宜度的估算:对逐日温度、日照适宜度进行累加,求算温度、日照适宜度。(注:水分适宜度本身就是旬平均值,不用累加)。

(4)温度、水分和日照适宜度等级判定按照表 5 的范围判定。

7　产品表现形式

7.1　表格

产品在网页界面以表格形式展示,展示内容见表 6。

表 6　马铃薯××××年××月×旬光温水适宜度

地点列	温度适宜度	水分适宜度	日照适宜度	综合适宜度
格点 1				
格点 2				
……				

7.2　图形

根据格点经纬度分别制作马铃薯温度、水分、日照适宜度分布图和综合适宜度分布图。

8　触发机制

运行时间:自马铃薯播种期开始启动程序,温度、日照适宜度每日滚动计算,存储表格但不用制图。水分适宜度和土壤水分、作物需水量、参考作物蒸散量每旬逢 1 日、11 日、21 日计算。

估算逐旬温度、水分和日照适宜度在每旬逢 1 日、11 日、21 日计算、存储表格、制图,直至作物适宜收获期后结束。建议选择 5 月上旬至 9 月下旬期间运行。

9　参数配置

(1)在软件出现意外终止等情况重新启动后,系统能够自动运行功能,并且对之前缺失的部分进行补充计算和保存。

(2)允许业务人员对任意站点、任意站点的播种期进行调取和计算,并且具有能下载到本地的功能,数值或者数值表以 excel 或 txt 格式下载。

(3)当原始数据出现空值、异常值或可疑值时,使用该站点多年当日平均值代替,允许业务人员对原始数据进行修改、删除、入库。

(4)所使用温度上下限指标、水分和日照指标、不同作物的光温水适宜度范围具有可重新配置功能。

9.5 服务产品智能制作子系统简介

服务产品智能制作子系统主要是提供基于业务产品制作并对接专家知识库数据智能制作的服务产品。马铃薯服务产品的智能制作主要是在宁夏智能化农业气象业务服务系统的整体框架下，根据服务产品的模板进行研发。以“马铃薯晚疫病发生趋势与防控建议”为例，详见示例 2。

示例 2：

农业气象专题

[1]年第[2]期

制作单位：[3]　　制作人：[4]　　签发人：[5]　　[1]年[6]月[7]日

未来一周马铃薯晚疫病发生趋势与防控建议

一、前期天气条件及对马铃薯晚疫病的影响

[8]至[9]期间，中南部山区气温在[10]至[11]℃之间；降水量在[12]至[13]mm 之间；空气相对湿度在[14]至[15]%之间，截止目前，马铃薯晚疫病发生的气象等级为[16]，[17]。

二、当前各地马铃薯发育期

目前我区各地马铃薯普遍进入[18]至[19]期，详情见表 1。

表 1　当前我区中南部地区各站马铃薯发育期

（[1]-[6]-[7]）

站名	当前发育期	站名	当前发育期
盐池	[20]	同心	[21]
海原	[22]	原州区	[23]
西吉	[24]	隆德	[25]
泾源	[26]	彭阳	[27]

三、未来一周天气预报

据宁夏气象台预报：[28]

四、未来一周晚疫病发生趋势预测

根据天气预报结果，结合马铃薯晚疫病发病气象指标，未来一周我区中南部地区马铃薯晚疫病等级预测结果详情见表 2。

表 2　未来一周我区中南部地区马铃薯晚疫病发病等级

（[1]-[6]-[7]）

站名	发病等级	站名	发病等级
盐池	[29]	同心	[30]
海原	[31]	原州区	[32]
西吉	[33]	隆德	[34]
泾源	[35]	彭阳	[36]

五、建议

[37]

[38]

数字标识解释说明：

[1]：当前年，用××××4 位数表示

[2]：当前材料期数

[3]：制作单位名称

[4]：值班员姓名

[5]：签发人姓名

[6]：当前月

[7]：当前日

[8]：材料制作日前 7 天日期

[9]：材料制作日前 1 天日期

[10]：标识[8]—[9]期间平均气温最小值

注：[10]的计算方法：1)调取各自动站[8]—[9]期间逐日平均气温；2)逐站计算[8]—[9]期间平均气温值；3)在计算结果中选取最小值。

[11]：标识[8]—[9]期间平均气温最大值

注：[11]的计算方法参考[10]。

[12]：标识[8]—[9]期间累计降水量最小值

注：[12]的计算方法：1)调取各自动站[8]—[9]期间逐日降水量；2)逐站计算[8]—[9]期间累计降水量；3)在计算结果中选取最小值。

[13]：标识[8]—[9]期间累计降水量最大值。

注：[13]的计算方法参考[12]。

[14]：标识[8]—[9]期间空气相对湿度最小值

[15]：标识[8]—[9]期间空气相对湿度最大值。

注：[14]、[15]的计算方法参考[10]。

[16]：截止到当前日期，马铃薯晚疫病评估气象等级。

注：[16]的计算方法：1)调取各自动站晚疫病评估等级；2)在调取的结果中选取最大值。

[17]：标识[16]所对应的气象等级描述见表 3。

表 3 马铃薯晚疫病评估等级及描述

气象等级	0	1	2	3
气象等级描述	无病害	轻度发生	中度发生	重度发生

[18]：标识[20]—[27]中，序列最前的一个。马铃薯发育期序列见表 4。

表 4 马铃薯发育期及其序列

序列	1	2	3	4	5	6
发育期	播种	出苗	分枝	花序形成	开花	可收

[19]:标识[20]—[27]中,序列最后的一个。马铃薯发育期序列见表 2。

[20]:为本站当前发育期(资料来源为农气测报长 Z 文件)此项变量也可以通过手动输入。

[21]—[27]:同上。

[28]:宁夏未来一周天气预报。

[29]:本站马铃薯晚疫病等级。通过马铃薯晚疫病气象预测模型模块计算出的马铃薯晚疫病等级平均值(四舍五入保留整数)。

[30]—[36]:同上。

[37]:调用专家知识库中生产建议。

[38]:调用专家知识库中生产建议。

9.6 管理子系统简介

管理子系统主要提供系统管理工作,包括用户管理、系统配色管理、样式管理、组织架构管理等,见图 9.3。

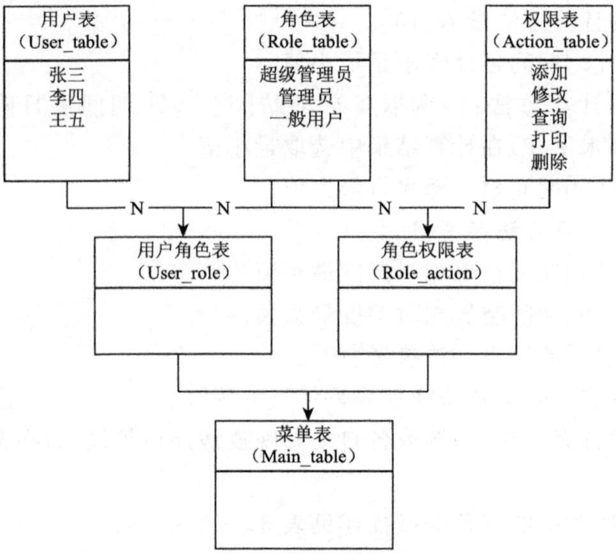

图 9.3　用户管理的结构逻辑图

9.6.1 用户信息管理

建立用户管理中心,对所有用户信息进行统一管理(图 9.4)。气象局组织机构下的各部门在用户管理中心注册唯一账号。各部门以及市县级的用户可以凭借此账号登录所有使用统一身份认证服务的应用系统。各部门不需要记录多个账户,部门信息更加准确,而对于系统管理员来说,减轻数据同步的负担,同时也便于绩效评定。

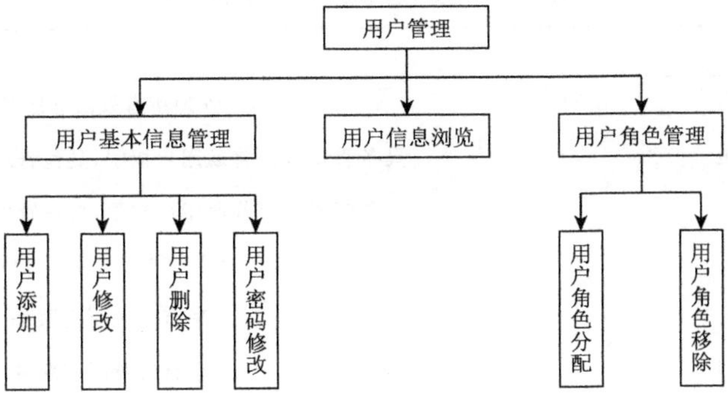

图 9.4 用户信息管理的结构逻辑示意

用户基本信息管理是系统管理员对气象局组织机构下的用户信息进行统一管理，包括新增、修改、删除和查询等基本维护功能，以及对用户所属机构的挂载和分组的分配。

实现对用户账号的冻结和解冻管理，准确地单独控制某个用户登录系统的权限，冻结的用户将不能登录系统；当管理员认为被冻结的用户可访问系统时，可对该用户进行解冻操作，使其能正常登录系统和使用权限范围内的功能。

用户基本信息包括账号、姓名、出生日期、文化程度、政治面貌等。

实现对系统用户入网和密码的管理，提供用户入网、退网和密码修改和重置密码等功能。

入网后的用户能正常登录系统和使用权限范围内的功能；退网后的用户将被禁止登录系统。

系统管理员可对系统用户密码进行修改操作或者进行密码重置操作。若管理员对用户密码进行修改操作，则该用户需使用新密码才能登录系统；若管理员对用户密码进行重置操作，则该用户需使用系统默认密码登录系统，进入系统后，建议用户对密码进行修改且牢记。

系统提供用户本地/全局注册功能，实现用户在线注册信息填写和提交。

系统为登录用户提供查看、修改个人信息和登录密码的功能。

9.6.2 用户分组管理

在日常办公中存在同一部门不同人员的工作内容不同，也存在不同部门间同工种的情况出现，为了解决工作分工问题，系统提供分组管理功能，根据工作内容将不同的人划分至同一分组(图 9.5，表 9.2)。

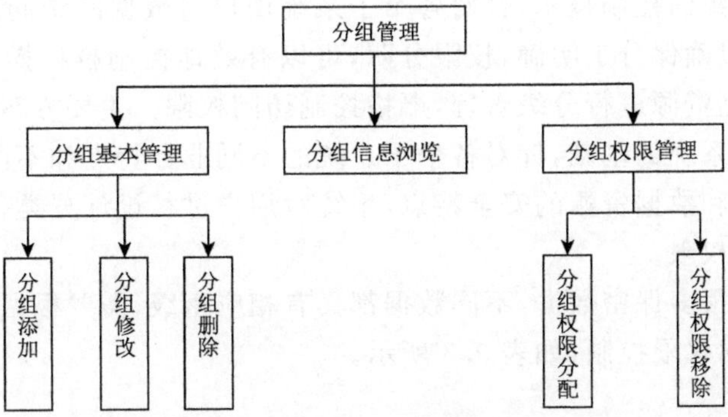

图 9.5 分组权限分配示例

表 9.2 用户分组及对应权限设置

分组	权限
超级管理员	管理所有权限和服务
区级管理员	具备管理全区普通用户权限,具备管理下属管理员权限
市级管理员	具备管理全市普通用户权限,具备管理县级管理员权限
县级管理员	具备管理县级普通用户权限
区级普通用户	享有全区所有服务
市级普通用户	享有市级所有服务
县级普通用户	享有县级所有服务
……	……

分组是功能权限的集合。用户可以被分配为某分组,则用户自动拥有该分组的全部功能权限。分组被统一管理。分组的定义不是由各个应用系统自行决定,而是由专人统筹管理,分组用户成员的定义也是在用户管理中心统一进行管理。用户和应用系统之间通过分组,并且只能通过分组进行关联。

管理者有权限对分组进行统一管理,这样做的优点是能够最大限度地保证用户权限的一致性。例如,当某局长退休,不再担任局长职位时,只需在用户中心取消此人的局长分组,而不需要分别到各个应用系统中进行修改。

分组管理包括对系统分组信息的新增、修改、删除等功能,用于对使用系统用户分组的统一梳理,以及为用户分组分配提供数据基础。使分组信息得到有效维护,使用户分组得到更准确地定位。

分组基本信息包括:分组代码、分组名、分组描述等。

9.6.3 用户权限管理

系统安全权限管理主要是为了有效地控制不同的用户对数据的访问操作权限,以保证系统数据安全和运行的可靠性。系统在进行权限划分时根据系统的实际业务需求进行权限划分和分配,根据不同部门和人员的情况进行精准的权限分配,确保系统的良好运转。系统采用多种方式来保证数据从存储到访问,再到展示的安全性控制。

利用基于用户分组的控制技术,针对各个子系统用户对数据的访问和对功能模块的操作权限进行严格控制,以确保分工明确,权限分明,可以有效地控制越权操作。利用基于数据密级的控制技术,对数据资源进行分级管理,严格控制访问权限。主要方案如下:

数据库是各个子系统的基础,针对各个子系统的不同业务特点和不同数据使用范围,同时兼顾数据资源的共享和数据资源的安全特点,系统对用户进行设计分类,针对不同用户确定不同的数据使用范围和权限。

数据库中管理了很多保密数据,不同数据都具有相应密级,需要根据密级对数据进行分级管理,进行严格的访问权限控制,如表 9.3 所示。

表 9.3　用户类别及数据密级设定

序号	数据密级	用户类别
1	非涉密数据	所有用户
2	秘密数据	符合密级数据访问要求的用户，只有在严格的系统授权和登记后才能进行特定数据的访问
3	机密数据	
4	绝密数据	

气象大数据涵盖了多个主题，如综合观测数据、农业气象数据、天气预报数据、气候预测数据等，对于这些数据可以采用基于主题的数据访问授权方式，保证数据访问的安全性。具体授权分类在项目实施阶段根据调研和用户分析确认。

在访问安全方面，系统提供一整套非常灵活的基于对象权限和用户分组概念的授权机制，系统中的权限主要分为页面权限、业务权限、代码权限，以解决内部的各种不同应用对于权限的要求。系统预定义常用粗粒度权限，这些权限可以以默认的方式授予用户。也可以根据应用需要，设置非常细微具体的权限控制，如图 9.6 所示。

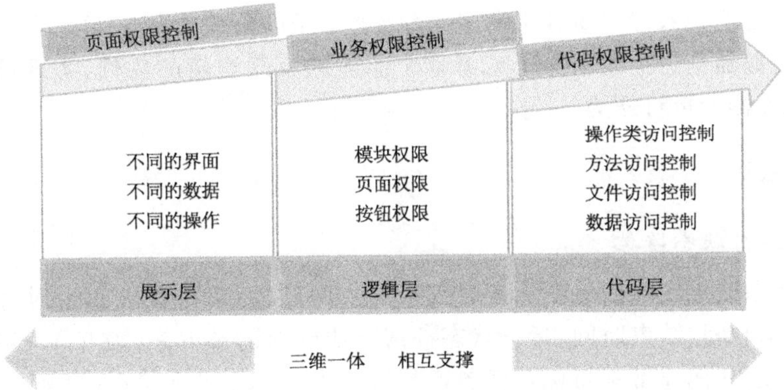

图 9.6　访问控制设计示意图

9.6.4　任务管理

9.6.4.1　任务调度

农业气象业务产品和农业气象服务产品的制作是通过分布式子任务实现的。在制作系统中，每个产品制作作业是由任务实现的。为了保证各子任务独立运行，互不干扰，保证各子任务的运行过程都在系统监控的范围内，采用分布式的任务调度来实现各任务的调度与运行。分布式的任务调度能够提高任务运行速度和系统资源利用率。

目前，系统使用名为 Celery 的任务调度技术。任务队列是一种在线程或机器间分发任务的机制。消息队列的输入是工作的一个单元，称为任务，独立的职程（worker）进程持续监视队列中是否有需要处理的新任务。Celery 用消息通信，通常使用中间人（broker）在客户端和职程间斡旋。这个过程从客户端向队列添加消息开始，之后中间人把消息发送给职程。Celery 系统可包含多个职程和中间人，以此获得高可用性和横向扩展能力。如图 9.7 所示。

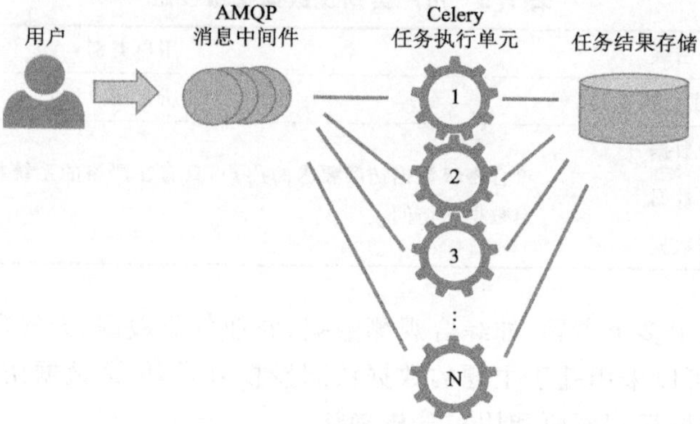

图 9.7 Celery 架构示意图

9.6.4.2 负载均衡管理

负载均衡建立在现有网络结构之上，它提供了一种廉价有效透明的方法来扩展网络设备和服务器的带宽、增加吞吐量、加强网络数据处理能力、提高网络的灵活性和可用性。

目前，《宁夏智能化农业气象业务服务系统》中使用的负载均衡技术主要是软件负载均衡技术。通过在服务器平台上安装一个或者多个响应的负载均衡的软件，实现访问流量的分流与均衡，降低服务器的运行压力。

9.6.5 运行监控

9.6.5.1 任务运行状态监控

任务运行状态监控实现对系统中定时任务的实时监控，每个任务执行时都会留下一条监控信息，任务开始时间、结束时间、运行状态都需要明确地记录下来(表 9.4)；当任务执行失败或执行过程中出现其他异常都将保存任务运行过程中的具体异常信息(表 9.5)。

表 9.4 运行历史监控信息

模块名称	任务名称	任务描述	开始时间	结束时间	运行状态	异常信息
					正在执行	
					执行成功	
					执行失败	
					……	

表 9.5 运行历史统计分析

运行节点	运行状态	活动任务数	提交任务数	失败任务数	成功任务数	重跑任务数	平均负载数
Celery@win1	Online	0	95	24	71	0	0,0,0
……							

9.7　系统研发成果展示

9.7.1　基础信息“一张网”绘制

系统平台将宁夏的数字高程信息(digital elevation model,DEM)、土壤类型、土地利用、渠系信息,以及农业气象观测要素数据、气象要素数据等经过升降尺度等处理,均处理为 1 km×1 km 格点分辨率的 *.img 文件,在系统平台中生产为分辨率统一的“一张网”,为后续业务产品制作的栅格运行奠定基础,为生成产品“一张图”提供支撑(图 9.8)。

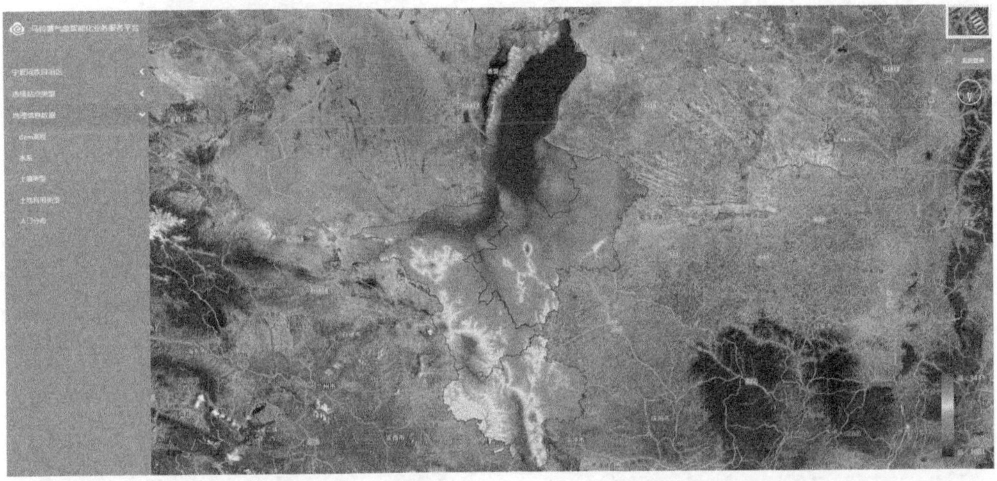

(a)数字高程信息(DEM)

(b)土地利用类型

(c)土壤质地类型

(d)人口分布

[彩]图 9.8　系统平台的基础信息一张网绘制

9.7.2　“一张图”的生成与显示

基于基础信息“一张网”的布局，通过后台的栅格数据运算，系统平台可直接生成 1 km×1 km 格点和区市县三级的业务产品“一张图”。系统平台通过用户权限，可调取相应权限的业务产品，为区市县三级一体化业务集约和应用提供支撑(图 9.9)。

平台使用 1 km×1 km 格点数据，基于 Arcgis server，系统后台通过自动调取任务，根据业务产品的指标、模型、公式等模板，自动进行栅格计算，从而实现任意服务范围行政边界、感兴趣区的区、市、县三级一体化的业务产品的自动生成(图 9.10)。

同时，系统通过调取服务产品模板，智能制作区市县三级的服务产品，不同用户再根据实际情况，结合专家建议，开展属地化的业务服务(图 9.11)。

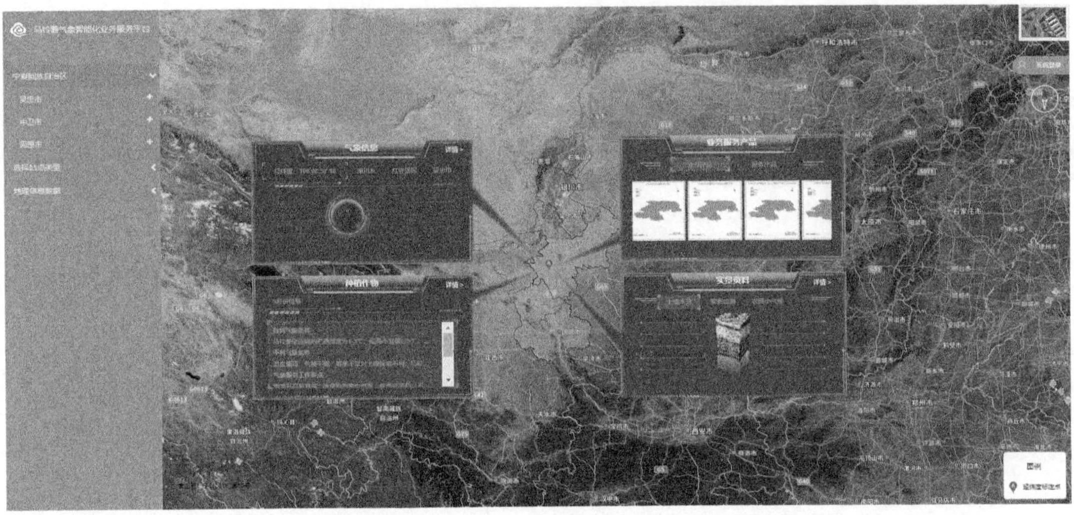

[彩]图 9.9　系统平台业务服务“一张图”显示

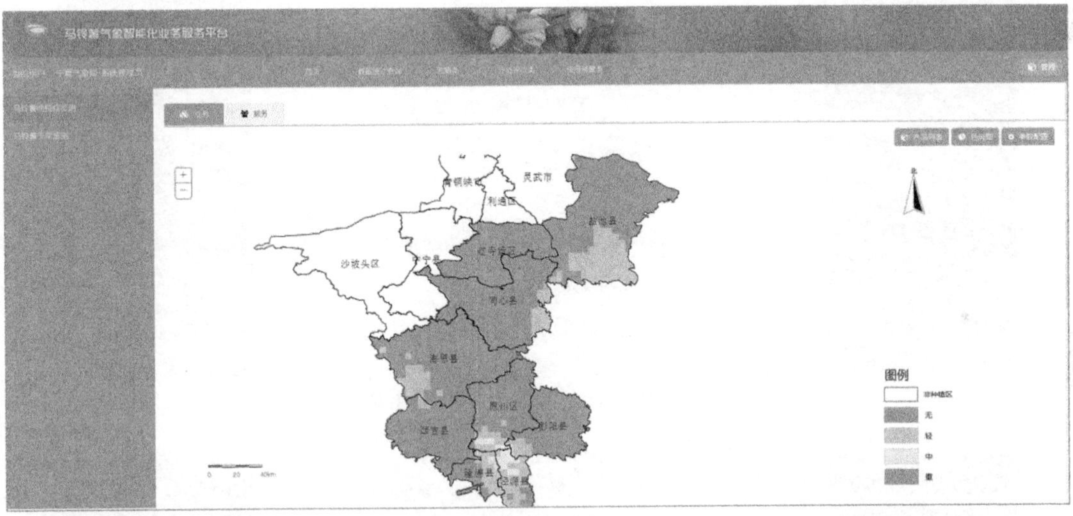

(a) 区级业务产品

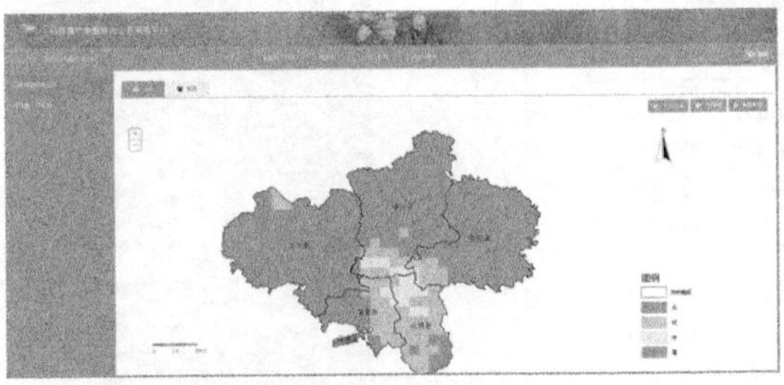

(b) 市级业务产品

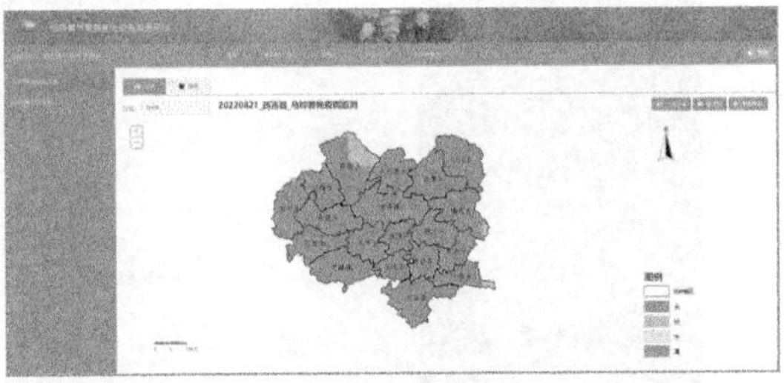

(c) 县级业务产品

[彩]图 9.10　区、市、县三级一体化业务产品自动生成

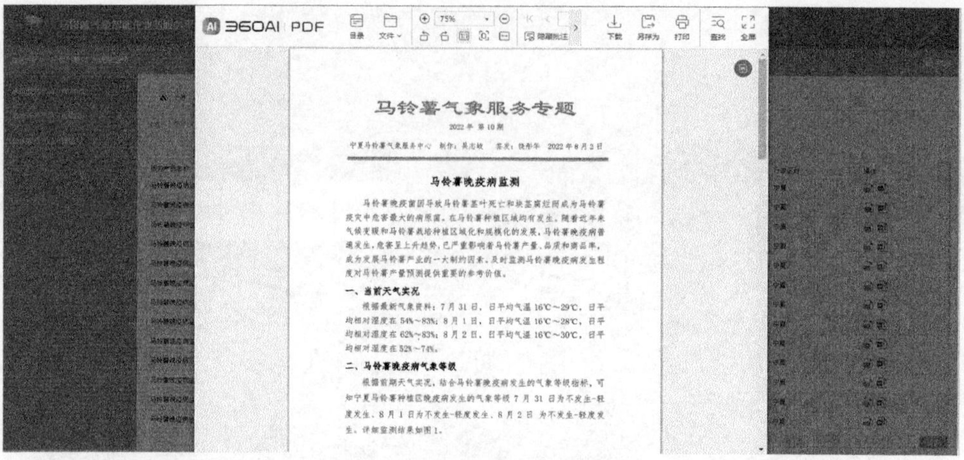

(a)区级马铃薯气象服务产品生成

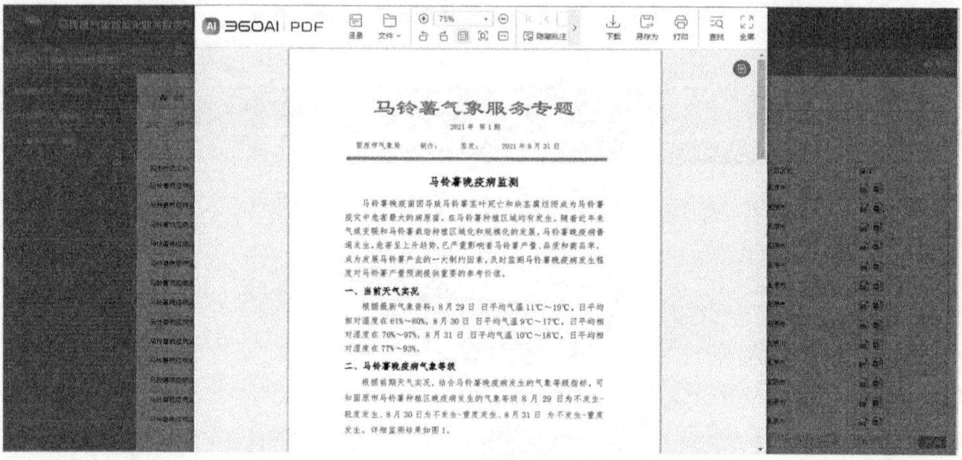

(b)市级马铃薯气象服务产品生成

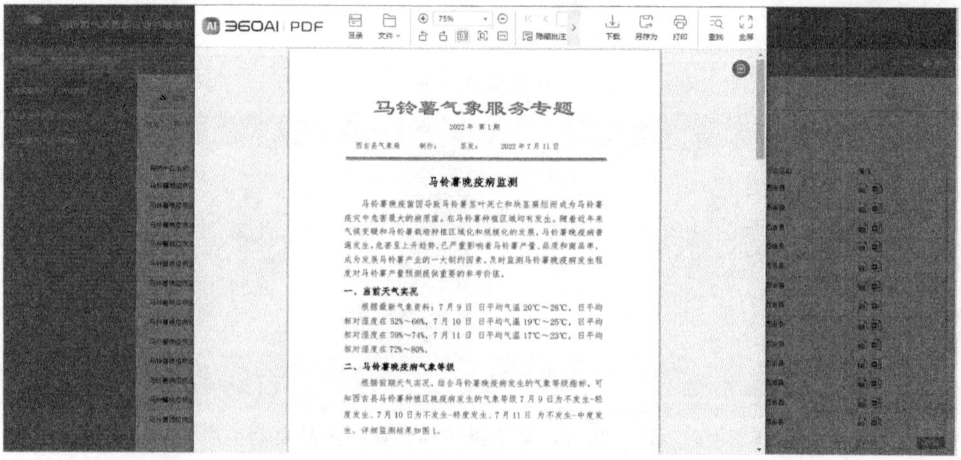

(c)县级马铃薯气象服务产品生成

图 9.11　区、市、县三级一体化服务产品的智能制作

9.7.3　后台管理子系统

如图 9.12 所示，后台管理子系统主要包括业务产品模拟中设定的公式、模型等参数的修订，市县级用户可以根据当地的实际情况对参数进行微调，从而使计算结果更加符合当地的实际情况；用户权限管理则是根据用户的级别匹配相应的功能，并根据个人角色的变化更改相应的权限；用户操作监控则是对系统用户所有操作的电子留痕，为管理决策用户统计产品使用、改善产品等提供支撑；根据值班流程、业务规范、任务列表以及制作人员的相关信息自动生成值班表，通过对值班表的分析，实现业务规范、流程再造。

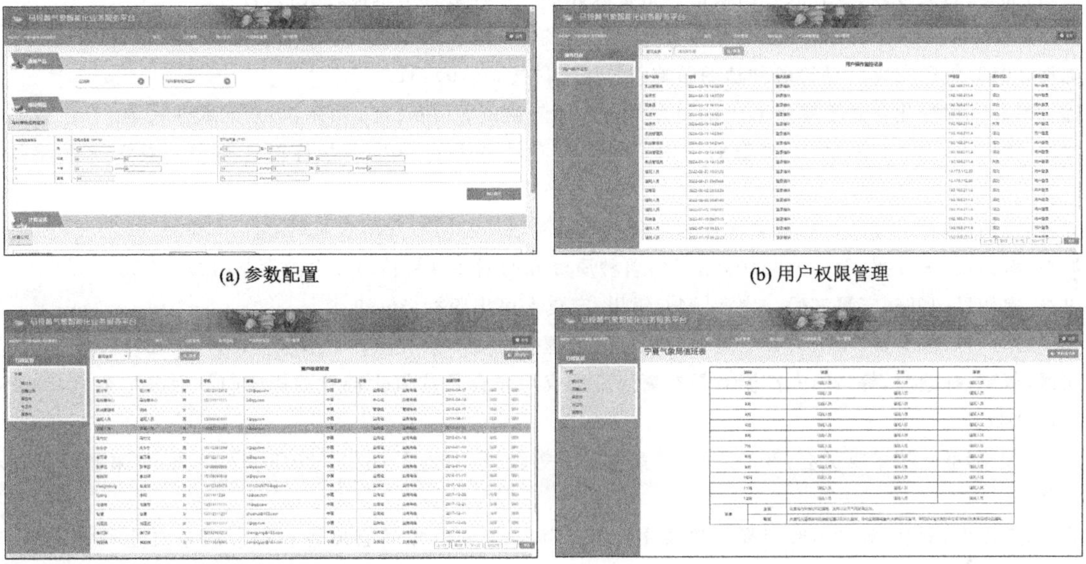

(a) 参数配置　(b) 用户权限管理

(c) 用户操作监控　(d) 值班表生成

图 9.12　马铃薯智能化农业气象业务服务系统后台管理功能界面

参考文献

毕伯钧,1991.气候变暖可能对东北三省农业生态环境的影响及其对策[J].应用生态学报(4):334-338.

曹艳秋,阮俊,房鹏,等,2008.凉山州5—7月气象因素对马铃薯晚疫病发生流行的影响[J].中国农业气象,29(4):481-484,490.

陈娟娟,2021.马铃薯晚疫病发病机理及防治措施[J].农业灾害研究,11(5):13-14.

陈少勇,邢晓宾,张俊红,等,2014.白银市热量资源评估[J].甘肃科学学报,26(1):47-52.

陈伊里,屈冬玉,2006.马铃薯产业与冬作农业[M].哈尔滨:哈尔滨工程大学出版社:58-59.

陈勇梅,2018.气象灾害对马铃薯种植的影响[J].种子科技,36(9):31.

程远,2012.气候变化背景下基于GIS的黑龙江省农业气候资源分析[D].哈尔滨:东北农业大学.

戴鸣凯,张志忠,刘爽,等,2018.高温胁迫对马铃薯幼苗生长和部分生理指标的影响[J].农学学报,8(9):9-14.

丁海滨,卢扬,邓禄军,2006.马铃薯晚疫病发病机理及防治措施[J].贵州农业科学(5):76-81.

丁红映,熊兴耀,王万兴,等,2019.103份马铃薯种质资源的耐寒性评价[J].中国蔬菜(12):46-55.

董永祥,周仲显,1986.宁夏气候与农业[M].银川:宁夏人民出版社:35-49.

冯建民,郑广芬,陈豫英,等.2011.宁夏连阴雨(雪)过程变化规律研究[J].中国沙漠,31(6):1590-1597.

冯朋博,慕宇,孙建波,等,2019.高温对马铃薯块茎形成期光合及抗氧化特性的影响[J].生态学杂志,38(9):2719-2726.

甘肃省气象标准化技术委员会,2015.马铃薯高温热害等级:DB 62/T 2630—2015[S].兰州:甘肃省质量技术监督局.

高建文,王连喜,刘静,等,2018.宁夏马铃薯主产区关键生育期气象适宜度评价[J].广东农业科学,45(9):9-13.

高莉莉,常君德,胡明,等,2017.气候适宜度研究综述[J].安徽农学通报,23(19):102-103.

苟芳,张立祯,董宛麟,等,2012.向日葵和马铃薯间作的生育期模拟模型[J].应用生态学报,23(10):2773-2778.

胡晓黎,袁媛,雷蕾,等,2019.马铃薯优质高产气候指标及灾害防御方法[J].陕西气象(4):43-45.

黄家伟,吴登峰,张招娟,2022.高温对不同耐热性马铃薯生长特性的影响[J].亚热带农业研究,18(2):79-84.

黄振霖,2013.重庆市马铃薯连阴雨灾害减灾技术措施[J].南方农业,7(Z6):136-137.

蒋仕华,池再香,曾晓珊,等,2022.贵州省冬种马铃薯晚疫病发生的气象条件分析[J].中国农学通报,38(27):129-137.

金建新,何进勤,黄建成,等,2020.宁夏中部干旱带不同灌水量对马铃薯生长、产量和品质的影响[J].西南农业学报,33(5):935-940.

金黎平,屈冬玉,谢开云,等.2003.我国马铃薯种质资源与育种技术研究进展[J].种子,131(5):98-100.

金林雪,李云鹏,李丹,等,2018.气候变化背景下内蒙古马铃薯关键生长期气候适宜性分析[J].中国生态农业学报,26(1):38-48.

康波,2017.宁夏马铃薯抗旱节水高产栽培技术研究[D].咸阳:西北农林科技大学.

亢艳莉,申双和,张学艺,等,2017.气候变化对宁夏南部山区马铃薯产量的影响及马铃薯水分供需特征分析[J].江苏农业学报,33(5):1056-1061.

雷俊,蔡迪花,齐月,等,2023.水分胁迫对半干旱区马铃薯产量形成的影响研究[J].干旱气象,41(2):

233-240.
李飞,2008.野生马铃薯植株苗期耐冻性鉴定及耐冻机理研究[D].北京:中国农业科学院.
李华鹏,梁远发,黄钢,等,2014.卧龙地区年间气象条件变化对马铃薯产量和干物质积累的影响[J].西南农业学报,27(1):353-357.
李建,苑文华,丁洁,等,2021.山东省春季马铃薯播种至出苗期水热特征分析[J].海洋气象学报,41(4):109-117.
李剑萍,杨侃,曹宁,等,2009.气候变化情景下宁夏马铃薯单产变化模拟[J].中国农业气象,30(3):407-412.
李强,2018.西北地区马铃薯产量-气候变化关系分析及高产高效栽培技术研究[D].西安:中国科学院大学(中国科学院教育部水土保持与生态环境研究中心).
李阳,刘静,马力文,等,2020.宁夏中南部山区马铃薯气候适宜度时空变化特征[J].干旱气象,38(6):1001-1008.
刘浩,张宗山,2008.宁夏南部山区马铃薯主栽品种耐霜冻性研究[J].安徽农业科学,36(33):14485-14486,14551.
刘可群,刘志雄,梁益同,等,2009.基于前期有效降水推算耕作层土壤湿度的方法[J].中国农业气象,30(3):365-369.
刘晓英,周鹏,闫利霞,等,2016.廊坊地区夏玉米气候适宜度评价分析[J].中国农学通报,32(6):151-159.
刘玉华,张振远,2007.马铃薯晚疫病发生程度与气象因素的关系[J].承德职业学院学报(3):154-155.
柳芳,薛庆禹,黎贞发,2014.天津棉花气候适宜度变化特征及其产量动态预报[J].中国农业气象,35(1):48-54.
罗怀良,陈国阶,2001.四川洪雅县农业气候适宜度评价[J].农业现代化研究(5):279-282.
吕淼,2017.基于GIS的呼伦贝尔市1985—2014年玉米热量资源区划[J].内蒙古气象(4):37-40.
马力文,刘静,马金富,等,2017.海原县马铃薯气候适宜性精细化区划[J].中国马铃薯,31(4):210-215.
马树庆,1994.吉林省农业气候研究[M].北京:气象出版社:33-34.
马树庆,1996.气候变化对东北区粮食产量的影响及其适应性对策[J].应用气象学报,54(4):484-491.
门福义,刘梦云,1995.马铃薯栽培生理[M].北京:中国农业出版社:43-53.
慕宇,2017.高温对马铃薯块茎淀粉和产量形成的影响机理研究[D].银川:宁夏大学.
宁和平,敖泽建,赵红岩,2014.甘南白龙江流域光照资源的气候变化特征[J].自然资源学报,29(7):1207-1215.
彭九慧,郭丽霞,马秀玲,等,2009.河北省承德市马铃薯晚疫病气象条件分析及预报[J].干旱气象,27(1):57-60.
齐月,赵鸿,雷俊,等,2023.黄土高原半干旱区马铃薯产量对气候变化的响应[J].干旱地区农业研究,41(1):193-200,220.
全国农业气象标准化技术委员会,2016.农业干旱等级:GB/T 32136—2015[S].北京:中国标准出版社.
全国农业气象标准化技术委员会,2016.农业气象观测规范马铃薯:QX/T 300—2015[S].北京:气象出版社.
全国气候与气候变化标准化技术委员会,2018.气象干旱等级:GB/T 20471—2017[S].北京:中国标准出版社.
芮建华,魏德元,1999.宁夏马铃薯产业发展现状与技术对策[J].宁夏农林科技(3):37-39.
邵建,裴晓蓉,刘娟,等,2015.近53a宁夏暴雨时空分布特征[J].干旱气象,33(4):595-601.
施雅风,沈永平,胡汝骥,2002.西北气候由暖干向暖湿转型的信号、影响和前景初步探讨[J].冰川冻土,24(3):219-226.
石瑛,宋雪微,商靖雯,等,2023.东北雨养条件下加工型马铃薯新品种产量与品质表现[J].东北农业大学学报,54(9):1-9.
苏利军,2014.呼和浩特市气候资源区划与农作物区划[D].呼和浩特:内蒙古大学.

孙芳，林而达，武艳娟，2008. 宁夏气候变化及其对马铃薯生产的影响[J]. 中国农学通报，24(4)：465-471.
孙炬仁，2023. 基于遗传算法优化 BP 神经网络下马铃薯产量预测模型[J]. 农机化研究，45(6)：53 - 57.
孙俊，魏广泱，王卫东，等，2008. 西吉县马铃薯种植业农业气候区划[J]. 中国马铃薯，22(2)：111-114.
孙智辉，王春乙，2010. 气候变化对中国农业的影响[J]. 科技导报，28(4)：110-117.
谭月，2023. 开花期与块茎膨大期干旱胁迫及旱后复水对马铃薯的影响研究[D]. 沈阳：沈阳农业大学.
谭宗九，王文泽，丁明亚，等，2001. 气象因素对马铃薯晚疫病发生流行的影响[J]. 中国马铃薯，15(2)：96-98.
汤阳，刘可群，杨俊杰，等，2023. 基于判别分析的湖北省马铃薯晚疫病气象风险等级预报模型[J]. 中国农学通报，39(8)：74-78.
唐红艳，牛宝亮，张福，2010. 基于 GIS 技术的马铃薯种植气候区划[J]. 干旱地区农业研究，28(4)：158-162.
唐建昭，肖登攀，王靖，等，2019. 河北坝上地区马铃薯产量变异的气候决定因子分析[J]. 干旱地区农业研究，37(6)：248-255.
唐建昭，肖登攀，柏会子，2020. 未来气候情景下农牧交错带不同灌溉水平马铃薯产量和水分利用效率[J]. 农业工程学报，36(2)：103-112.
陶涛，邓佩云，曹宁，等，2020. 1961—2018 年宁夏地区降雹时空分布特征[J]. 气象科技，48(4)：537-541.
田艳敏，2022. 马铃薯晚疫病发病原因及防治措施[J]. 河北农业(10)：76-77.
汪宗成，2018. 气象灾害对天祝县马铃薯生产的影响及防御对策[J]. 现代农业科技(11)：110-112.
王超，2023. 播种时期与种薯处理方式对马铃薯生长及产量品质的影响[D]. 哈尔滨：东北农业大学.
王坤，陈林，庞丹波，等，2022. 宁夏中部干旱区降水量及可利用降水量多时间尺度变化特征分析[J]. 灌溉排水学报，41(10)：106-116.
王立春，2014. 克山地区气象因子与马铃薯品质的关系[J]. 中国马铃薯，28(2)：73-77.
王立为，谭月，张峻鋮，等，2023. 开花期与块茎膨大期干旱胁迫及旱后复水对马铃薯影响的差异[J]. 中国农业气象，44(1)：13-24.
王连喜，2008. 宁夏农业气候资源及其分析[M]. 银川：宁夏人民出版社：51-59，128-130.
王连喜，金鑫，李剑萍，等，2011a. 短期高温胁迫对不同生育期马铃薯光合作用的影响[J]. 安徽农业科学，39(17)：10207-10210，10352.
王连喜，朱赟赟，李剑萍，等，2011b. 宁夏马铃薯种植的气候分区和风险评估[J]. 中国农业气象，32(1)：100-105.
王萍，李秀芬，杨晓强，等，2019. 气候变化对松嫩平原马铃薯生长发育及产量的影响[J]. 中国农学通报，35(16)：100-105.
王素艳，李欣，王璠，等，2021. 宁夏降水资源格局演变特征[J]. 干旱区研究，38(3)：733-746.
王喜刚，郭成瑾，张丽荣，等，2022. 宁夏马铃薯晚疫病菌交配型和生理小种研究[J]. 植物保护，48(1)：227-233.
王星强，2022. 花后高温胁迫对旱区马铃薯早衰的响应机理研究[D]. 银川：宁夏大学.
王艳平，李希静，张娜，等，2023. 气候因子影响马铃薯致病疫霉的研究进展[J]. 中国蔬菜(9)：21-30.
王永利，侯琼，苗百岭，等，2017. 内蒙古马铃薯花期干旱灾害风险区划[J]. 干旱气象，35(5)：745-750，760.
韦剑锋，吴炫柯，韦冬萍，等. 2011. 广西冬种马铃薯的气候条件分析[J]. 安徽农学通报(上半月刊)，17(23)：155-157.
魏亮，2012. 中国主要马铃薯品种抗寒性鉴定及抗寒相关基因表达分析[D]. 呼和浩特：内蒙古农业大学.
乌兰，石晓华，杨海鹰，等，2015. 苗期水分亏缺对马铃薯产量形成的影响[J]. 中国马铃薯，29(2)：80-84.
吴志岐，陈超，张连花，等，2023. 宁夏马铃薯主要种植区农业气候资源变化特征分析[J]. 中国农学通报，39(20)：74-81.
吴志岐，陈永旭，王亚婷，2023. “青薯 9 号”不同种植方式防霜抗旱分析[J]. 中国农学通报. 39(23)：70-76.
武艳娟，李玉娥，刘运通，等，2008. 宁夏气象灾害变化及其对粮食产量的影响[J]. 中国农业气象，29(4)：

491-495.

夏善勇，2023. 马铃薯早疫病及综合防治研究进展[J]. 农业科技通讯，4：152-156.

肖国举，仇正跻，张峰举，等，2015. 增温对西北半干旱区马铃薯产量和品质的影响[J]. 生态学报，35(3)：830-836.

肖晶晶，郭芬芬，李正泉，等，2017. 1951—2013 年浙江热量资源变化研究[J]. 气象与环境科学，40(3)：110-118.

谢成君，1994. 用模糊综合决策模型预测马铃薯晚疫病流行程度[J]. 马铃薯杂志(1)：23-25.

谢世清，1992. 温度对马铃薯块茎形成膨大的影响[J]. 云南农业大学学报，7(4)：244-249.

邢媛，张锐，周进华，等，2023. 水分亏缺对马铃薯叶片表皮结构、光合特性及产量的影响[J]. 江苏农业科学，51(17)：111-121.

薛思嘉，魏瑞江，王朋朋，等，2021. 基于关键气象因子的河北省马铃薯产量预报[J]. 干旱气象，39(1)：138-143.

杨建玲，冯建民，闫军，等，2012. 宁夏高温气候特征及其大气环流异常分析[J]. 中国沙漠，32(5)：1417-1425.

杨侃，桑建人，李艳春，等，2012. 宁夏 50a 冰雹气候特征[J]. 干旱气象，30(4)：609-614.

杨丽桃，2019. 内蒙古马铃薯秋霜冻灾害风险区划研究[J]. 灾害学，34(3)：109-113.

杨丽桃，江像评，尤莉，等，2017. 内蒙古武川县马铃薯气候适宜度分析评价[J]. 现代农业(11)：96-97.

杨荣光，2010. 基于 GIS 技术的泰安市农业气候资源精细化区划研究[D]. 泰安：山东农业大学.

杨兴国，孙银川，王素艳，等，2021. 宁夏气候与生态环境[M]. 北京：气象出版社：12.

姚玉璧，朱国庆，李巧珍，2001. 陇中马铃薯气候生态条件分析及适宜种植区划[J]. 甘肃科技(5)：43-44.

姚玉璧，邓振镛，王润元，等，2006. 气候暖干化对甘肃马铃薯生产的影响[J]. 干旱地区农业研究，24(3)：16-20.

姚玉璧，张秀云，卢汉威，等，2009. 气象条件对西北温凉半湿润区马铃薯块茎形成及产量的影响[J]. 中国农业气象，30(2)：208-211.

姚玉璧，张秀云，王润元，等，2010. 西北温凉半湿润区气候变化对马铃薯生长发育的影响——以甘肃岷县为例[J]. 生态学报，30(1)：100-108.

姚玉璧，雷俊，牛海洋，等，2016. 气候变暖对半干旱区马铃薯产量的影响[J]. 生态环境学报，25(8)：1264-1270.

岳建娜，2023. 马铃薯晚疫病的发生及防治措施[J]. 现代农村科技(9)：46-47.

张冰，刘宣飞，郑广芬，等，2018. 宁夏夏季极端降水日数的变化规律及其成因[J]. 大气科学学报，41(2)：176-185.

张劲华，马建洲，李永军，2008. 宁夏西吉县马铃薯产业发展的优势及对策[J]. 产业开发(1)：57-58.

张璟瑜，张士如，项群壹，2024. 马铃薯不同生育期气象条件分析[J]. 种子科技(4)：134-136.

张明红，马桂艳，董凤林，2014. 2012—2013 年固原市马铃薯晚疫病大流行原因分析及防控建议[J]. 甘肃农业科技，9：48-49.

张烁，2021. 中国马铃薯种植区划研究[D]. 北京：中国农业科学院.

张晓磊，高红霞，刘洋，2023. 1991—2020 年内蒙古兴安盟热量资源变化特征及区划[J]. 中国农学通报，39(14)：80-84.

张晓煜，李红英，陈仁伟，等，2022. 宁夏农业气候区划[M]. 北京：气象出版社：15-16.

张秀云，雷俊，牛海洋，等. 2021. 黄土高原马铃薯晚疫病潜势预报及防治对策[J]. 现代农业科技，16：127-129.

张智，梁培，陈玉华，等. 2010. 宁夏连阴雨气候变化特征分析研究[J]. 灾害学，25(1)：69-72，88.

赵丙秀，董宁，2024. 基于 WOA-bp 神经网络下马铃薯产量预测分析模型[J]. 农机化研究，46(3)：47-51.

赵峰，千怀遂，焦士兴，2003. 农作物气候适宜度模型研究——以河南省冬小麦为例[J]. 资源科学，25(6)：77-82.

赵鸿,王润元,王鹤龄,等,2013. 半干旱雨养区苗期土壤温湿度增加对马铃薯生物量积累的影响[J]. 干旱气象,31(2):290-297.

赵维忠,马力文,徐青,等,2022. 影响宁夏贫困山区马铃薯商品薯率的气象因子分析[J]. 湖北农业科学,61(1):42-45,53.

郑方,徐青,马力文,等,2020. 宁夏马铃薯产量形成的关键影响气象因素分析[J]. 陕西农业科学,66(11):50-56.

郑喜云,2012. 临洮县周边阴雨天气对马铃薯的危害及防控措施[J]. 农业科技与信息(17):29-30.

中国气象局政策法规司,2008. 作物霜冻害等级:QX/T 88—2008[S]. 北京:气象出版社.

周广学,张国林,戴海燕,等,2013. 辽西作物生长季光热资源变化对农业生产的影响[J]. 山西农业科学,41(9):955-958.

周进华,李有涵,张兴,等,2023. 高温胁迫对不同耐热型马铃薯块茎形成期生长和光合特性的影响[J]. 中国生态农业学报(中英文):31(5):750-764.

周阳,赵中华,杨普云,等,2014. 近年马铃薯晚疫病发生特点与防控对策[J]. 中国植保导刊,34(6):63-66.

朱汉青,王鹏,2022. 气候变暖背景下济南农业气候资源特征[J]. 农业灾害研究,12(5):27-29.

朱娅秋,何英彬,焦伟华,等,2021. 基于 GIS 的吉林省马铃薯种植气候适宜性精细化区划[J]. 中国农业资源与区划,42(7):128-136.

朱赟赟,王连喜,李琪,等,2011. 气候因子对宁夏不同区域马铃薯气象产量的影响效应分析[J]. 西北农林科技大学学报(自然科学版),39(6):89-95.

宗英飞,张国林,谢华光,2013. 辽西霜期光照资源变化对设施农业的影响[J]. 江苏农业科学,41(9):355-357.

ALLEN R G, PEREIRA L S, RAES D, et al, 1998. Crop evapotranspiration: Guideline for computing crop water requirements[Z]. Rome: Food and Agriculture Organization:1-15.

EYRE C A, HAYDEN K J, KOZANITAS M, et al, 2014. Lineage, temperature, and host species have interacting effects on lesion development in Phytophthora ramorum[J]. Plant Disease,98(12):1717-1727.

HAVERKORT A J, STRUIK P C, 2015. Yield levels of potatocrops: Recent achievement and future prospects[J]. Field Crops Research, 182: 76-85.

HIJMANS R J, 1999. Estimating frost risk in potato production on the Altiplano using interpolated climate data[Z]. International Potato Center:373-380.

HIJMANS R J, 2003. The effects of climate change on global potato production[J]. American Journal of Potato Research,80(4):271-279.

RAYMUNDO R, ASSENG S, ROBERTSON R, et al, 2018. Climate change impact on global potato production[J]. European Journal of Agronomy, 100: 87-98.

TAO F, YOKOZAWA M, LIU J, et al, 2008. Climate-crop yield relationships at provincial scales in China and the impacts of recent climate trends [J]. Climate Research, 38: 83-94.

TIMLIN D, RAHMAN S M L, BAKER J, et al, 2006. Whole plant photosynthesis, development, and carbon partitioning in potato as a function of temperature [J]. Agron J, 98(5): 1195-1203.

WAHID A, GELANI S, ASHRAF M, et al, 2007. Heat tolerance in plants: An overview[J]. Environmental and Experimental Botany, 61(3): 199-223.

WU E J, WANG Y P, YAHUZA L, et al, 2020. Rapid adaptation of the Irish potato famine pathogen Phytophthora infestans to changing temperature [J]. Evolutionary Applications, 13(4): 768-780.

YANG L N, ZHU W, WU E J, et al, 2016. Trade—offs and evolution of thermal adaptation in the Irish potato famine pathogen Phytophthora infestans [J]. Molecular Ecology, 25(16): 4047-4058.

附表 A 灾害与生产对策对应表

灾害（病虫害）	生育时期	等级	等级描述	要素及条件		作物可能出现的现象	建议
				0～20 cm 耕层土壤湿度（重量含水量，%）	干土层厚度/cm		
干旱	马铃薯发芽期，即播种至出苗期。中部干旱带在 4 月 20 日至 5 月 15 日期间，南部山区在 5 月 15 日至 6 月 10 日期间。	1	轻度	11.3～12.5	5～7	出苗缓慢不齐，但探墒深播可基本出苗。	选用优质种薯：在选用优质一级脱毒种薯并做好播前催芽的基础上，尽量采用小整薯和幼龄健康种薯作种，进行切薯播种的要保证切块大小。实行播前拌种，宜将抗旱剂、草木灰、化学药剂等结合进行拌种。 提高播种质量：做到适期播种，土壤含水量过低、干土层过厚时可待雨播种，播期最晚可推迟到 6 月 5 日。适当深播，最大播深不宜超过 15 cm，播后浅覆土，覆土厚度 6～8 cm，使种薯充分接触到湿土，充分利用底墒。播后半个月之内适时镇压碾地，保墒提墒。出苗前早锄草浅中耕，保墒增温。
		2	中度	10～11.3	7～8	土壤不能满足播种和出苗，但播后进行适度镇压，促进土壤和种薯紧密接触，可争取使出苗率达到 80%以上。对应的产量损失为受灾。	
		3	重度	8.8～10	8～10	播种困难，即使深播后镇压也只能使出苗率达到 70%，实行整薯播种并镇压保墒提墒，可望使出苗率达到 80%以上。对应的产量损失为成灾。	
		4	特重	＜8.8	＞10	播种困难，整薯播种出苗后也会严重萎蔫。对应的产量损失为成灾。	
	马铃薯幼苗期，即出苗至孕蕾期。中部干旱带在 5 月 15 日至 6 月 5 日期间，南部山区在 6 月 10 日—30 日期间。	1	轻度	9.5～10.5	7～9	幼叶中午卷曲，但夜晚可恢复。对应的产量损失为受灾。	加强中耕除草，结合中耕进行浅培土，培土高度 5 cm 左右，以减少土壤水分蒸发，提高土壤通透性，保墒增温。叶面喷施磷酸二氢钾、喷施宝等叶面肥，补充水分和养分供应，增强抗旱性。
		2	中度	8～9.5	9～11	白天大部分叶片卷曲，少部分出现萎蔫现象，夜晚部分叶片可恢复。对应的产量损失为受灾。	
		3	重度	6.5～8	11～13	叶片失水、变黄，严重萎蔫，夜间也难以恢复。对应的产量损失为成灾。	
		4	特重	＜6.5	＞13	叶片严重萎蔫，补水后部分也难以恢复。对应的产量损失为成灾，甚至绝产。	

续表

灾害（病虫害）	生育时期	等级	等级描述	要素及条件		作物可能出现的现象	建议
				0～20 cm 耕层土壤湿度（重量含水量，%）	干土层厚度/cm		
干旱	马铃薯块茎膨大期，即孕蕾至成熟期。中部干旱带在6月5日至8月20日期间，南部山区在6月30日至9月20日期间。	1	轻度	12.5～13.5	5～8	部分叶片中午卷曲，但夜晚可恢复。根系生长减缓，块茎发生和膨大速度减缓。减产10%以下。	掌握在现蕾后封行前进行深培土，培土高度 15 cm，结合培土每公顷追施尿素 45～112.5 kg，为薯块生长发育特别是随后的薯块膨大创造疏松深厚土层环境，保证养分供应。叶面喷施磷酸二氢钾、喷施宝等叶面肥，补充水分和养分供应，增强抗旱性。
		2	中度	11.5～12.5	8～10	植株生长缓慢，白天大部分叶片卷曲，少部分出现萎蔫现象，夜晚部分叶片可恢复。早熟品种块茎数减少，晚熟品种叶面积指数下降。减产 20%～30%。	
		3	重度	10～11.5	10～12	叶片失水、变黄，严重萎蔫，茎细弱，植株倒伏，夜间也难以恢复。块茎数量减少，小薯增多。减产 30%～50%。	
		4	特重	<10	>12	植株矮小、倒伏，叶片严重萎蔫，全株陆续枯死。形不成商品薯，全部为没有商品价值的小薯、畸形薯。减产 50%以上。	
冰雹	出苗后全生育期	1	轻度			四分之一叶片受损，茎轻微受损，根外追肥后新的茎叶仍可长出，加强后期管理基本可恢复，减产 5%～10%。	加强中耕，以破除板结，松土散墒，提高地温。结合中耕，根际追施尿素等速效肥，叶面喷施磷酸二氢钾等水溶肥，以满足受灾马铃薯恢复生长的养分需求。
		2	中度			三分之一叶片受损，四分之一茎断裂，根外追肥后新的茎叶仍可长出，加强后期管理基本能恢复，减产 10%～30%。	
		3	重度			一半叶片受损，三分之一茎断裂，加强后期管理可望得到一定恢复，减产 30%～50%。	

续表

灾害（病虫害）	生育时期	等级	等级描述	要素及条件 0～20 cm 耕层土壤湿度（重量含水量，%）					干土层厚度/cm							作物可能出现的现象	建议
晚疫病	孕蕾至收获。对应的时间为 6 月下旬至 9 月底。	湿润期间平均温度/℃		7	8	9	10	11	12	13	14	15	16	17	18	马铃薯晚疫病发生流行与气象因子尤其是温度、湿度及降雨量具有重要的相关性。当温度低于 7 ℃时，晚疫病菌不能正常生长，即使相对湿度（RH）达到了其生长发育所必需的要求（RH＞90%）也不会有晚疫病发生的可能。当温度越高，相对湿度达到 90%以上的持续时间越长，晚疫病发生的程度越严重。例如，在湿润期间，当平均温度为 7 ℃时，只有当湿润期达到 16 h 30 min 以上才可能发生轻微的晚疫病侵害，湿润期持续的时间在 25 h30 min 以上，即会发生极严重的晚疫病侵害。而当湿润期间的平均温度较高时，即使持续时间相对较短，也可以发生极严重的晚疫病侵害。	一是选用抗病品种：因地制宜选用庄薯 3 号、青薯 9 号等抗病品种；二是做好种薯处理：秋收入窖、冬季查窖、春季出窖时要严格剔除病薯，减少初侵染源；种薯切块时对切刀要用高锰酸钾或福尔马林浸泡消毒，减少病菌传播；切薯后对种薯用滑石粉＋甲基硫菌灵＋农用链霉素进行拌种。三是进行药剂防治：中心病株出现前喷洒代森锰锌、丙森锌等保护性药剂进行预防，7～10 d 一次，连续 2～3 次；田间出现发病中心后及时采用甲霜、锰锌可湿性粉剂、醚菌酯悬浮剂、稀酰、吡唑酯水分散粒剂、克枯草芽孢杆菌等具有内吸性、治疗作用的药剂喷雾防治，7～10 d 一次，轮换用药，连喷 2～3 次。
		湿润期（相对湿度大于 90%）持续的时间/h	轻度	16.3	16	15.3	15	14	13.3	13	11.3	10.45					
			中度	19.3	19	18.3	18	17.3	17	16	15	14	13	12	11		
			重度	22.3	22	21.3	21	20.3	19.3	19	18	17	16	15	14		
			特重	25.3	25	24.3	24	23.3	22.3	21.3	21	20	19	18	17		

续表

灾害（病虫害）	生育时期	等级	等级描述	要素及条件	可能出现的现象	建议
				平均最高气温(T_{max})/ ℃		
高温热害	7月上旬至8月上旬	0	无	$T_{max} \leqslant 21.1$	马铃薯生长正常，无热害发生。	叶面喷施磷酸二氢钾、喷施宝等叶面肥，补充水分和养分供应，增强抗热性能和灾后恢复生长能力。
		1	轻度	$21.1 < T_{max} \leqslant 26.6$	平均最高气温在21.2～26.6 ℃时，茎叶生长受阻，块茎膨大受阻。	
		2	中度	$26.6 < T_{max} \leqslant 29.4$	平均最高气温在26.6～29.4 ℃时，植株生长受阻，达到29.4 ℃时，块茎停止生长。	
		3	重度	$T_{max} > 29.4$	植株不能开花，小薯形成受阻，结薯数量减少。	

附表 B　马铃薯全程气象服务指标

作物	发育期	适宜的光、温、水条件										不适宜要素对应的生产建议					
		气温/℃				降水/mm		日照时数/h		土壤相对湿度/%		分要素的生产建议					
		平均气温		最高气温	最低气温												
		最低阈值	最高阈值	最高阈值	最低阈值	最低阈值	最高阈值	最低阈值	最高阈值	最低阈值	最高阈值	最低气温	最高气温	最小日照	最大日照	最小土壤含水量	最大土壤含水量
马铃薯	播种	5.0	13.0	26.0	−3.0					60.0	80.0	气温过低，不利于块茎萌发。					
	出苗	8.0	20.0	24.0	8.0			10.0	15.0	60.0	80.0	气温低于12 ℃，出苗缓慢；低于8 ℃，无法正常出苗。		日照时数低于10 h，茎叶生长不良，影响产量。	日照时数超过15 h，茎叶生产繁茂，匍匐茎大量发生，但块茎形成延迟，产量下降。	视土壤墒情，土壤干旱严重时，可在出苗前灌水，保证出苗所需水分；苗期过度干旱可适当浇一次水，浇水后中耕。	土壤湿度过大，可清沟排水，防止涝害。

续表

作物	发育期	适宜的光、温、水条件										不适宜要素对应的生产建议					
		气温/℃				降水/mm		日照时数/h		土壤相对湿度/%		分要素的生产建议					
		平均气温		最高气温	最低气温												
		最低阈值	最高阈值	最高阈值	最低阈值	最低阈值	最高阈值	最低阈值	最高阈值	最低阈值	最高阈值	最低气温	最高气温	最小日照	最大日照	最小土壤含水量	最大土壤含水量
马铃薯	分枝	17.0	24.0	29.0	7.0			10.0	15.0	60.0	80.0	气温低于7 ℃，茎叶生长停止。	气温高于24 ℃，茎叶徒长；高于29 ℃，植株呼吸作用过强，生理失调，生长受阻。	日照时数低于10 h，茎叶生长不良，影响产量。	日照时数超过15 h，茎叶生产繁茂，匍匐茎大量发生，但块茎形成延迟，产量下降。	视土壤墒情，土壤干旱严重时，可适当灌水，保证生长所需水分。	土壤湿度过大，可清沟排水，防止涝害。
	花序形成	18.0	22.0	29.0	10.0					60.0	80.0	夜温过低影响花序形成。				土壤湿度较低，视土壤墒情，及时灌溉。	土壤湿度过大，可清沟排水，防止涝害。
	开花	18.0	22.0	29.0	12.0		20.0			60.0	80.0	夜温低于12 ℃，可以形成花芽但不能开花。				视土壤墒情，土壤干旱严重时，可适当灌水，保证生长所需水分。	土壤湿度过大，可清沟排水，防止涝害。

续表

作物	发育期	适宜的光、温、水条件										不适宜要素对应的生产建议					
		气温/℃				降水/mm		日照时数/h		土壤相对湿度/%		分要素的生产建议					
		平均气温		最高气温	最低气温	最低阈值	最高阈值	最低阈值	最高阈值	最低阈值	最高阈值	最低气温	最高气温	最小日照	最大日照	最小土壤含水量	最大土壤含水量
		最低阈值	最高阈值	最高阈值	最低阈值												
马铃薯	结薯	15.0	20.0	30.0	10.0			10.0	15.0	70.0	80.0		块茎形成期，温度超过30 ℃容易引起块茎发生次生生长，形成畸形小薯；块茎增长期，温度超过25 ℃块茎生长趋于停止，超过30 ℃，块茎生长完全停止。	日照时数低于10 h，茎叶生长不良，影响产量。	日照时数超过15 h，茎叶生产繁茂，匍匐茎大量发生，但块茎形成延迟，产量下降。	土壤湿度较低，土层干燥，应及时灌溉。	土壤湿度过大，可清沟排水，防止涝害。
	可收	5.0	10.0	20.0	−1.0			10.0		60.0	80.0	气温低于−1 ℃，地上部茎叶受冻；气温低于−4 ℃，植株死亡，块茎受冻。		日照时数低于10 h，茎叶生长不良，影响产量。		土壤湿度较低，视土壤墒情，若土壤过度干旱，需适当轻灌；收获前10～15 d应停止灌水，促使薯皮老化，有利于收获和贮藏。	土壤湿度过大，可清沟排水，防止涝害。

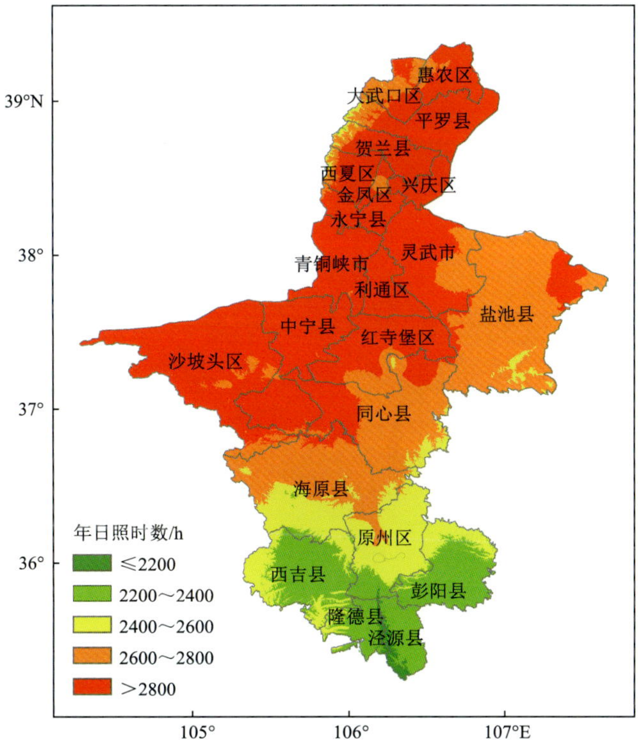

图 4.1　宁夏年日照时数空间分布

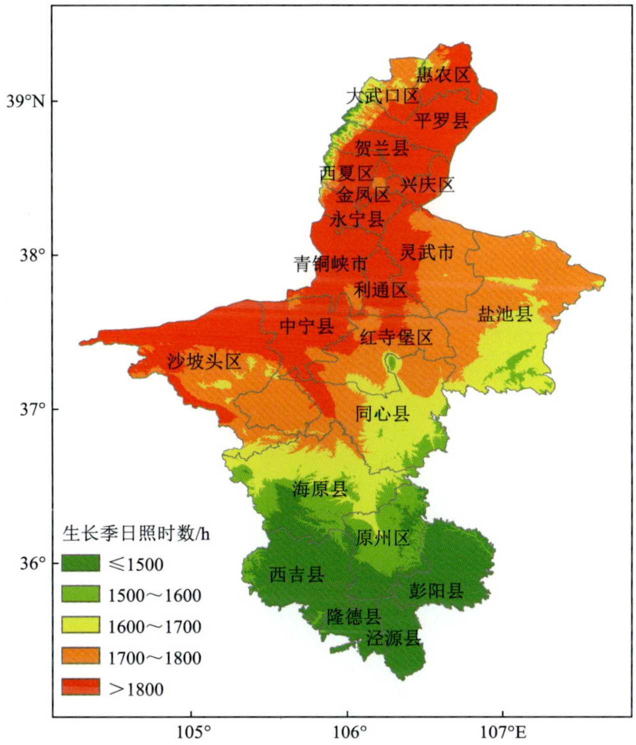

图 4.4　宁夏生长季日照时数空间分布

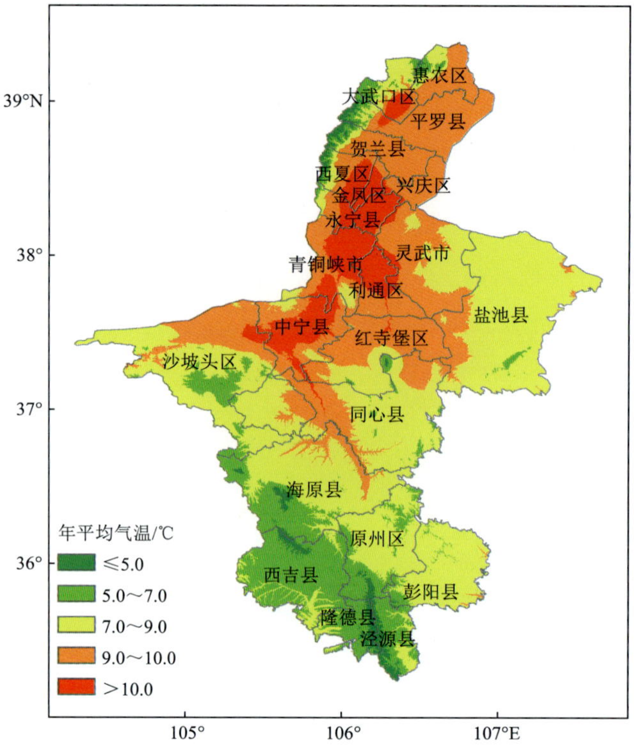

图 4.7　宁夏年平均气温空间分布

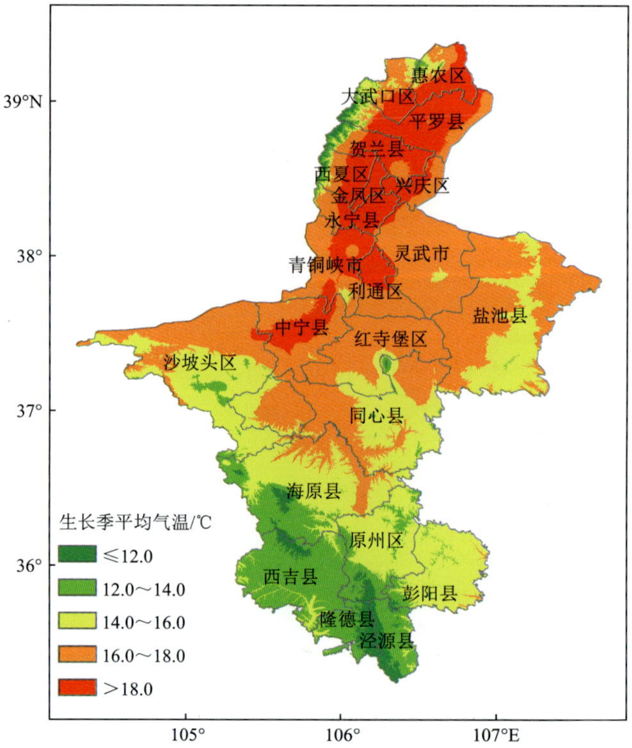

图 4.10　宁夏生长季平均气温空间分布

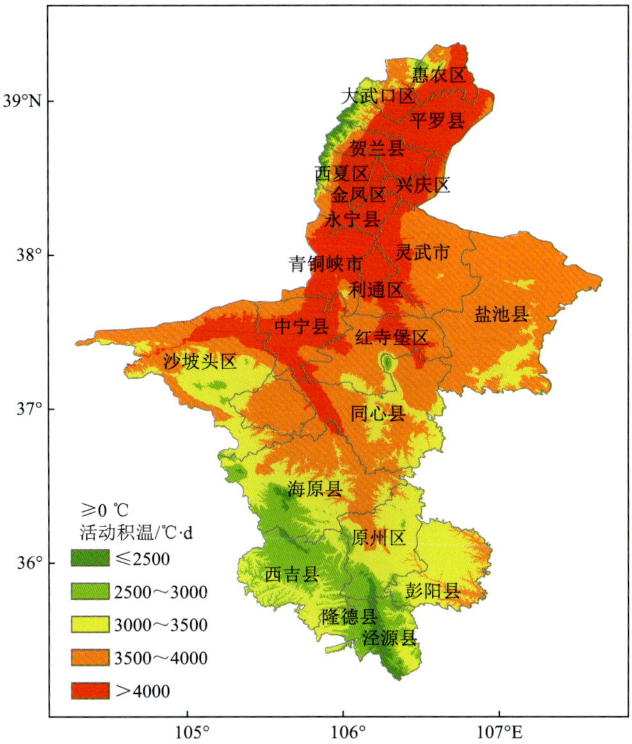

图 4.13　宁夏≥0 ℃活动积温空间分布

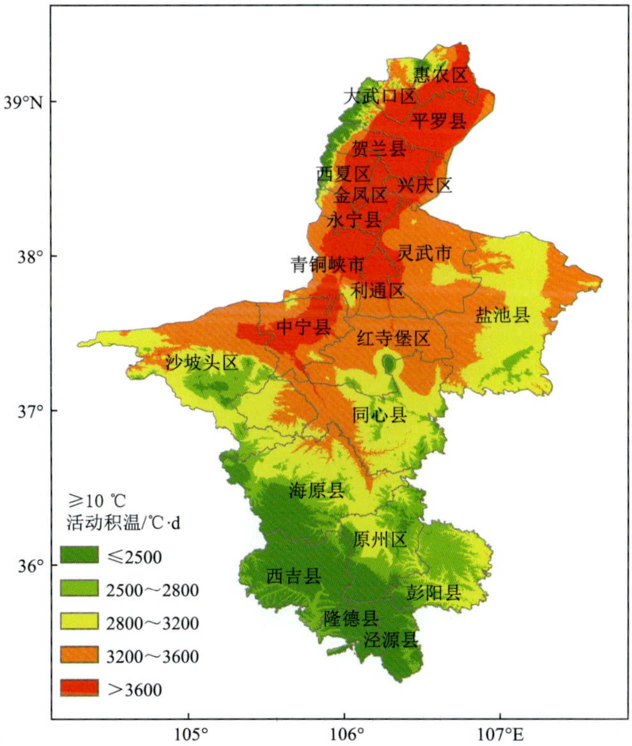

图 4.16　宁夏≥10 ℃活动积温空间分布

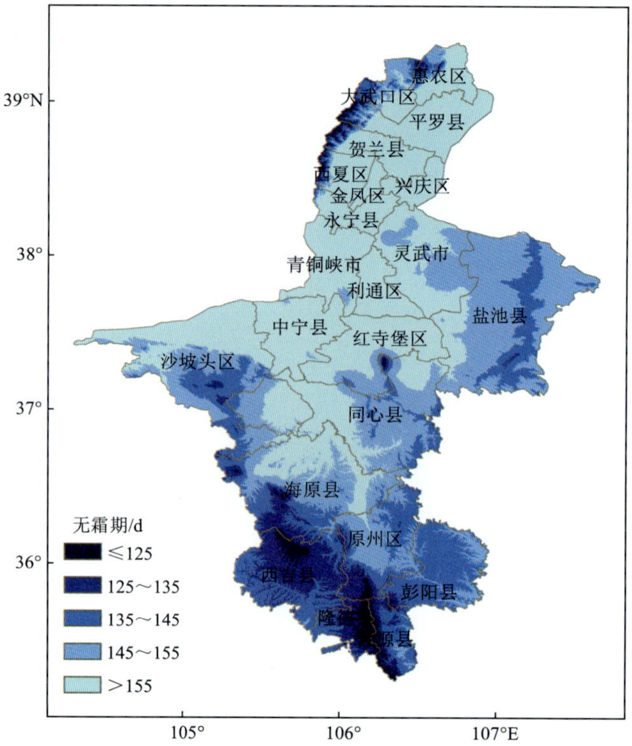

图 4.19　宁夏无霜期空间分布

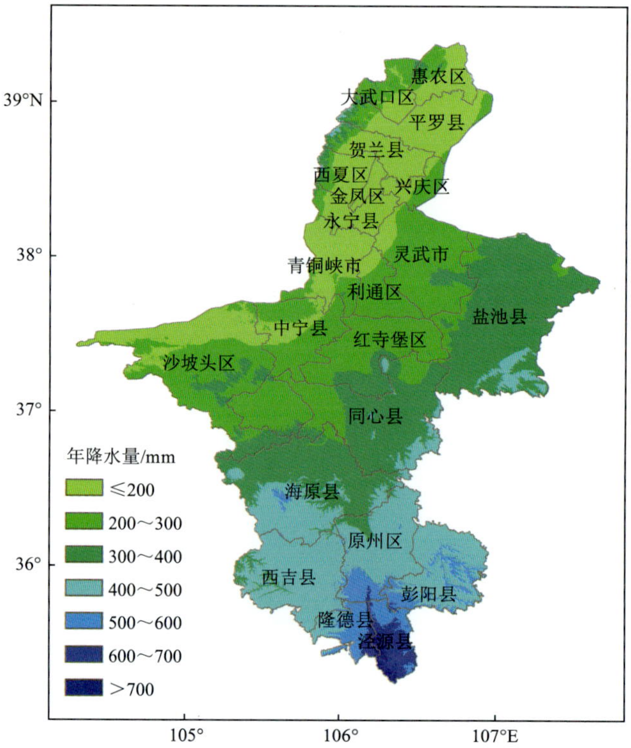

图 4.22　宁夏年降水量空间分布

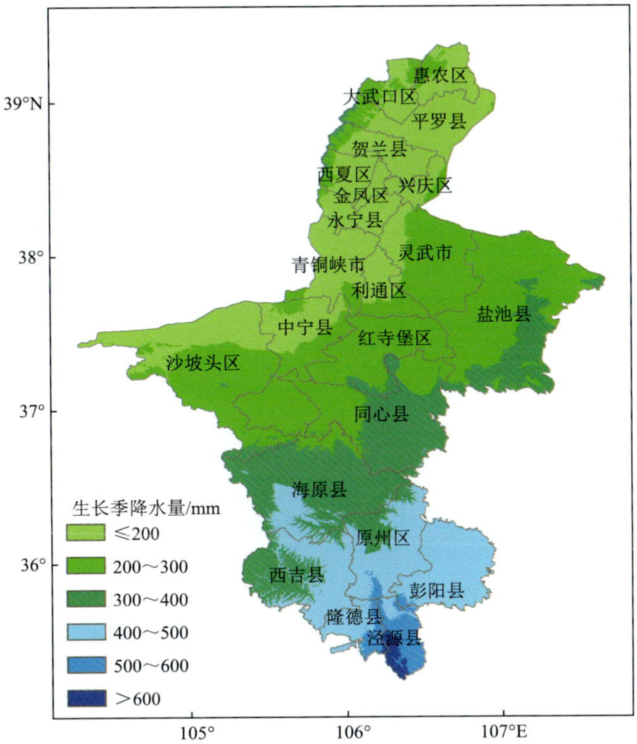

图 4.25　马铃薯生长季降水量空间分布

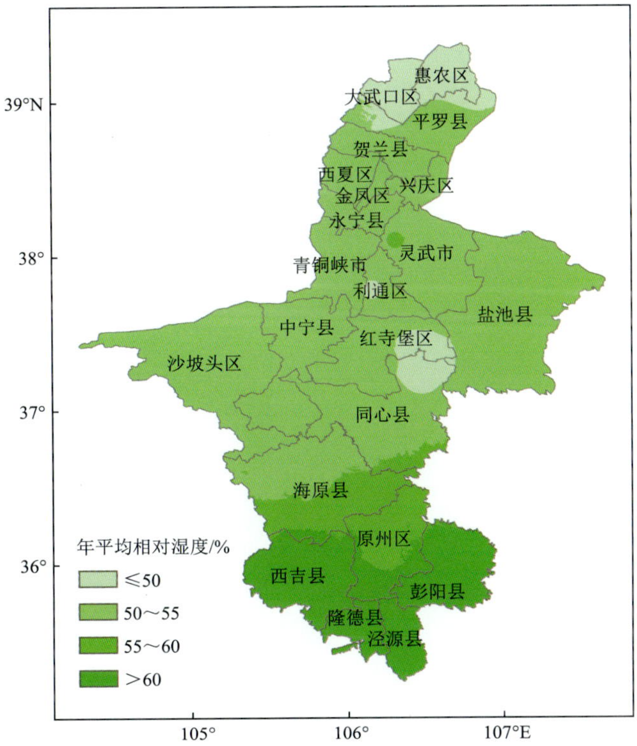

图 4.28　宁夏年平均相对湿度空间分布

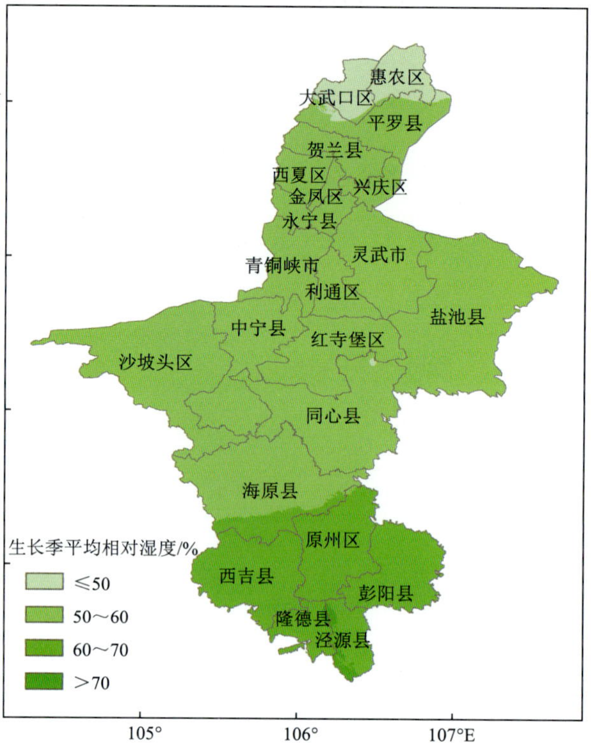

图 4.31 宁夏生长季平均相对湿度空间分布

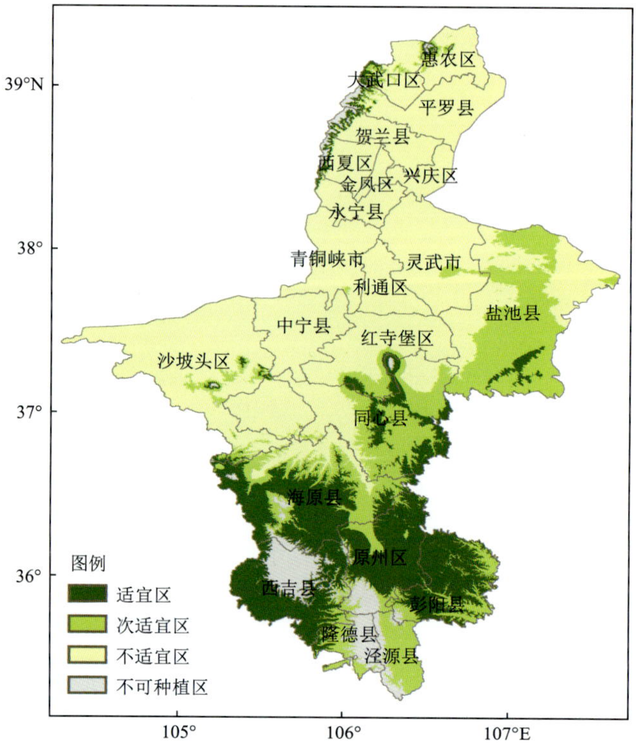

图 4.38 马铃薯气候区划

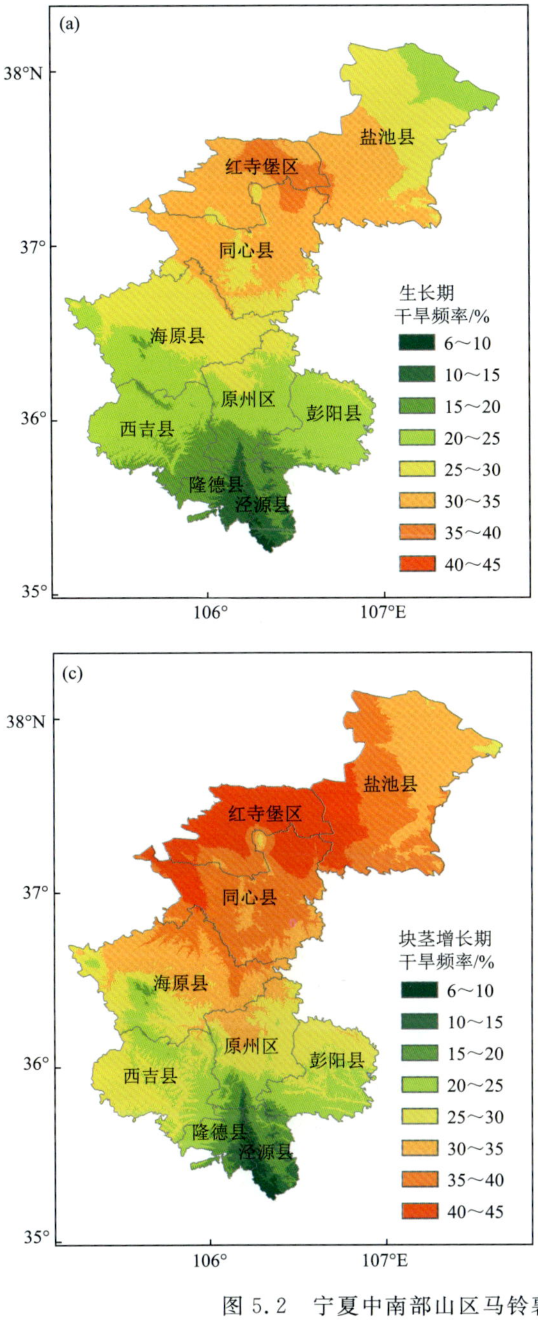

图 5.2　宁夏中南部山区马铃薯各生育阶段干旱频率空间分布

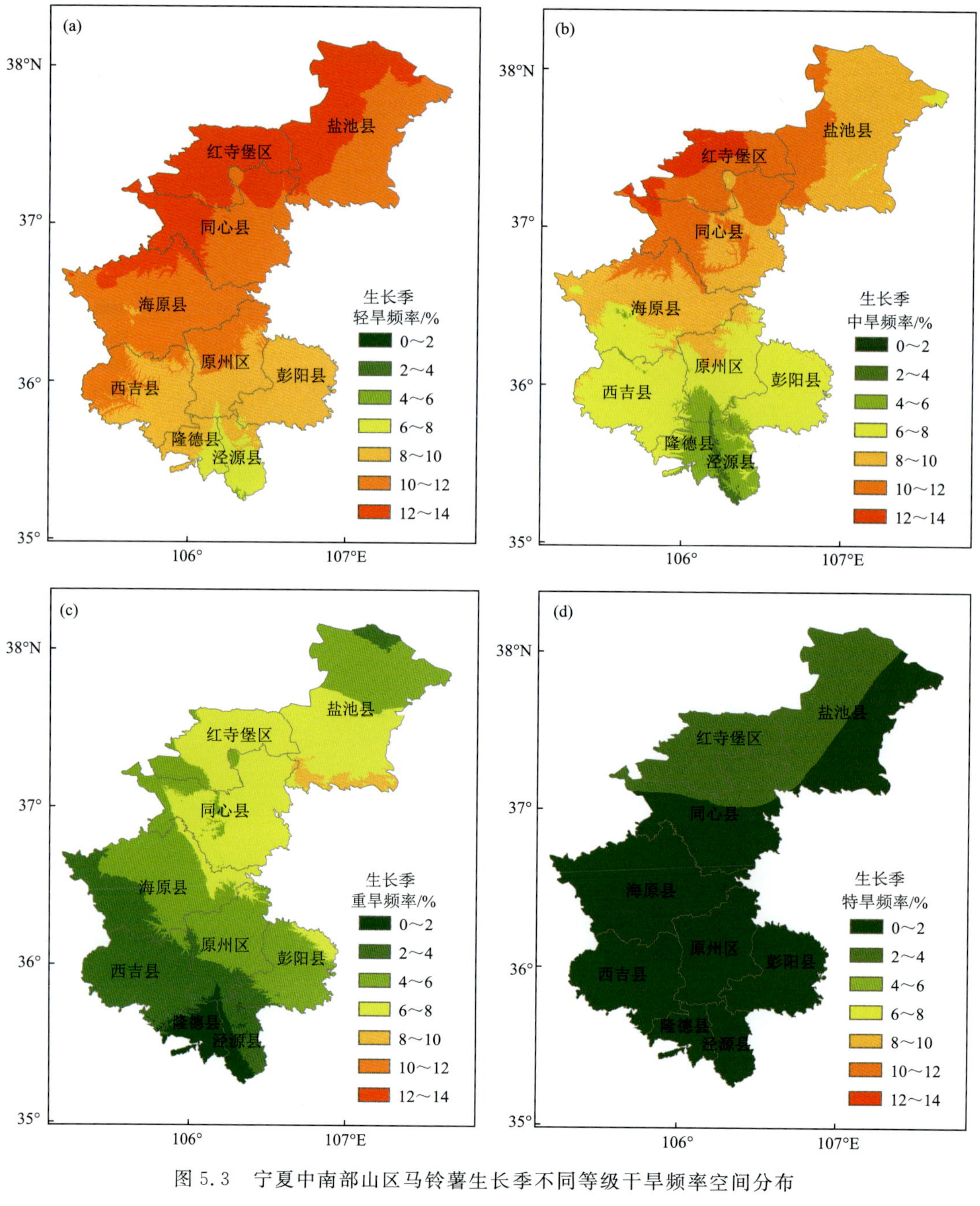

图 5.3　宁夏中南部山区马铃薯生长季不同等级干旱频率空间分布

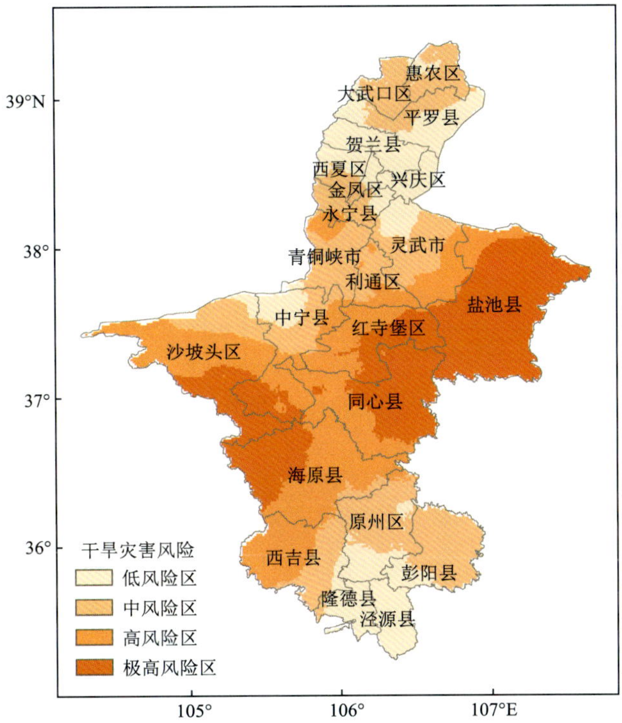

图 5.6　宁夏马铃薯干旱灾害风险区划

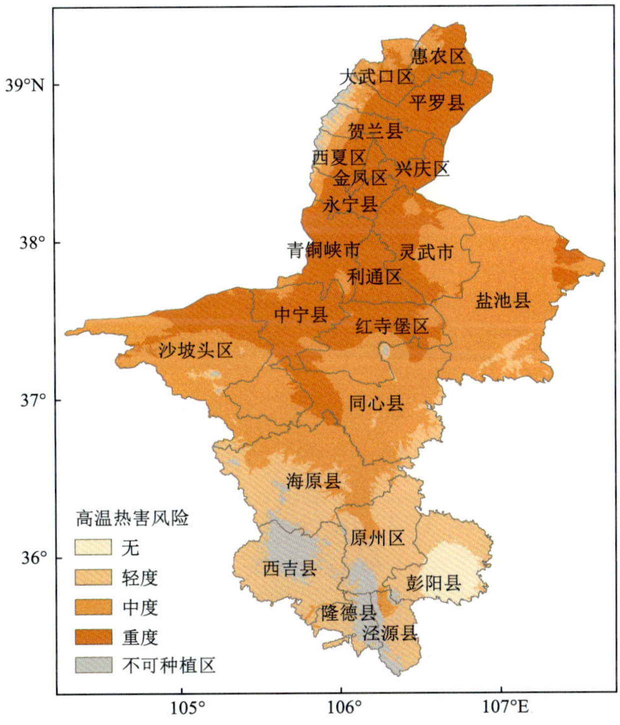

图 5.8　宁夏马铃薯高温热害风险区划

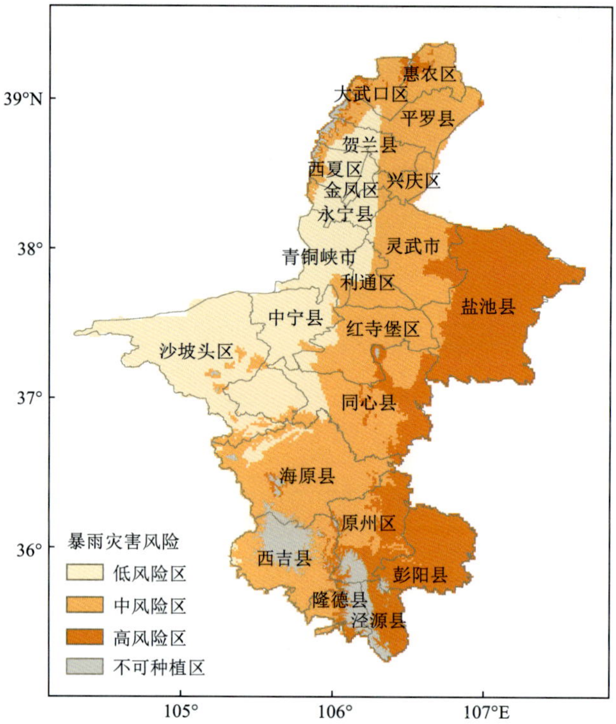

图 5.12　宁夏暴雨灾害风险区划

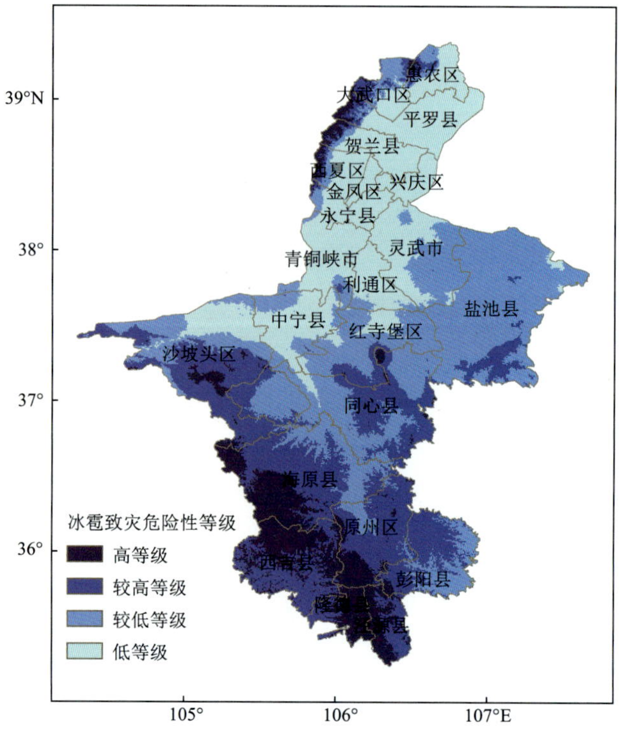

图 5.16　宁夏冰雹致灾危险性区划

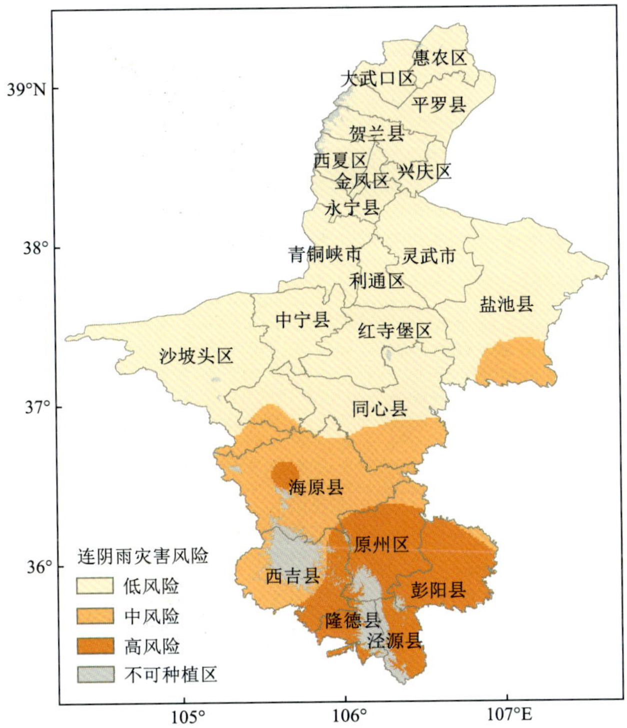

图 5.17　马铃薯连阴雨灾害风险区划

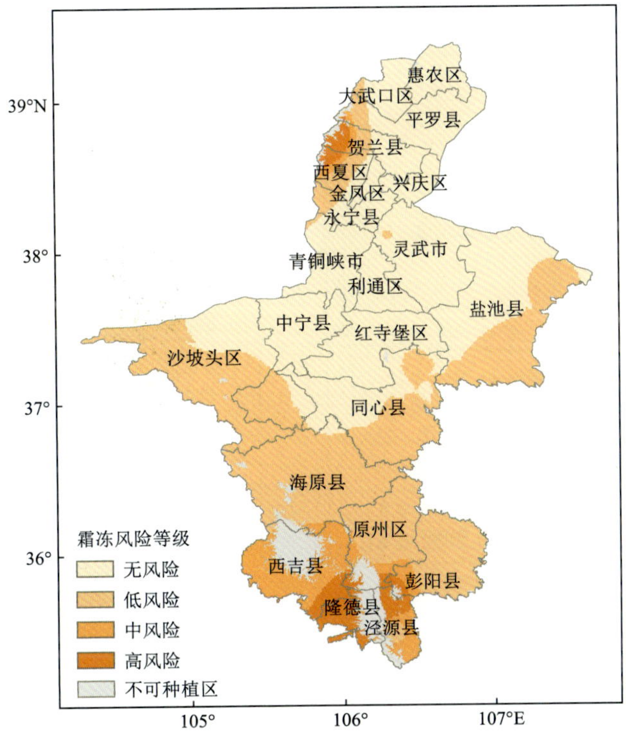

图 5.20　马铃薯苗期霜冻气象风险等级

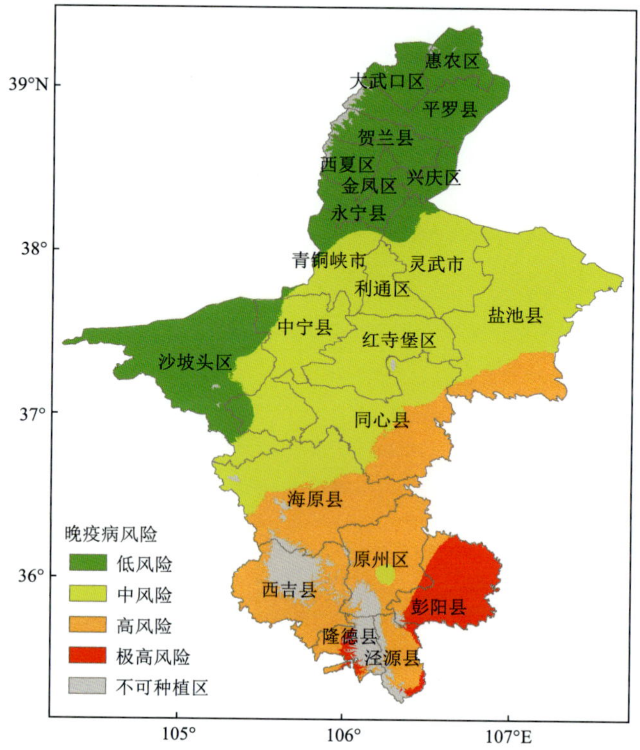

图 5.21　马铃薯晚疫病风险区划

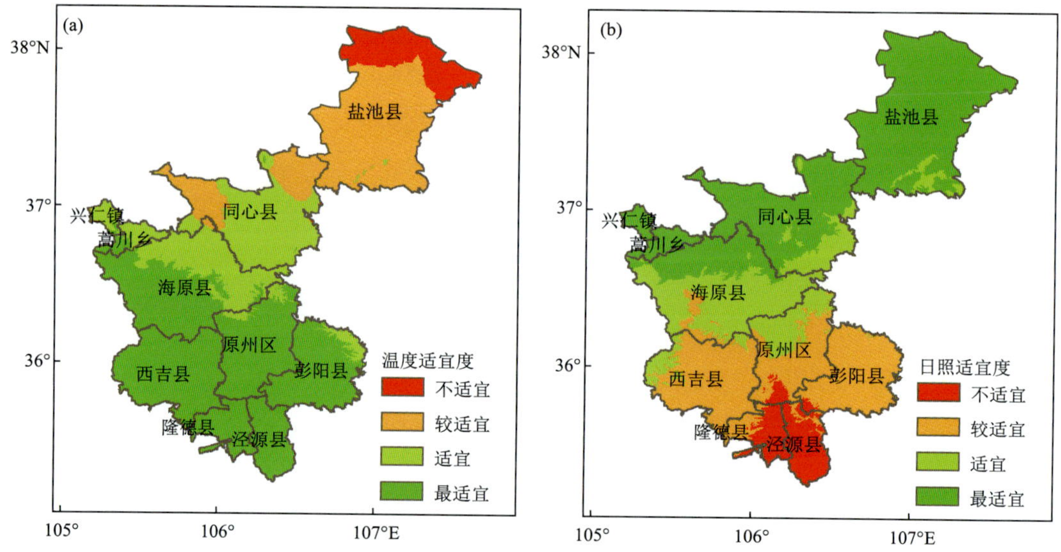

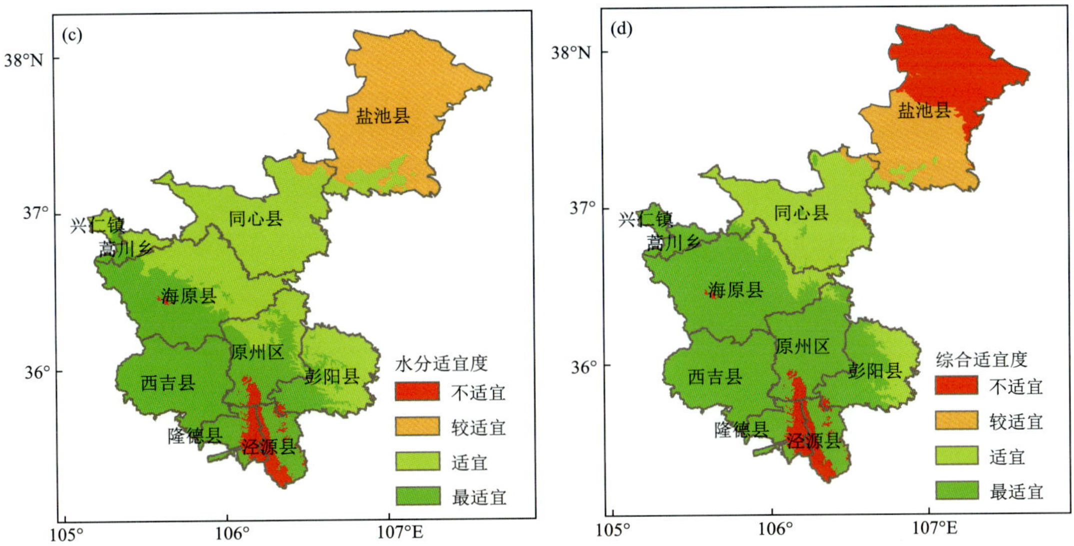

图 6.4 1981—2018 年宁夏中南部山区马铃薯生育期内气候适宜度空间分布

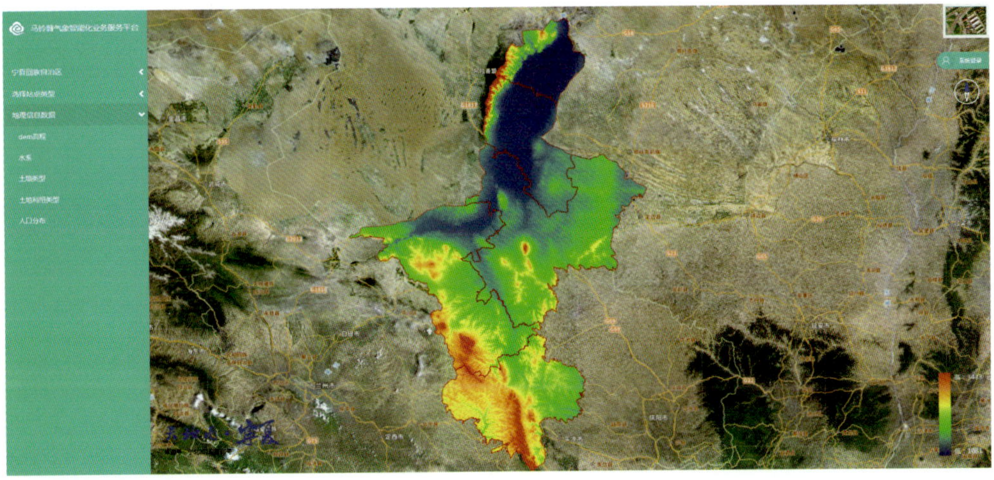

(a)数字高程信息(DEM)

(b)土地利用类型

(c)土壤质地类型

(d)人口分布

图 9.8　系统平台的基础信息一张网绘制

图 9.9　系统平台业务服务“一张图”显示

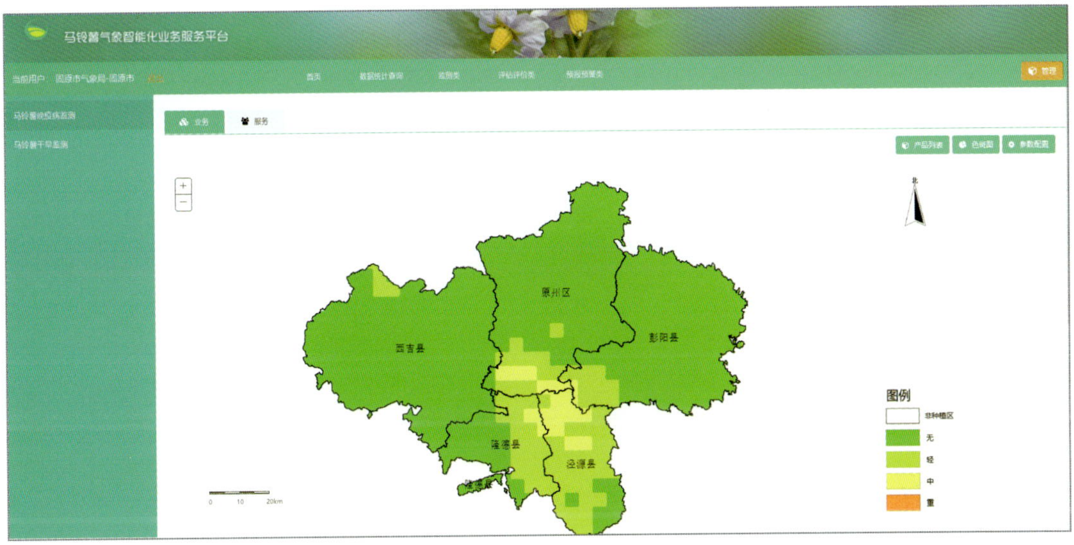

(a)区级业务产品

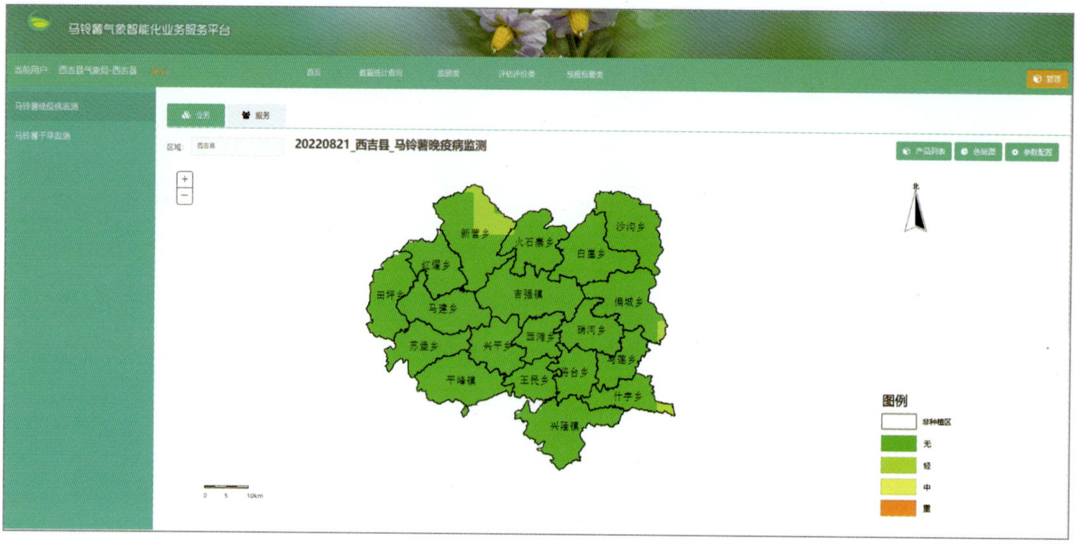

(b)市级业务产品

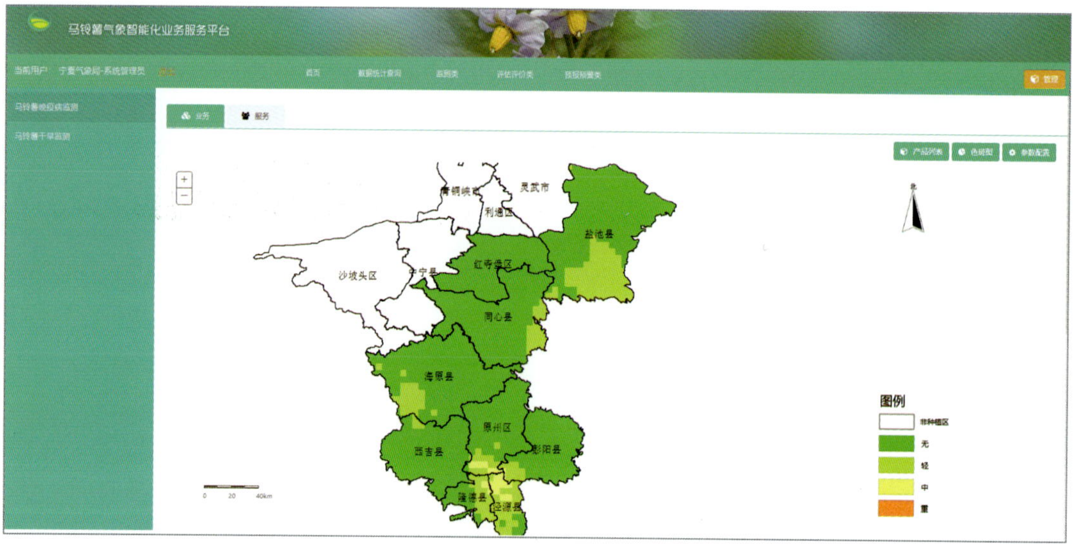

(c)县级业务产品

图 9.10　区、市、县三级一体化业务产品自动生成